互联网＋职业技能系列微课版创新教材

新华互联网科技
XINHUA INTERNET TECHNOLOGY

轻松掌握
Office 2016
高效办公全攻略

沙　旭　徐　虹　欧阳小华　编著

U0351803

北京希望电子出版社
Beijing Hope Electronic Press
www.bhp.com.cn

内 容 简 介

本书从Office 2016基础知识和基本操作出发，详细讲解Office 2016三大常用组件的使用方法和功能特点，以及如何使用它们提高日常办公效率。

全书共分 15 章，主要内容包括 Office 2016 概述、Word 2016 基础知识、Word 2016 输入和编辑文本、Word 2016 格式化文档、Word 2016 高级排版、Word 2016 表格处理与图文混排、Word 长文档的编排处理与打印输出；Excel 2016 基础知识、Excel 2016 公式与函数、Excel 2016 数据管理与分析、Excel 2016 可视化分析、Excel 2016 安全、共享与输出；PowerPoint 2016 基础入门、PowerPoint 演示文稿的设计与美化、演示文稿的放映与输出。

本书语言通俗易懂、版式清晰、图文并茂、实例丰富，采用"理论+实训"的形式进行讲解，将知识与实战练习相结合，使读者能够轻松上手。

本书配有实用的多媒体自学视频，通过直观生动的视频演示，帮助读者轻松掌握重点和难点。

本书可作为技工学校、职业院校和培训机构的教材用书，也可作为高等院校非计算机专业办公自动化、计算机应用基础课程的教材。

图书在版编目（ＣＩＰ）数据

轻松掌握 Office 2016 高效办公全攻略 ／ 沙旭,徐虹,欧阳小华编著. -- 北京 ： 北京希望电子出版社,2018.2

互联网+职业技能系列微课版创新教材

ISBN 978-7-83002-580-9

Ⅰ．①轻… Ⅱ．①沙… ②徐… ③欧阳… Ⅲ. ①办公自动化－应用软件－教材 Ⅳ．①TP317.1

中国版本图书馆 CIP 数据核字（2017）第 327725 号

出版：北京希望电子出版社	封面：深度文化
地址：北京市海淀区中关村大街 22 号	编辑：武天宇 刘延姣
中科大厦 A 座 10 层	校对：龙景楠
邮编：100190	开本：787mm×1092mm　1/16
网址：www.bhp.com.cn	印张：19.75
电话：010-82626227	字数：470 千字
传真：010-62543892	印刷：北京昌联印刷有限公司
经销：各地新华书店	版次：2023 年 3 月 1 版 8 次印刷

定价：49.80 元

编 委 会

总顾问：张　明

主　编：沙　旭　陈　成

副主编：徐　虹　欧阳小华

主　审：王　东

编　委：（排名不分先后）

　　　　束凯钧　吴元红　俞南生　孙才尧　陈德银　李宏海

　　　　王　胜　蒋红建　吴凤霞　王家贤　刘　雄　徐　磊

　　　　胡传军　郭　尚　陈伟红

参　编：孙立民　赵文家

前　言

计算机的诞生和发展促进了人类社会的进步和繁荣，作为信息科学的载体和核心，计算机科学在知识时代扮演了重要的角色。在企业中，应采用Internet/Intranet技术，基于工作流的概念，以计算机为中心，采用一系列现代化的办公设备和先进的通信技术，全面、迅速地收集、整理、加工、存储和使用信息，使企业员工能方便快捷地共享信息，高效地协同工作；改变过去复杂、低效的手工办公方式，为科学管理和决策服务，从而达到提高行政效率的目的。一家企业实现办公自动化的程度也是衡量其实现现代化管理的标准。Microsoft Office办公软件由于易学易用，被很多企业采用，因此掌握Office办公软件的高级应用可以在工作中胜人一筹。

本书共分15章，主要内容如下。

第1章到第7章，利用Word 2016高效创建电子文档：主要介绍文档的创建与格式编辑，长文档编辑与管理，文档中表格、图形、图像等对象的编辑和处理，利用邮件合并功能批量制作和处理文档。

第8章到第12章，通过Excel创建并处理电子表格：主要工作簿和工作表的基本操作，工作表中数据的输入、编辑和修改，工作表中单元格格式的设置，公式和函数的使用，数据的排序、筛选、分类汇总、合并计算、模拟运算和方案管理器，图表的创建、编辑与修改，数据透视表和数据透视图的使用。

第13章到第15章，使用PowerPoint2016制作演示文稿：PowerPoint的基本操作，幻灯片主题的设置、背景的设置、母版的制作和使用，幻灯片中文本、图形、图像（片）、图表、音视频等对象的编辑和应用，幻灯片中对象动画的设置，幻灯片切换效果，幻灯片的放映设置。

为了方便教学，本书配有操作视频资源，用户使用二维码可以获取相应视频资源。本书各章内容安排合理，阐述由浅入深，概念清晰，适合作为高等院校非计算机专业的办公自动化、计算机应用基础课程的教材，也可作为全国计算机等级考试的辅导用书。

由于编者水平有限，书中不足和错误之处在所难免，恳请广大读者不吝批评指正，以期共同进步。

编　者

目 录

第1章 Office 2016概述

本章将介绍Office 2016的功能与特点，以及Office 2016的新增功能。Office 2016的安装与卸载、Office 2016常用组件的功能介绍。Office 2016操作环境的自定义设置。

学习目标

- 了解Office 2016的功能与特点
- 熟悉Office 2016的新功能
- 学会Office 2016的安装与卸载
- 掌握Office 2016操作环境的自定义设置

技能要点

- Office 2016的特色功能
- Office 2016操作环境的自定义设置

实训任务

- 设置Office 2016操作环境

本章导读

1.1 认识Office 2016

Office 2016来了，你还在用Office 2010，甚至是Office 2003吗？

Office 2016是一套全新办公软件，这套全新桌面应用套件的最大特点是与全新操作系统Windows 10以及云服务Office 365深度整合。新版套装推动Office从原先的单独生产力软件转型为一套完整互联的应用与服务，为现代办公、协作与团队工作打造。

作为一款常用的集成办公软件，它具有操作方便和容易上手等特点，然而要想真正掌握并能够熟练运用它来解决实际工作中各种繁杂的问题却并非易事。为了帮助广大用户快速掌握Office 2016各个组件在办公领域中运用技巧，本书围绕Office 2016各大组件在办公领域的应用，针对办公用户的需要进行讲解，帮助用户快速掌握Office 2016各大组件在文档、表格、幻灯片等各个领域的应用理论和实用操作技巧。

Office 2016是微软公司运用于Microsoft Windows 10视窗系统一套办公软件，是继Microsoft Office 2013后的新一代办公软件，本章将介绍Office 2016产品组件及新增功能，以及在产品应用过程中环境的自定义设置，使用户从整体上认识Office 2016。

1.2 全新的Office 2016

1.2.1 基本功能与组件构成

Office 2016是一款集成自动化办公软件，不仅包括诸多的客户端软件，还包括强大的服务器软件，同时包括了相关的服务、技术和工具。使用Office 2016，不同的企业均可以构建属于自己的核心信息平台，实现协同工作、企业内容管理以及商务智能。作为一款集成软件，Office 2016办公组件包括Word 2016、Excel 2016、PowerPoint 2016、Access 2016、Outlook 2016和Publisher 2016等。下面将对Office 2016各个组件进行逐一介绍。

1. 认识Word 2016

Word是微软公司开发的一个文字处理器应用程序。作为Office套件的核心程序，Word提供了许多易于使用的文档创建工具，同时也提供了丰富的功能集供创建复杂的文档使用。哪怕只使用Word应用中文本格式化操作或图片处理，也可以使简单的文档变得比纯文本更具吸引力。Word工作界面，如图1-1所示。

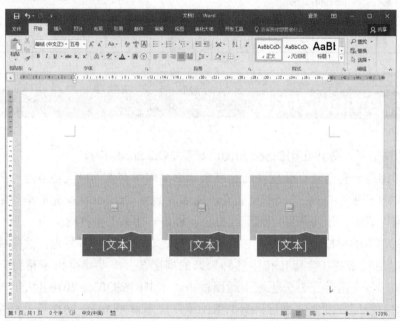

图1-1　Word工作界面

2. 认识Excel 2016

Excel是微软办公套装软件的一个重要组成部分，它可以进行各种数据的处理、统计分析和辅助决策操作，广泛地应用于管理、统计财经、金融等众多领域。Excel工作界面，如图1-2所示。

用户可以使用Excel创建工作簿（电子表格集合）并设置工作簿格式，以便分析数据和做出更明智的业务决策。特别是用户可以使用Excel跟踪数据，生成数据分析模型，编写公式对数据进行计算，以多种方式透视数据，并以各种具有专业外观的图表来显示数据。Excel的一般用途包括会计专用、预算、账单和销售、报表、计划跟踪、使用日历等。

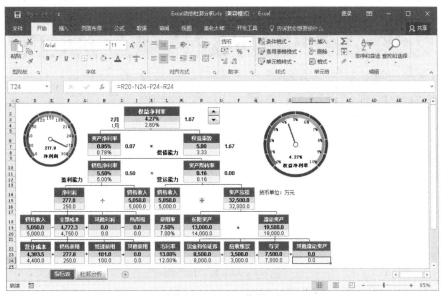

图1-2　Excel工作界面

3. 认识PowerPoint 2016

PowerPoint是微软公司的演示文稿软件，简称为PPT。用户可以在投影仪或计算机上进行演示，也可以将演示文稿打印出来。利用PowerPoint不仅可以创建演示文稿，还可以在互联网上进行面对面会议，或在网上给观众展示演示文稿。演示文稿中的每一页叫作幻灯片，每张幻灯片都是演示文稿中既相互独立又相互联系的内容。PowerPoint工作界面，如图1-3所示。

一套完整的演示文稿文件一般包含片头动画、PPT封面、前言、目录、过渡页、图表页、图片页、文字页、封底、片尾动画等；所采用的素材有文字、图片、图表、动画、声音、影片等。PPT正成为人们工作、生活的重要组成部分，在工作汇报、企业宣传、产品推介、婚礼庆典、项目竞标、管理咨询等领域都有应用。

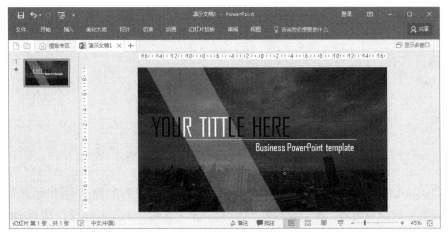

图1-3　PowerPoint工作界面

4. 认识Access 2016

Access是微软公司把数据库引擎的图形用户界面和软件开发工具结合在一起的一个数据库管理系统，是Microsoft Office的系统程序之一。Access工作界面，如图1-4所示。

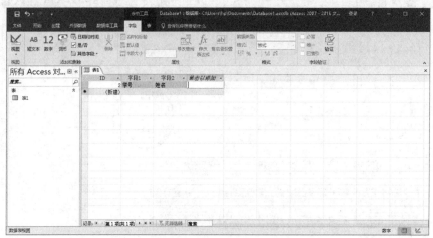

图1-4　Access工作界面

软件开发人员和数据分析师可以使用Microsoft Access开发应用软件，"高级用户"可以使用它来构建软件应用程序。和其他办公应用程序一样，Access支持Visual Basic宏语言，它是一个面向对象的编程语言，可以引用各种对象，包括DAO（数据访问对象）、ActiveX数据对象，以及许多其他的ActiveX组件。可视对象用于显示表和报表，它们的方法和属性是在VBA编程环境下，VBA代码模块可以声明和调用Windows操作系统函数。

5. 认识Outlook 2016

Outlook的功能很多，可以用来收发电子邮件、管理联系人信息、写日记、安排日程、分配任务等，是微软办公套装软件的组件之一。Outlook工作界面，如图1-5所示。

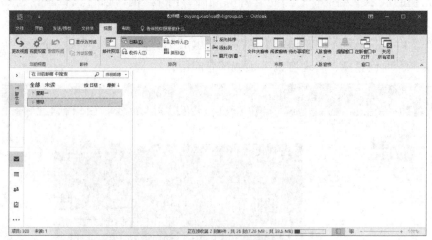

图1-5　Outlook工作界面

使用Outlook 2016有一个前提条件：需要进行邮件账户的配置，否则无法进行邮件的收发管理及其他的信息管理，配置邮件账户如图1-6所示，将个人邮件信息添加到相应项内。

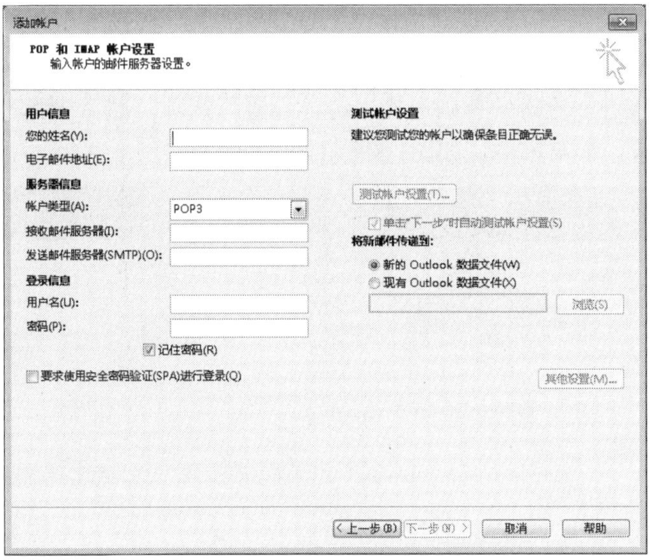

图1-6 配置邮件账户

6. 认识Publisher 2016

Publisher是微软公司的桌面出版应用软件。它是一款入门级的桌面出版应用软件，能提供比Microsoft Word更强大的页面元素控制功能，但比起专业的页面布局软件来，还略逊一筹。Publisher工作界面，如图1-7所示。

图1-7 Publisher工作界面

1.2.2 Office 2016的新增功能

相比Office 2013，Office 2016在功能和使用上，有了大幅度地提升和完善，增加了许多新功能。

1. 搜索框功能

打开Word 2016，在界面右上方，可以看到一个搜索框，在搜索框中输入想要搜索的内容，搜索框会给出相关命令，这些都是标准的Office命令，直接单击即可执行该命令。对于使用Office不熟练的用户来说，将会方便很多。例如，搜索"段落"可以看出Office给出的段落相关命令，如果要进行段落设置则选择"段落设置"选项，然后会弹出"段落"对话框，可以对段落进行设置，非常方便，如图1-8所示。

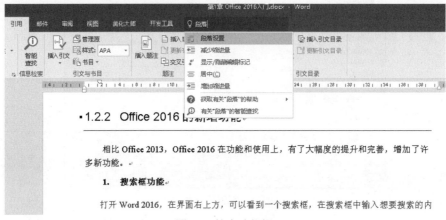

图1-8　搜索功能框

2. 协同工作功能

Office 2016新加入了协同工作的功能，只要通过共享功能发出邀请，就可以让其他使用者一同编辑文件，而且每个使用者编辑过的地方，也会出现提示，让所有人都可以看到哪些段落被编辑过。对于需要合作编辑的文档，此项功能非常方便。

3. "云"与Office融为一体

Office 2016中"云"已经很好地与Office融为一体。用户可以指定云作为默认存储路径，也可以继续使用本地硬盘储存。值得注意的是，"云"同时也是Windows 10的主要功能之一，因此Office 2016实际上是为用户打造了一个开放的文档处理平台，通过手机、iPad或是其他客户端，用户即可随时存取刚刚存放到云端上的文件，如图1-9所示。

图1-9　云存储

4. 新增"应用程序"

在"插入"选项卡中增加了一个"应用程序"，里面包含"应用商店""我的应用"两个按钮。这里主要是微软公司和第三方开发者开发的一些应用APP，类似于浏览器扩展，主要是为Office提供一些扩充性功能。比如用户可以下载一款检查器，帮助检查文档的断字或语法问题等。

5. 更加丰富的图表类型

在Office 2016的组件中，新增了六个新的图表，可创建一些常用的数据可视化的财务或层次结构的信息，特别适合于数据可视化，如图1-10所示。

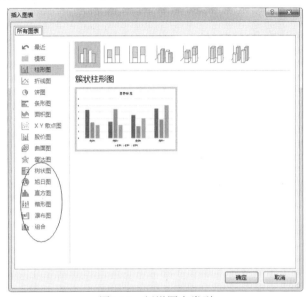

图1-10　新增图表类型

1.3 Office 2016安装与卸载

Office 2016的安装与卸载类似以前的版本。在此不再赘述。

1.4 设置Office 2016操作环境

在使用Office 2016之前，有必要对其操作环境进行一些设置，这些设置将帮助用户更好地应用Office 2016，从而提高工作效率。

1.4.1 自定义功能区

功能区用于放置功能按钮，在Office 2016中可以对功能区中的功能按钮进行添加和删除，本节将以Word 2016组件功能区设置操作为例，介绍自定义功能区的操作。具体步骤如下。

步骤1：启动Word 2016应用程序，选择"文件"｜"选项"命令，如图1-11所示。

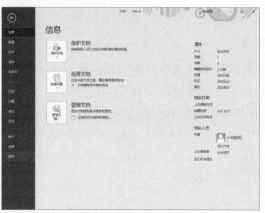

图1-11 "选项"命令

步骤2：打开"Word选项"对话框，单击"自定义功能区"选项，在右侧的"自定义功能区"列表中选择选项组要添加到的具体位置，如图1-12所示。

步骤3：选择需要添加的位置后，单击"自定义功能区"列表下方的"新建组"按钮，如图1-13所示。

图1-12 选择添加位置

图1-13 新建组

步骤4：单击"重命名"按钮，如图1-14所示，弹出"重命名"对话框，在"显示名称"文本框中输入"组"的名称，然后单击"确定"按钮。

步骤5：在"从下列位置选择命令"列表中单击需要添加到新建组中的按钮，然后单击"添加"按钮，如图1-15所示。

图1-14 重命名

图1-15 添加命令

步骤6：重复上一个步骤的操作，再为新建组添加"文本框"功能，添加完毕后单击"确定"按钮。

步骤7：完成自定义设置功能区的操作后返回文档中，切换至"插入"选项卡，即可看到添加的自定义功能组。

 若需要删除功能组中的功能区时，可以在"Word选项"对话框中切换至"自定义功能区"选项卡，在"自定义功能区"列表中选中需要删除的功能组，单击"删除"按钮，最后单击"确定"按钮，即可完成删除操作。

1.4.2 自定义快速访问工具栏

在默认情况下，快速访问工具栏中包括保存、撤消和恢复三个按钮，用户可以根据需要将其他需要的工具添加到快速访问工具栏中。若要添加需要的工具，具体步骤如下。

步骤1：打开文档后，单击快速访问工具栏右侧的下拉按钮，在弹出的菜单中单击需要显示的工具选项，如图1-16所示。

步骤2：此时即可完成在工具栏中添加工具按钮的操作，如图1-17所示，需要取消操作时，在菜单中再次单击该选项即可。

图1-16 自定义快速访问工具栏及其命令

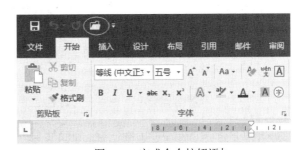

图1-17 完成命令按钮添加

1.4.3 禁用浮动工具栏

浮动工具栏是Office 2007中新增的一项极具人性化的功能，在Office 2016中仍然保留了该功能，如果不希望在每次选中文本内容时都自动弹出浮动工具栏，则可以考虑禁用它。具体步骤如下。

步骤1：启动Word 2016应用程序，选择"文件"｜"选项"命令，如图1-18所示。

步骤2：打开"Word 选项"对话框，选择左侧列表中的"常规"选项，然后在右侧取消"选择时显示浮动工具栏"复选框，如图1-18所示。

步骤3：单击"确定"按钮，关闭"Word选项"对话框，即可禁用浮动工具栏。

图1-18　取消"选择时显示浮动工具栏"复选框

1.4.4　指定自动保存时间间隔

Office应用程序提供了一种在意外关闭时的补救措施，即默认情况下每隔10分钟Office应用程序会自动保存当前打开文件的一个临时备份。当出现诸如突然停电和计算机意外死机等突发情况时，可以使用临时备份文件来恢复出现问题之前的文档数据。具体步骤如下。

步骤1：启动Word 2016应用程序，选择"文件" | "选项"命令。

步骤2：打开"Word选项"对话框，选择左侧列表中"保存"选项，在右侧确保选中"保存自动恢复信息时间间隔"复选框，然后在其右侧的文本框中输入希望的时间间隔，单击"确定"按钮完成设置，如图1-19所示。

图1-19　指定自动保存时间间隔

1.4.5 调整文档显示比例

在Office 2016中，可以通过两种方法来调整窗口的显示比例。可以使用状态栏右侧的显示比例控件，如图1-20所示。拖动滑块可以任意调整显示比例，而单击按钮则可以按10%递减或递增来改变显示比例。

图1-20 利用滑块调整显示比例

图1-20中左侧的数字显示的是当前的显示比例，单击该数字会打开"显示比例"对话框，可以进行显示比例更丰富的修改，如图1-21所示，该对话框也可以通过"视图"选项卡"显示比例"命令打开。

图1-21 "显示比例"对话框

1.4.6 设置Office 2016背景与主题

在Office 2016中，用户可以根据自身的喜好，设置Office程序的背景与主题，具体步骤如下。

步骤1：以Word 2016组件为例，选择"文件"｜"选项"命令。

步骤2：打开"Word 选项"对话框，选择左侧列表中"常规"选项，在右侧的"Office背景"或"Office主题"下拉列表中可以根据需要进行选择，如图1-22和图1-23所示。

图1-22 更改Office主题方案

图1-23 主题与背景修改

"Office背景"设置，需要用户登录才可以实现修改。

本章总结

全新的Office 2016，为用户带来了全新的应用体验。本章介绍了Office 2016的产品组件及新增功能，以及在产品应用过程中环境的自定义设置，为后续章节的学习奠定基础。

练习与实践

【单选题】

1. Office 2016版本与微软操作系统（   ）实现了深度整合。

A. Windows 7 32位　　　　　　　　　B. Windows 7 64位

C. Windows 8.1　　　　　　　　　　D. Windows 10

2. 微软公司在（   ）正式推出Office 2016。

A. 2016年　　　　　　　　　　　　B. 2015年

C. 2014年　　　　　　　　　　　　D. 2013年

【多选题】

1. Office 2016新增图表类型有（   ）。

A. 树状图　　　　　　　　　　　　B. 直方图

C. 盒形图　　　　　　　　　　　　D. 箱形图

2. Office 2016新增功能有（   ）。

A. 增加智能搜索框　　　　　　　　B. 智能查找

C. 墨迹公式　　　　　　　　　　　D. 屏幕录制

【判断题】

1. Office 2016程序背景修改，未注册用户也可能实现设置。（   ）

A. 正确　　　　　　　　　　　　　B. 错误

2. Office 2016是一款集成自动化办公软件，不仅包括诸多的客户端软件，还包括强大的服务器软件。（   ）

A. 正确　　　　　　　　　　　　　B. 错误

实训任务

	设置Office 2016操作环境
项目 背景 介绍	通过对Office 2016操作环境的修改设置，可以方便用户对Office 2016不同的操作需求，为提高工作效率做好准备。
设计 任务 概述	1. 关闭屏幕信息提示。 2. 关闭浮动工具栏显示。 3. 登录Office 2016账户，修改用户信息。 4. 修改"Office背景"为"电路"。
设计 参考图	无
实训 记录	
教师 考评	评语： 辅导教师签字：

第2章

Word 2016基础知识

Word 2016是微软公司推出的一款优秀的文字处理软件，它集文字、图形、图表、数据处理功能于一身，是一款广受欢迎的商务文档处理软件，也是Office 2016套装的主要组成部分之一。本章将主要阐述Word 2016的常规操作，为后续章节的学习奠定基础。

学习目标

- 熟悉Word 2016新增功能
- 认识Word 2016操作界面
- 掌握Word 2016视图方式

技能要点

- Word 2016操作界面
- Word 2016视图方式

实训任务

- 设置Word 2016视图模式

本章导读

2.1 初识Word 2016

Word 2016是微软公司推出的Office 2016软件中的重要组件之一。它不仅保持了以前版本的强大功能，而且增加了许多新功能，还打造了全新的操作界面，为用户带来全新的操作体验。对于熟悉Word 2010的用户来说，掌握并灵活运用Word 2016并不难，而对于初学Office的用户来说，也不用担心，在了解其各项操作功能后，用户运用Word 2016组件处理各类学习或办公事务会变得非常轻松自如。

Word的本义是"字"，因此微软公司给它的定位在于文字处理，它不仅可以进行常规文档的文字格式操作，对于商务文档也具有高级排版及自动化功能。用户可以在文档中插入图片，并进行设置或美化，以制作精美的文档效果。灵活运用Word的各项操作功能，不仅能够制作出精美的文档效果，同时也可以给用户的工作带来极大的方便，不仅可以提高工作效率，还可以简化工作流程。

2.2 Word 2016操作基础

2.2.1 不一样的Word 2016

1. 全新界面设计

Word 2016采用与Windows 10界面相匹配的设计，采用平面化的菜单效果设计，并移除过多的特效，让用户在触控和手写操作时更容易操作。

2. 全新的阅读模式

除了支持新界面外，Word 2016新增了一个阅读模式，提供更容易阅读文件的界面，甚至还支持多重触控和手写笔，用户不但可以利用手指触控换页、缩放等功能，也可以利用触控和手写笔输入批注等信息。

3. 增强的云端功能

在Word 2016中，增强了云端功能的支持，不过由于Word 2016的云端功能以Windows Live账号为依托，因此必须先登录账号才可以使用。

在Word 2016中默认将档案储存在SkyDrive文件夹里，这样只要用户联机上线，就可以自动上传到SkyDrive云端储存空间，让用户可以在智能手机、平板电脑和计算机上存取或编辑同一个文档。另外，也可以通过SkyDrive公开展示或者与朋友分享文件。

4. 完善更高级的PDF文档

Word 2016新增了PDF的编辑能力，用户可以在Word 2016中编辑文件，无须安装任何插件，就可以将文件转换成PDF格式，从而轻易地生成PDF格式文档。另外，通过保存时选项设置，Word 2016也可以方便地将文件转换成图形，或是PDF加上密码，实现文档更安全的交流。

5. 联机图片与视频

Word 2016可以加入在线的图片或视频，只需单击工具栏上的"联机图片"或"联机视频"按钮，就可以搜索网络中的图片或视频，或者直接粘贴嵌入代码以实现从网站插入视频。

2.2.2 Word 2016文档的基本操作

用户使用Office文档办公时，第一步需要根据办公的要求新建Office文档，完成新建后才能进行后续的录入、修改或美化操作。Word 2016的新建和打开操作有如下几种方法可供参考。

1. 新建与打开文档

（1）创建新文档

要使用Word 2016对文档进行编辑操作，首先要学会如何新建文档。下面介绍几种创建空白文档的方法。

1）在桌面上创建Office文档

步骤1：在计算机桌面上右击鼠标，在弹出的快捷菜单中选择"新建"｜"Microsoft Word文档"命令（该操作也可以在任意文件夹中进行）。即可在桌面上看到"新建Microsoft Word文档"，如图2-1所示。

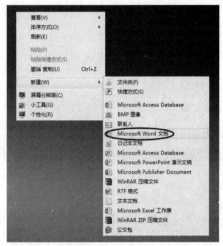

图2-1　新建Microsoft Word文档操作　　　　图2-2　双击桌面"新建Microsoft Word文档"图标

步骤2：双击"新建Microsoft Word文档"图标即可打开该文档，并对文档进行编辑，如图2-2所示。

2）启动Word 2016程序创建新文档

使用操作系统快捷键Windows+R打开系统"运行"对话框，输入"Winword"后按Enter键，即可启动Word 2016程序，在Word 2016启动的开始界面中单击"空白文档"即可新建Word文档，如图2-3所示。

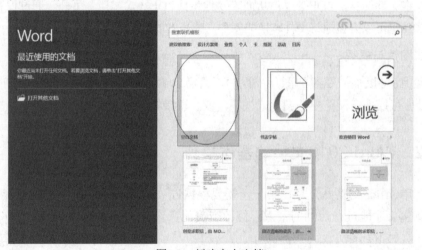

图2-3　新建空白文档

3）使用模板创建新文档

在运行Office 2016后，用户可以根据需要创建新文档。此时，用户也可以选择Office的设计模板来创建文档。下面讲解如何使用模板创建文档的方法。

步骤1：启动Word 2016应用程序，选择"文件"|"新建"命令。选择需要的模板，如图2-4所示，如果用户创建的新文档模板在Word 2016中未找到，可以通过联机搜索在互联网上寻找并下载模板即可使用。

步骤2：选择模板后，单击"创建"按钮，完成模板，如图2-5所示。Word将创建一份"简单传单"格式的新文档，如图2-6所示。

图2-4　选择模板

图2-5　利用模板创建文档

图2-6　利用模板创建后的效果

（2）打开文档

如果知道文档在计算机中存储的位置，在启动Office 2016应用程序后，可通过"打开"对话框进入存储位置打开Office文档，具体步骤如下。

步骤1：启动Word 2016应用程序，选择"文件"|"打开"命令。在"打开"页面双击"这台电脑"按钮或单击"浏览"按钮，如图2-7所示。

步骤2：弹出"打开"对话框，选定要打开的文档后单击"打开"按钮，即可将文档打开，如图2-8所示。

图2-7　双击"这台电脑"按钮

图2-8　"打开"对话框

（3）快速打开常用文档

Office 2016会记录最近打开过的文件，用户可以直接在"最近使用的文档"列表中选择打开过的文件将其快速打开，如图2-9所示。同时，对于列表中列出的最近使用文档的数目，也可以通过"Word选项"对话框进行设置，显示文档数目在0到50个，如图2-10所示。

图2-9　最近使用的文档　　　　　　　　图2-10　设置最近使用的文档数目

（4）以副本方式打开文档

打开已有文档时，还可以用副本的方式打开。以副本方式打开文档，即使在编辑文档过程中文档损坏或者对文档误操作，也不会对源文档造成破坏，提高使用效率和文档安全性，如图2-11所示。

图2-11　"以副本方式打开"命令

注意：以副本方式打开文档，与根据现有文档新建文档有很多的相似之处。它们之间不同在于，在创建文档的一个副本时，Office会自动将这个副本文件保存在与指定文件相同的文件夹中。同时，Office会根据指定文件的文件名自动为其命名。

（5）以只读方式打开文档

如果在使用Office文档时，不希望对文档进行修改而只是想要阅读文档，可选择以只读方式打开文档。具体操作与上述以副本方式打开相同。

（6）在受保护的视图中查看文档

受保护的视图模式与只读模式很相似，此时文档同样不能直接进行编辑，但Word允许用户在该视图模式下进入编辑状态，如图2-12所示。

图2-12　受保护状态下

2. 自由控制文档窗口

用户在使用Office文档时，通常只使用默认文档显示方式，其实为了方便用户使用，Office提供了对文档窗口的一些变换或控制，如拆分文档窗口、并排文档窗口以及改变视图的显示比例等。

（1）缩放文档内容

在查看或编辑文档时，放大文档能够更方便地查看文档内容，缩小文档可以在一个屏幕内显示更多内容。文档的放大和缩小可以通过调整文档的显示比例实现。在Word中，一般可以通过"视图"选项卡中的设置项或状态栏上的按钮来对文档的显示进行缩放操作，如图2-13所示。也可以通过快捷键Ctrl+鼠标滑轮滚动，实现快速文档视口的比例调整。

图2-13　调整显示比例

（2）拆分文档窗口

在进行文档处理时，通常需要查看同一文档中不同部分的内容。如果文档很长，而需要查看的内容又分别位于文档前后部分，此时拆分文档窗口是一个不错的解决问题的方法。所谓拆分文档窗口是指将当前窗口分为两个部分，该操作不会对文档造成任何影响，它只是文档浏览的一种方式而已，如图2-14所示。

拆分过程中，文档中出现一条拆分线，文档窗口将被拆分为两个部分，此时可以在这两个窗口中分别通过拖动滚动条调整显示的内容。拖动窗格上的拆分线，可以调整两个窗口的大小。

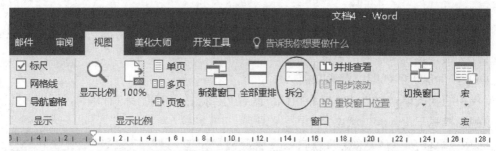

图2-14　拆分窗口

拆分文档窗口是将窗口拆分为两个部分，而不是将文档拆分为两个文档，在这两个窗口中对文档进行编辑处理对文档都会产生影响。当需要对长文档前后的内容进行对比并编辑时，可以拆分窗口后在一个窗口中查看文档内容，而在另一个窗口中对文档进行修改。如果需要将文档的前段内容复制到相隔多个页面的某页面中，可以在一个窗口中显示复制文档的位置，在另一个窗口中显示粘贴文档位置。这都是提高编辑效率的技巧。

（3）并排查看文档

两个窗口的并排查看功能是在Office文档中经常用到的功能，这一功能使得两个窗口中的数据可以进行精确对比。

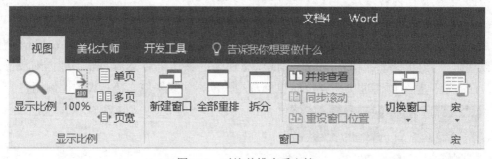

图2-15　对比并排查看文档

对比并排查看的两个文档窗口会自动并排，并且占据整个屏幕，滑动鼠标滚轮翻动其中一个窗口的页面，会发现另一个窗口的页面也会随之滚动，这是并排查看窗口时默认设置了同步滚动的原因。

在完成两个文档的对比操作后，再次单击功能区中的"并排查看"按钮可取消窗口的并排状态。

（4）显示文档结构图和页面缩略图

用户可以在Word 2016的"导航"窗格中查看文档结构图和页面缩略图，从而帮助用户快速定位文档位置。查看文档结构，如图2-16所示。

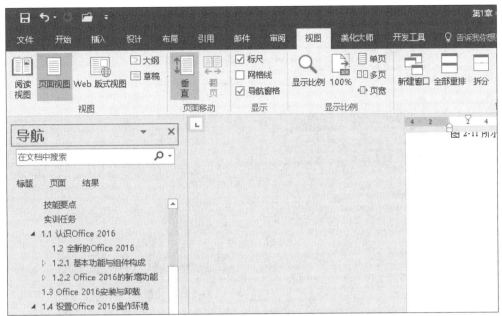

图2-16 查看文档结构

在文档窗口左侧的"导航"窗格中，将按照级别高低显示文档中的所有标题文本，单击标题左侧按钮，即可进行展开或折叠显示，在"导航"窗格中选择一个选项，在右侧的文档编辑区中将显示所选择的标题。此时光标处于该标题处，可以直接对标题进行编辑修改。

在左侧的"导航"窗格中单击"页面"按钮，"导航"窗格中的文档结构图会自动关闭，同时在窗格中显示文档各页的缩略图。光标所在页面会呈现选择状态。

（5）切换和新建文档窗口

在打开很多文档进行编辑时，可以使用"视图"选项卡中的"切换窗口"来实现快速切换，以对不同的文档进行编辑。如果想要在新的文档窗口打开当前文档，可以使用"视图"选项卡中的"新建窗口"命令，可以创建一个与当前文档窗口相同大小的新文档窗口，文档的内容为当前文档的内容。

3. 灵活转换文档格式

Office 2016文档可以被保存为多种文档格式，如Web页面格式。同时，Office 2016应用程序之间也可以实现文档格式的相互转换，如将Word文档直接转换为PowerPoint文档。另外，借助于加载项可以实现将Office 2016文档转换为常用的PDF文档和XPS文档。

（1）将文档转换为Web页面

为了将文档在互联网上和局域网上发布，需要将文档保存为Web页面文件。Word、Excel、PowerPoint和Access都能够将文档保存为Web页面，这种页面文件使用HTML文件格式。

如图2-17所示，选择"保存类型"为"网页（*.htm;*.html）"格式，单击"更改标题"按钮，可以修改网页文档在浏览器中显示的标题。保存为Web格式文档后，双击网页文件即可打开IE浏览器查看文档的内容。

图2-17　保存文档为HTML格式

（2）将文档转换为PDF/XPS格式

将Office文档转换为PDF/XPS格式也是一项常用的操作。PDF和XPS是固定版式的文档格式，可以保留文档格式并支持文件共享。进行联机查看或打印文档时，文档可以完全保持预期的格式，而且文档中的数据不会轻易地被更改。另外，PDF文档格式对于使用专业印刷方法进行复制的文档十分有用。创建PDF/XPS格式，如图2-18所示。

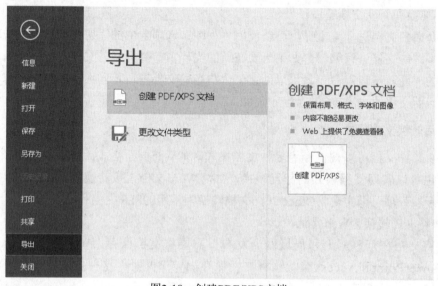

图2-18　创建PDF/XPS文档

在发布过程中，可以进行相应的优化设置，如图2-19所示，用户可以根据需要进行设置。如果需要在保存文档后立即打开该文档，可以选中"发布后打开文件"复选框。如果文档需要高质量打印，则单击"标准（联机发布和打印）"单选按钮。如果对文档打印质量要求不高，而且需要文件尽量小，可单击"最小文件大小（联机发布）"单选按钮。

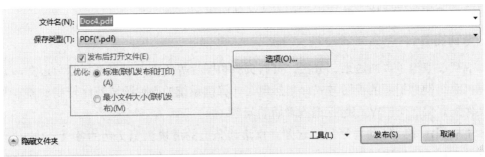

图2-19　优化设置

2.2.3　Word 2016视图模式

Word 2016提供了阅读视图、页面视图、Web版式视图、大纲视图、草稿视图五种文档视图，它们各自的作用不同。用户可根据个人喜好选择更加方便的视图方式。选择"视图"选项卡或单击状态栏中的视图按钮都可切换五种文档视图。

1. 阅读视图

阅读视图是一种特殊查看模式，使在屏幕上阅读扫描文档更为方便。在激活后，阅读视图将显示当前文档并隐藏大多数屏幕元素，包括功能区等。

在该视图中，页面左下角将显示当前屏数和文档能显示的总屏数。单击视图左侧的"上一屏"按钮和右侧的"下一屏"按钮，可进行屏幕显示的切换。

在阅读视图模式下，界面的左上角提供了用于对文档进行操作的工具，方便用户进行文档的保存、查找和打印等操作。例如，在阅读版式视图中查找关键词"版面"，单击左上角的"工具"按钮，选择"查找"选项，在左侧显示的导航中输入"版面"即可。

2. 页面视图

页面视图是一种使用最多的视图模式。

在页面视图中，可以进行文档的编辑排版、页眉页脚、多栏版面，还可以处理文本框、图文框，以及检查文档的最后外观，并且可以对文本、格式以及版面进行详细的修改，也可以拖动鼠标来移动文本框及图文框项目。

在页面视图中，屏幕看到的页面效果即为实际打印的最终真实效果。

3. Web版式视图

Web版式视图是显示文档在Web浏览器中的外观。例如，文档将显示为一个不带分页符的长页，并且文本和表格将自动换行以适应窗口的大小。

在Web视图中，将鼠标指针放置到界面窗口的边界，拖动鼠标调整窗口的大小，但文档编辑区中的文本将总能够完整显示。例如，缩小文档窗口，窗口中的每一行文字也会随着窗口缩小而自动换行，以适应窗口的大小。

4. 大纲视图

大纲视图可以将文档的标题分级显示，使文档结构层次分明，易于编辑。还可以设置文档和显示标题的层级结构，并且折叠和展开各种层级的文档。

5. 草稿视图

草稿视图取消了页面边距、分栏、页眉页脚和图片等元素，仅显示标题和正文，是最节省计算机系统硬件资源的视图方式。当然现在计算机系统的硬件配置都比较高，基本上不存在因硬件配置偏低而使Word运行遇到障碍的问题。

在草稿视图中，拖动程序窗口右侧垂直滚动条上的滑块浏览文档的各页。此时可以看到，在页与页之间出现了一条虚线，这条虚线称为分页线。同时，文档中原有的图片在草稿视图模式下也不再显示出来。

本章总结

本章主要学习了Word 2016文档的基本操作，各种视图模式的特点和功能，以及文档窗口的常规控制，为灵活操作文档，提高文档处理效率，方便日常办公奠定基础。

练习与实践

【单选题】

1. Word 2016的"最近使用的文档"列表中，最多可以列示最近使用文档的数目是（　　）。

A. 20　　　　　　　　　　　　　　B. 25

C. 50　　　　　　　　　　　　　　D. 55

2. 要快速调整显示比例，可以按（　　）键。

A. Ctrl+鼠标左键拖拉　　　　　　　B. Ctrl+鼠标右键拖拉

C. Ctrl+鼠标中键滚动　　　　　　　D. Ctrl+鼠标中键拖拉

【多选题】

1. 在word 2016中，常用的视图模式有（　　）。

A. 页面视图　　　　　　　　　　　B. 阅读视图

C. 普通视图　　　　　　　　　　　D. 草稿视图

2. 在word 2016中，打开文档的方法有（　　）。

A. 以副本方式打开　　　　　　　　B. 以独占方式打开

C. 以只读方式打开　　　　　　　　D. 以共享方式打开

【判断题】

1. Word 2016的草稿视图中，可以实现文档页眉页脚的编辑美化。（　　）

A. 正确　　　　　　　　　　　　　B. 错误

2. Word 2016的页面视图中，可以进行与文档版面相关的所有操作。（　　）

A. 正确　　　　　　　　　　　　　B. 错误

实训任务

设置Word 2016视图模式

项目背景介绍	文档视图模式是文档操作的必备基石，在进行不同对象的文档操作时，选择合适的文档视图模式是非常重要的。
设计任务概述	1. 在页面视图中尝试进行文档的分栏操作。 2. 在Web视图中，插入动态图片后，尝试在Internet Explorer中浏览效果。 3. 使用大纲视图，尝试对文档不同层次的内容使用不同的大纲级别，并在导航窗格中查看效果，如下图所示。
设计参考图	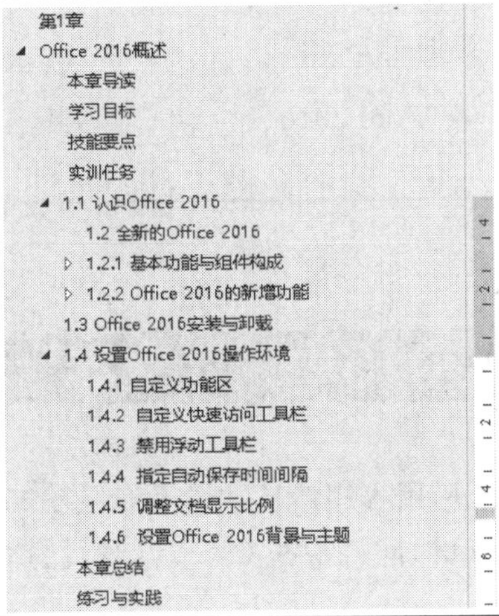
实训记录	
教师考评	评语： 辅导教师签字：

第3章 Word 2016输入和编辑文本

> 　　用户在日常使用Word时，最基本的操作就是通过Word录入文字，保存信息，并对录入的信息进行简单的编辑、排版，从而完成一般文件所需的处理能力。本章将对这些内容进行详细介绍。
>
> **✎ 学习目标**
>
> - 学会Word 2016输入文本
> - 掌握Word 2016文字的基本编辑操作
>
> **✎ 技能要点**
>
> - 常用文本内容的输入方法
> - Word 2016文字的选取与编辑
> - Word 2016格式刷的使用
>
> **✎ 实训任务**
>
> - Word 2016文档格式化的处理

本章导读

3.1 在Word 2016中输入文本

　　文档的输入是Word应用程序最基本的操作。在Word中，文本的输入主要涉及普通文本、日期和时间、特殊符号以及公式的输入。

1. 输入普通文本

　　用户在输入文本之前，首先需要选择一种常用的输入法，然后在文档中直接输入需要的文本内容。

2. 插入日期和时间

　　在输入文档内容时，有时需要为文档输入日期和时间。具体步骤如下。

　　方法一：利用"日期和时间"按钮插入日期和时间。

　　步骤1：切换至"插入"选项卡，在"文本"组中单击"日期和时间"按钮，如图3-1所示。

图3-1　在文本组中插入日期和时间

步骤2：在弹出的"日期和时间"对话框的"可用格式"下拉列表中根据个人需要进行选择，并选择"语言（国家/地区）"，如图3-2所示。在"日期和时间"对话框中，若选中"自动更新"复选框，则插入的日期和时间会随着日期和时间的改变而改变。

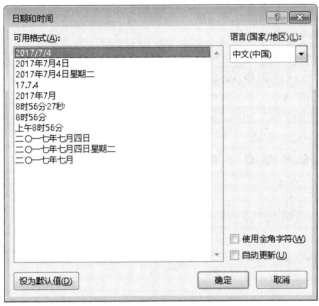

图3-2　插入日期和时间对话框

方法二：按快捷键Alt+Shift+D即可快速插入系统当前日期，按快捷键Alt+Shift+T即可插入系统当前时间。

3. 插入特殊符号

在文档中输入符号和输入普通文本有些不同，虽然有些输入法也带有一定的特殊符号，但是在Word的符号样式库中却提供了更多的符号供文档编辑使用。直接选择这些符号就能插入文档中。具体步骤如下。

步骤1：将光标置于要插入符号的位置，切换至"插入"选项卡，单击"符号"组中的"符号"下拉按钮，再单击"其他符号"按钮，如图3-3所示。

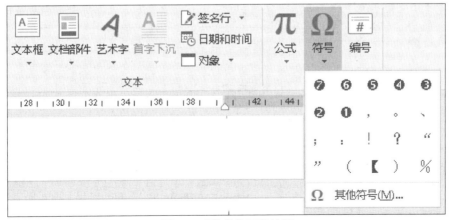

图3-3　"符号"下拉按钮

步骤2：弹出"符号"对话框，在"符号"选项卡展开的下拉列表中选择要插入的符号，如图3-4所示。

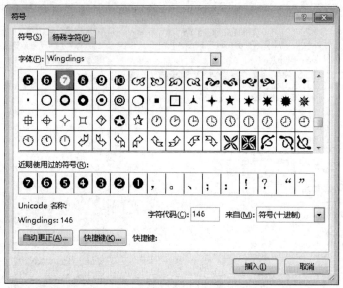

图3-4　"符号"对话框

4. 快速输入公式

在日常一些特殊类型的Word文档中，可能会使用到数学公式，如老师编辑数学试题。在Word 2016中可以很方便地制作或插入数学公式。具体步骤如下。

步骤1：将插入点移动到需要插入公式的文档位置，切换至"插入"选项卡，在"符号"组中单击"公式"下拉按钮，在展开的列表中显示了内置定义的公式，这些公式大多是定理或公理性的数学表达式，以便用户快速根据个人需要进行选择并插入。例如，选择"二项式定理"选项，如图3-5所示。

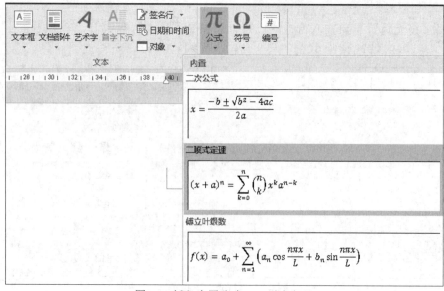

图3-5　插入内置公式：二项式定理

步骤2：在当前插入点插入二项式定理公式，可以在公式编辑框内对公式进行数值替换修改，以形成所需的公式，如图3-6所示。

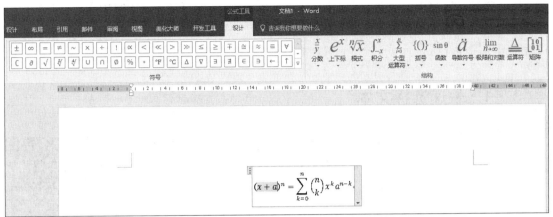

$$(x+a)^n = \sum_{k=0}^{n} \binom{n}{k} x^k a^{n-k}$$

图3-6　在公式框内可以编辑修改内置公式

步骤3：如果"公式"下拉列表中没有所需的公式，可以在"符号"组中单击"公式"图标按钮，如图3-7所示。

图3-7　手工插入编辑新公式

步骤4：当前插入点会弹出如图3-8所示的公式键入框，根据个人需要在"公式工具—设计"选项卡中选择并键入公式。

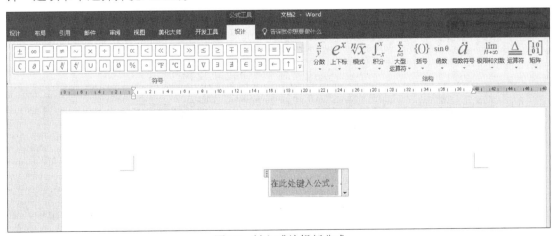

图3-8　键入或编辑新公式

 还可以使用快捷键Alt+=在光标当前位置插入公式编辑框，编辑新公式。

3.2 文本的基本操作

在文档编辑过程中，经常需要选取文本内容进行剪切、复制、删除等操作，这时候就需要学会文本的快速选取操作。本节将对文本的选择、粘贴、剪切、复制、删除、插入和改写进行逐一学习和介绍。

3.2.1 快速选择文本

快速选择文本有三种方式：使用鼠标快速选择文本；使用键盘快速选择文本；使用鼠标和键盘相结合快速选择文本。

1. 使用鼠标快速选择文本

在Word文档中，对于简单的文本选取一般用户都是使用鼠标操作来完成，如连续单行、多行选取或全部文本选取等。

（1）选取连续单行或多行

在打开的Word文档中，先将光标定位到想要选取文本内容的起始位置，按住鼠标左键拖曳至该行（或多行）的结束位置，松开鼠标左键即可，如图3-9所示。

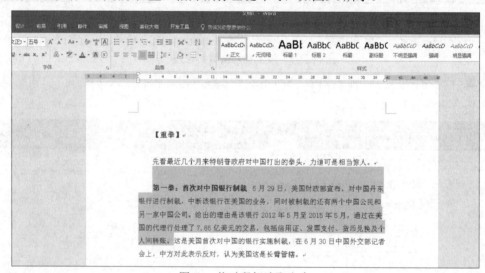

图3-9　拖动鼠标选取文本

（2）全部文本选取

在打开Word文档中，将光标定位到文档的任意位置，在"开始"选项卡"编辑"组中，依次选择"选择"|"全选"选项，如图3-10所示，此时即可显示选取文档全部文本内容。

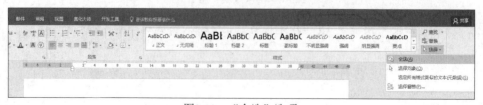

图3-10　"全选"选项

（3）选取字或词

在打开的Word文档中，使用鼠标双击所要选中的字或词即可。

（4）选取句子

使用左手按住Ctrl键，再将鼠标在需要选取的句子中单击即可。

（5）选取一行文本

将鼠标放在文档左侧空白区域，即左页边距内，Word文档将这块区域也称为文本选择区域。在该区域内单击鼠标，即可选取鼠标单击对应的右侧的行。

（6）选取一个段落

在以上描述的文本选择区域内，双击鼠标，即可选取鼠标对应位置的段落。或直接在将要选取的段落文字上，三击鼠标也可实现段落文本的选取。

2. 使用键盘快捷键选取文本，见表3-1

表3-1　使用键盘快捷键选取文本

快捷键	功能
Shift+左右方向键	向左或向右选取一个字符
Ctrl+Shift+左右方向键	向左或向右选取一个字或词
Ctrl+Shift+上下方向键	选取到段首或段尾
Shift+Home | End	选取到行首或行尾
Ctrl+Shift+Home | End	选取到文档的开头或文档的结尾
Ctrl+A	选取整个文档
F8	扩展选取方式

3.2.2　文本粘贴

粘贴就是将剪切或复制的文本粘贴到文档中其他的位置上。选择不同的粘贴文本的类型，粘贴的效果将不同。粘贴选项主要包括保留源格式、合并格式和只保留文本三种，如图3-11所示。各种粘贴选项的功能，见表3-2。

图3-11　"粘贴选项"选项

表3-2　各种粘贴选项的功能

粘贴选项	实现功能
保留源格式	将粘贴后的文本保留原来的格式，不受新位置格式的控制
合并格式	不仅可以保留原来的格式，还可以应用当前位置中的文本格式
只保留文本	粘贴文本后，只保留文本内容，删除所有原来的格式

3.2.3 文本的删除、移动与复制

1. 删除文本

最常用的删除文本的方法就是把插入点置于该文本的右边，然后按Backspace键。与此同时，后面的文本会自动左移一个字符来填补被删除的文本位置。同样，也可以按Delete键删除插入点后面的文本。

要删除一大段文本，可以先选定该文本块，然后单击"剪贴板"组中的"剪切"按钮（把剪切下的内容存放在剪贴板上，以后可粘贴到其他位置），或者按Delete键或Backspace键将选定的文本块删除。

2. 移动、复制文本

（1）使用鼠标拖放方法移动、复制文本

在Word 2016中，可以使用拖放法来移动或复制文本。具体步骤如下。

步骤1：选定要移动或复制的文本。

步骤2：按住鼠标左键（复制文本时，按Ctrl+鼠标左键），当鼠标指针变成箭头状时，会出现一条虚线插入点。

步骤3：拖曳鼠标时（复制文本时，按Ctrl+鼠标左键拖曳），虚线插入点表明将要移动到或复制到的目标位置。

步骤4：释放鼠标左键后，选定的文本便从原来的位置移动到或复制到新的位置。

（2）使用剪贴板移动、复制文本

如果文本的原位置离目标位置较远，不能在同屏幕中显示，可以使用剪贴板来移动或复制文本。具体步骤如下。

步骤1：选定要移动或复制的文本。

步骤2：单击"开始"选项卡"剪贴板"组中的"剪切"按钮（复制文本时，使用"复制"按钮），或者按快捷键Ctrl+X（复制文本时，按快捷键Ctrl+C），选定的文本将从原位置处删除或保留，并被存放到剪贴板中。

步骤3：把插入点移到目标位置，如果是在不同的文档间移动或复制内容，则将活动文档切换至目标文档中。

步骤4：单击"开始"选项卡"剪贴板"组中"粘贴"按钮，或者按快捷键Ctrl+V，即可将文本移动到或复制到目标位置。

3.2.4 插入和改写

在Word 2016中，文本的输入有改写和插入两种模式。进行文档编辑时，如果需要在文档的任意位置插入新的内容，可以使用插入模式进行输入。如果对文档中某段文字不满意，则需要删除已有的错误内容，然后再在插入点位置重新输入新的文字，此时快捷的操作方法是使用改写模式。下面介绍这两种模式的使用方法。

1. 插入模式

在文档中单击鼠标，将插入点放置到需要插入文字的位置，用键盘输入需要的文字，将文字插入指定的位置。

2. 改写模式

在文档中单击鼠标，将插入点放置到需要改写的文字前面，按下键盘上的Insert键将插入模式变为改写模式。在文档中输入文字，输入的文字将逐个替代其右侧的文字。

3.状态显示

Word 2016默认状态为插入状态，并且文档状态信息默认在状态栏是不显示的，可以鼠标右击Word状态，弹出"自定义状态栏"快捷菜单，该菜单的右侧显示各种状态的当前值。单击"改写"按钮，可以打开或关闭状态栏插入或改写状态的显示，如图3-12所示。

图3-12　自定义状态栏显示信息

3.2.5　格式刷编辑文档

在Word文档编辑过程中，需要做到文档前后格式的协调统一，若手工进行设置，不仅工作量较大，效率不高，而且在进行这些操作时，一直在做重复文档前面相同的格式化操作，即重复性工作。

若使用Word程序提供的"格式刷"功能，则会大大提高文档的编辑效率和操作规范，具体步骤如下。

步骤1：选中具有一定格式的文本，单击格式刷按钮（或按快捷键Ctrl+Shift+C）。

步骤2：在目标文本上拖动鼠标（或按快捷键Ctrl+Shift+V）即可实现将原文本格式得到目标文本上的效果。

注意：单击格式刷，可以实现一次格式复制操作；双击格式刷，可以实现若干次格式复制操作。

$$本章总结$$

本章主要介绍了常用的文档输入与编辑的方法，包括选定编辑对象，插入、移动、复制和删除编辑对象，基本的文档格式化操作等内容。本章重点是文本对象的选择与编辑，本章是文本与段落格式化的基础，为后续章节操作奠定基础。

练习与实践

【单选题】

1. 下列关于Word 2016窗口的操作，正确的是（　　）。

A. 按快捷键Ctrl+F1，可实现最小化功能区

B. 快速访问工具栏默认位置在功能区的下方

C. Word 2016默认情况下，包括"文件""开始""插入""引用""审阅"和"视图"六个功能选项

D. 改变当前文档的视图模式，可以直接单击Word 2016窗口左下角的视图切换按钮

2. 下列关于Word 2016和Word 2003文档的说法，正确的是（　　）。

A. Word 2003程序兼容Word 2016文档

B. Word 2016程序兼容Word 2003文档

C. Word 2016文档与Word 2003文档类型完全相同

D. Word 2016文档与Word 2003文档互不兼容

3. 在Word 2016中，建立跳转到文档其他位置的超链接时，跳转的目标不能设置为（　　）。

A. 文档中的行

B. 文档中的各级标题

C. 书签所标记的内容

D. 文档的开头

【多选题】

1. 可在Word文档中插入的对象有（　　）。

A. Excel工作表　　　　　　　　　　B. 声音

C. 图像文档　　　　　　　　　　　　D. 幻灯片

2. 在Word 2016中，若想知道文档的字符数，可以应用的方法有（　　）。

A. "审阅"选项卡"校对"组中"字数统计"按钮

B. 按快捷键Ctrl+Shift+G

C. 按快捷键Ctrl+Shift+H

D. "审阅"选项卡"修订"组中"字数统计"按钮

【判断题】

1. 在Word 2016中使用"开始"选项卡"字体"组中"更改大小写"命令，可将英文文档中的一个句子自动改为大写字母。（　　）

A. 正确　　　　　　　　　　　　　　B. 错误

2. 为了使用户在编排文档版面格式时节省时间和减少工作量，Word 2016提供了许多"模板"，所谓"模板"就是文章、图形和格式编排的框架或样板。（　　）

A. 正确　　　　　　　　　　　　　　B. 错误

实训任务

Word 2016文档格式化的处理	
项目 背景 介绍	你现在的岗位是校长办公室行政助理，在今天上午的校务会议上，已经确定了今年的中秋节、国庆节放假时间，这个文件需要以书面通知的形式下发。
设计 任务 概述	放假通知单，需满足以下要求： 1. 设置Word文档的标题，小标题格式：宋体，二号字加粗，居中对齐，段前段后0.5行，小标题按样张添加编号并加粗。 2. 设置正文格式：使用宋体四号，除了第二行发往部门"校属各单位"外，其他段落均采用首行缩进2个字符；段落按样张使用编号并调整对齐。 3. 为文档添加落款。
实训 记录	
教师 考评	评语： 辅导教师签字：

第4章 Word 2016格式化文档

　　一份美观、规范的文档，少不了对文档进行文字的格式化操作和段落的格式化修饰。

　　文字的格式化包括文字的常规格式化和文字的特殊格式化；段落的格式化也同样包括段落的基础格式修饰和段落的高级格式修饰。本章主要介绍这两大类格式化操作。

学习目标
- 学会Word 2016文字的常规格式化操作
- 熟悉Word 2016文字的特殊格式化操作
- 掌握Word 2016段落基础格式化
- 掌握Word 2016段落高级格式化

技能要点
- Word 2016的文字常规格式化操作
- Word 2016的段落基础格式化操作

实训任务
- Word 2016文档格式化和段落格式化的处理

本章导读

4.1 灵活运用文字和段落的常规格式

　　对文档中的文字进行格式设置是十分重要的，通过设置可以使文档主次分明、内容清晰、文字显示效果美观。下面介绍如何对文字进行全方位的设置与美化。

4.1.1 灵活运用文字格式

　　在日常办公工作中，存在大量丰富类型的Word文档标准。无论是商务文档，还是个人文档，必须对文档进行相应的格式化修饰与编辑，达到美化和规范文档的目的。在Word 2016中提供了多种字符格式化操作。例如，字体、字号、字形、颜色、下划线、突出显示等。

1. 通过选项组设置字体和字号

　　（1）在Word文档中，选中要设置的文字，切换至"开始"选项卡，在"字体"组中单击"字体"下拉按钮，展开字体列表，可以根据需要来选择设置的字体，如图4-1所示。

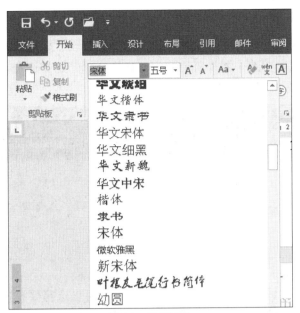

图4-1　设置字体

　　　　在字体列表中的字体大部分是Word程序内置字体，如需安装个人特殊字体，只需将字体文件复制到系统文件夹"C:\Windows\Fonts"中即可。

（2）在"字体"组中单击"字号"下拉按钮，展开字号列表，用户可以根据需要来选择设置的字号。

　　　　在设置文字字号时，如果有些文字设置的字号比较大，如：60号字。在"字号"列表中没有这么大的字号，此时可以选中设置的文字，将光标定位到"字号"框中，直接输入"60"，按Enter键即可。字体磅值的设置范围为1～1638。

2. 使用"增大字号"和"缩小字号"设置文字大小

（1）打开Word文档，选中要设置的文字，切换至"开始"选项卡，在"字体"选项组中单击"增大字号"按钮，选中的文字会增大一号，用户可以连续单击该按钮，将文字增大到需要设置的大小为止。

（2）如果要缩小字体，单击"缩小字体"按钮，选中的文字会缩小一号，用户可以连续单击该按钮，将文字缩小到需要设置的大小，如图4-2所示。

图4-2　设置文字大小

3. 通过"字体"对话框设置字体和字号

在"字体"对话框中，可以进行文本更丰富的格式化设置和修饰。

（1）打开Word文档，选中要设置的文字，切换至"开始"选项卡，在"字体"组中单击"字体"右下角按钮，如图4-3所示。

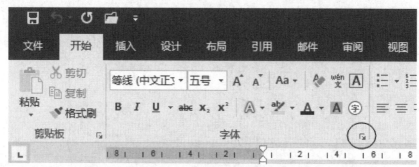

图4-3　"字体"右下角按钮

（2）在打开的"字体"对话框"中文字体"中，可以选择要设置的字体，还可以对字形、颜色等进行设置，设置完成后，单击"确定"按钮。

4. 文字的其他格式设置

（1）字形

Word 2016的字形和以前版本相同，包括常规、加粗、倾斜、加粗倾斜四种类型的字形，用户可以根据实际文档格式处理的需要进行选择设置。

（2）突出显示

在Word文档编辑处理过程中，用户可以对文档中某些特殊或重要的文本进行突出显示设置，以作为强调标注或突出醒目。

若用户需要对某一处文本进行突出显示设置，先选中需要突出显示的字符，再单击"开始"选项卡"字体"组中"突出显示"按钮。

（3）下划线

对Word文档文字进行强调突出，除了突出显示外，还有一种途径就是为文字添加下划线，同样起到醒目的作用。

Word 2016提供了八种标准下划线类型，用户还可以使用"其他下划线"命令，使用更加丰富的下划线样式。

下划线的颜色默认和被添加下划线对象文字的颜色相同，用户也可以使用"下划线颜色"命令，根据文档的编辑需要，自定义设置下划线的颜色。

（4）字符间距

在Word文档的编辑格式化过程中，有些特殊的文本需要字符间的间隔距离，如文档字数较少的文档标题。

Word提供了三种类型的字符间距：标准、加宽和紧缩，用户可以根据设置需要，在1～1584磅之间进行任意值设置。"字体"对话框，如图4-4所示。

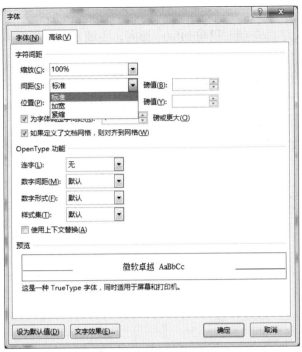

图4-4　"字体"对话框

（5）字符缩放与位置

在一些特殊类型的文档修饰美化过程中，如报刊，字符缩放与字符位置的设置是不可或缺的一项格式操作。

字符缩放设置是以百分比方式设置，用户可以根据文档编辑需要，键入或选择1和600之间的百分比。

字符位置设置是以磅值方式设置，用户可以根据文档编辑修饰需要，设置字符的提升或降低位置，磅值的设置范围在1～1584磅之间。

（6）格式清除

在 Word 和 PowerPoint 中，用户可以清除已设置过的所有文本格式，以使文本恢复到其默认格式样式。具体步骤如下。

步骤1：选择返回到其默认格式的文本。

步骤2：切换至"开始"选项卡，在"字体"组中单击"清除格式"按钮，如图4-5所示。

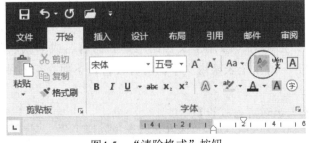

图4-5　"清除格式"按钮

　清除字符格式操作也可以使用快捷键Ctrl+Shift+Z。

（7）隐藏文字

Word 2016隐藏文字的功能与以前的版本相同，主要是在文档编辑和输出过程中，进行一项特殊格式设置。

编辑状态下隐藏文字的显示与隐藏：选择"文件"｜"选项"命令，在"Word选项"对话框中，选择左侧的"显示"选项，在右侧的"始终在屏幕上显示这些格式标记"下，选中"隐藏文字"复选框，如图4-6所示。

输出状态下隐藏文字的显示与隐藏：选择"文件"｜"选项"命令，在"Word选项"对话框中，选择左侧的"显示"选项，在右侧的"打印选项"下，选中"打印隐藏文字"复选框，如图4-7所示。

图4-6　"隐藏文字"复选框

图4-7　"打印隐藏文字"复选框

4.1.2　灵活运用段落格式

段落格式化是Word文档中除文字格式化外另一项非常重要的文档格式操作。Word文档段落操作包括段落对齐、段落缩进、段落间距、段落项目符号与编辑、段落边框与底纹等操作。

1. 设置段落对齐方式

Word程序提供了五种段落对齐方式：左对齐、右对齐、居中对齐、两端对齐、分散对齐。在默认状态下，Word输入的文本内容以两端对齐显示。

各种对齐均有其应用的对象或范围，两端对齐一般用于正文段落；居中对齐一般用于封面、引言或标题段落；右对齐一般用于文档结尾部分的署名或落款以及文档的页眉页脚部分；左对齐和分散对齐一般用于表格内文本的对齐设置。下面介绍各种对齐方式的设置，具体步骤如下。

（1）使用"段落"组对齐方式设置

步骤1：选中需要设置对齐方式的一个或多个段落。

步骤2：切换至"开始"选项卡，在"段落"组中单击对齐方式按钮。

（2）使用"段落"对话框设置

步骤1：选中需要设置对齐方式的一个或多个段落。

步骤2：切换至"开始"选项卡，在"段落"组中单击"段落"右下角按钮，打开"段落"对话框，在对话框中也可以进行段落对齐设置。

（3）段落对齐方式快捷键，见表4-1

表4-1　段落对齐方式快捷键

快捷键	功能
Ctrl+L	左对齐
Ctrl+E	居中对齐
Ctrl+R	右对齐
Ctrl+J	两端对齐
Ctrl+Shift+J	分散对齐

　　若只需要对单个段落设置对齐方式，在设置对齐方式前，可以不选中段落文本，直接将光标定位在该段落中即可。

2. 设置段落缩进方式

一个文档的文本输入范围是整个页面除去页边距后剩余的部分。为了文档的美观，有时文本还要再向内缩进一段距离，这就是段落缩进。

增加或减少段落缩进所改变的是文本和页边距之间的距离。在默认状态下，段落的左、右缩进量都是零。

文本的缩进一般可以通过设置标尺位置或使用Tab键来实现。下面介绍使用标尺和"段落"对话框设置段落缩进的方法。

（1）通过"标尺"进行设置

在文档窗口的顶端有一个水平标尺，如图4-8所示。如果没有显示标尺，可以在"视图"选项卡"显示"组中选中"标尺"复选框来显示它。

图4-8　水平标尺

（2）通过"段落"对话框设置缩进

通过标尺设置缩进的方法比较简单、直观，但不能精确地控制缩进量。若要精确地设置段落的缩进量，就需要通过"段落"对话框来实现。

选中要设置缩进的段落，切换至"开始"选项卡，在"段落"组中单击"段落"右下角按钮，如图4-9所示。

图4-9 "段落"右下角按钮

打开"段落"对话框，可以设置"对称缩进"，该功能可以实现对折页的内外侧对称缩进设置；还可以根据段落设置需要，选中"在相同样式的段落间不添加空格"复选框，如图4-10所示。

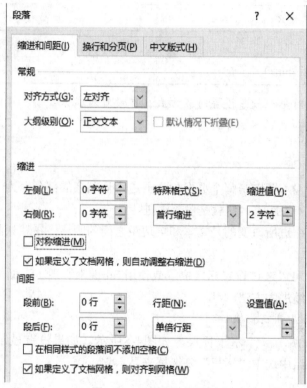

图4-10 "段落"对话框

也可以使用"段落"组中"增加缩进量"按钮 和"减少缩进量"按钮 来调整段落的左缩进量。

（3）缩进的种类

● 首行缩进：段落的第一行的缩进，标准的首行缩进一般为两个汉字字符。一般用于常规文档正文所有段落。

● 悬挂缩进：段落的首行起始位置不变，其余各行均缩进一定距离，这种缩进方式常用于词汇表、项目列表、法律规章类文档段落。

● 左缩进：段落整体自页面的左侧，向版心位置缩进，常用于图文混排类文档。

● 右缩进：段落整体自页面的右侧，向版心位置缩进，一般使用较少。

4.1.3　行距和段落间距

行距用于设置段落中行与行之间的距离，默认段落行距为单倍行距，可以根据需要设置行距选项，如图4-11所示。

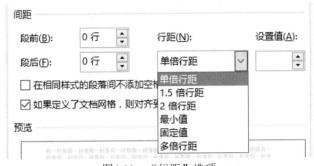

图4-11　"行距"选项

如果为某个段落设置了新的行距，那么该段落之后输入的段落将继续该段落的行距设置，无须重新设定行距值。设置行距的快捷键，见表4-2。

表4-2　设置行距的快捷键

快捷键	功能
Ctrl+1	设置行距为单倍行距
Ctrl+2	设置行距为双倍行距
Ctrl+5	设置行距为1.5倍行距
Ctrl+0	在段前增加或删除一行间距

4.1.4　制表符

在输入文档时，经常会遇到需要将文本垂直对齐的情况，如果使用空格键来实现对齐文本往往无法得到理想的效果，最好的方法是使用Tab键或制表位。

用户每按一次Tab键，光标将从当前位置移到下一个制表位的位置，默认状态下，页面每隔0.74厘米有一个制表位，用户也可以根据需要自定义制表位。

单击水平标尺最左侧的制表位按钮，用户可以选择制表位的类型，常用的制表位主要有左对齐制表位、右对齐制表位、居中对齐制表位、小数点对齐制表位、竖线对齐制表位。

- 左对齐制表位：可以使文本在此制表位处左对齐。
- 右对齐制表位：可以使文本在此制表位处右对齐。
- 居中对齐制表位：可以使文本段落的中间点都处于此制表位所在的垂直线上。
- 小数点对齐制表位：可以使文本的小数点位在此制表位处对齐，在没有小数点的时候，相当于右对齐制表位。
- 竖线对齐制表位：在该制表位处画出一条竖线。

1. 设置标尺

标尺在Word中用于帮助用户对齐文档，掌握标尺的使用和设置的方法对于文档的编辑与版本排版很有帮助。在默认状态下，标尺是处于显示状态的。

但并非任何状态下，Word都会显示标尺，在大纲视图、阅读视图和主控文档视图中都是不显示标尺的；在Web视图与草稿视图中只显示水平标尺。

（1）显示与隐藏标尺

切换至"视图"选项卡，选中或取消"显示"组中"标尺"复选框。

（2）修改标尺度量单位

默认情况下，标尺的单位是以字符为基本刻度单位，可以根据文档编辑需要，修改标尺的单位，如图4-12所示。

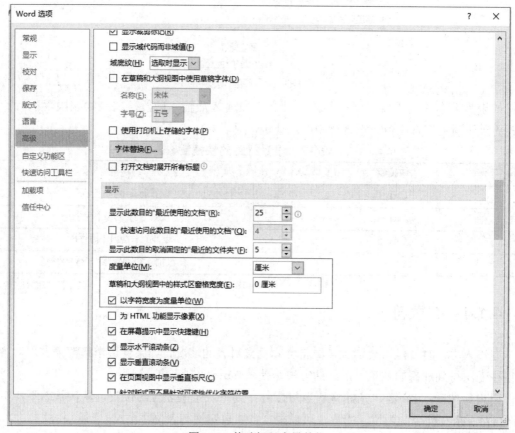

图4-12 修改标尺度量单位

2. 设置和使用制表位

可以使用标尺或制表位对话框两种方式来设置和使用制表位，这里先介绍通过标尺设置制表位的方法，具体步骤如下。

步骤1：如果要为已有的文字设置制表位，可选中要设置制表位的文字；如果要为即将输入的文字设置制表位，则直接执行第2步操作。

步骤2：单击水平标尺最左端的制表符按钮，直到出现所需的制表位类型。

步骤3：在标尺上的合适位置单击，刚才选择的制表位符号将出现在鼠标单击的位置。同时，选中的文本也将按选择的对齐方式在此对齐。

步骤4：按下Tab键，直到光标移动到该制表位处，这时输入的新文本将在此对齐。如果对设置的制表位不满意，可以使用鼠标左右拖动该制表位的制表符，这时在此制表位处对齐的文本也将随制表符移动。若要去掉某个制表位，只需用鼠标将它拖离标尺即可。

步骤5：如果要精确设置制表符的位置，需要在"制表位"对话框中设置。双击标尺任意的制表位即可打开该对话框，如图4-13所示。

在实际生活中，图书目录中的标题和页码排版都很工整，而且页码和文本内容间由一些小圆点或小横线连接，这些效果使用制表位就可以完成。这些小圆点或小横线就是制表位的前导符，只需要设置制表位时，设置相应的前导符即可。

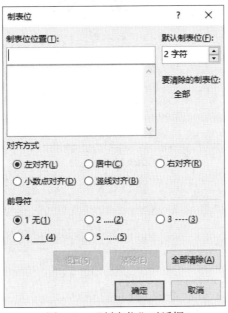

图4-13　"制表位"对话框

4.2 灵活运用文字和段落的特殊格式

在Word文档的格式修饰中，文字和段落的常规格式化是所有文档必不可少的文档格式化操作。但在日常办公领域中，存在一些特殊类型的Word文档标准，对文字和段落的格式要求，是常规格式化操作所不能满足的，这时候就需要考虑使用文字或段落的特殊格式化操作。

4.2.1　中文版式

中文版式是中文字符的一些特殊排版处理方式的总称，包括拼音指南、合并字符、纵横混排、双行合一和带圈字符以及调整宽度等。

1. 拼音指南

（1）常规拼音添加

对于一些刚接触汉字，在拼音学习阶段的幼儿来说，给文字添加拼音是必不可少的，而Word文档中的拼音指南就可以为文字添加拼音，具体步骤如下。

步骤1：选中需要添加拼音的字符。

步骤2：切换至"开始"选项卡，在"字体"组中单击"拼音指南"按钮，如图4-14所示，打开"拼音指南"对话框，如图4-15所示。

步骤3：在"拼音指南"对话框中可以设置拼音的对齐方式、字体、偏移量以及字号。

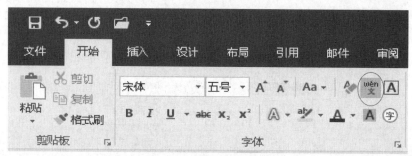

图4-14 "拼音指南"按钮

图4-15 "拼音指南"对话框

（2）特殊拼音添加

在文档制作中，有时会出现生僻字，为了方便阅读，需要为生僻字添加拼音，但添加拼音的形式，不能再像普通情况那样，将拼音添加在汉字的上方，应当将拼音添加到汉字的后面。特殊拼音添加，如图4-16所示。

特殊拼音添加步骤如下。

步骤1：选中需添加拼音的字符。

步骤2：切换至"开始"选项卡，在"字体"组中单击"拼音指南"按钮，打开"拼音指南"对话框。

步骤3：在"拼音指南"对话框中，单击"组合"按钮，组合拼音后，在"拼音文字"框内选中拼音并复制拼音。

步骤4：将复制的拼音粘贴到文档相应的位置即可。

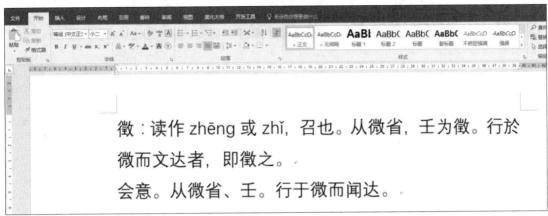

图4-16　特殊拼音添加

2. 带圈字符

带圈字符可以为文字加外圈，其作用是为字符添加圆圈或其他圈型以示强调。需要注意的是，不能同时为两个字符或更多字符加外圈。"带圈字符"对话框，如图4-17所示。

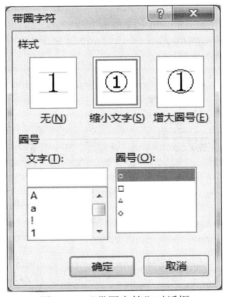

图4-17　"带圈字符"对话框

3. 双行合一

在编辑Word文档的过程中，有时需要在一行中显示两行文字，然后在相同的行中继续显示单行文字，实现单行、双行文字的混排效果。具体步骤如下。

步骤1：选中需要双行合一的文本内容。

步骤2：切换至"开始"选项卡，在"段落"组中单击"中文版式"下拉按钮，在展开的列表中选择"双行合一"选项。"双行合一"选项，如图4-18所示。

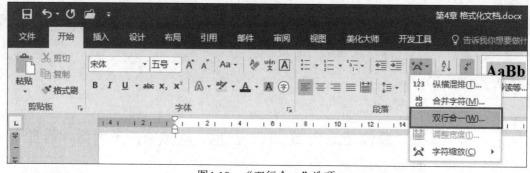

图4-18 "双行合一"选项

步骤3：打开"双行合一"对话框，用户可以预览双行显示的效果，如图4-19所示，如果选中"带括号"复选框，则双行文字将在括号内显示。

图4-19 "双行合一"对话框

步骤4：被设置为双行显示的文字字号将自动减小，以适应当前行的文字大小。用户可以设置双行显示的文字字号，使其更符合实际需要。

4. 合并字符

将多个字符合并成一个整体，这些字符将被压缩且排列为两行，也可将已经合并的字符还原为普通字符。

Word对合并字符的数目是有限制的，最多允许六个字符参与合并，超过的字符将被删除。"合并字符"对话框，如图4-20所示。

图4-20 "合并字符"对话框

5. 纵横混排

将所选文本逆时针旋转90度。纵横混排可以文档排版需要，选择是否设置"适应行宽"选项。在一些特殊排版的文档中需要使用到该类文字处理功能。如在纵向排版的文档中，数字的显示可读性较差，这时就可以考虑使用纵横混排方式来处理它。纵横混排前后对比，如图4-21所示。

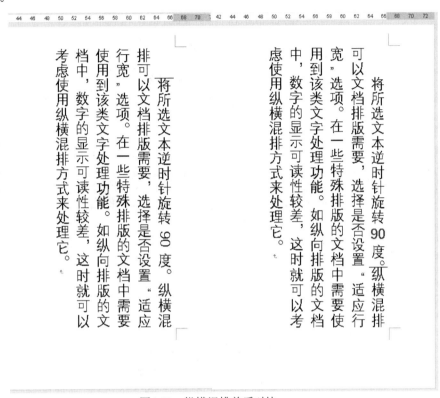

图4-21　纵横混排前后对比

6. 调整宽度

在Word文档中，若需要为多行文字调整统一的宽度，可以使用"调整宽度"。调整宽度前和调整宽度后，如图4-22和图4-23所示。

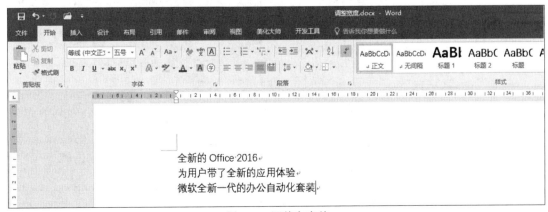

图4-22　调整宽度前

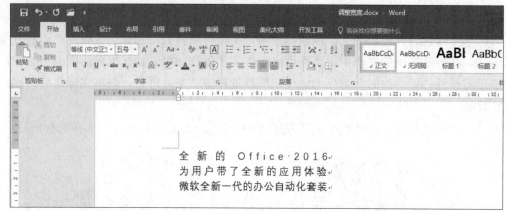

图4-23　调整宽度后

调整宽度的具体步骤如下。

步骤1：按住Alt+鼠标左键拖动，选取矩形块文本，如图4-24所示。

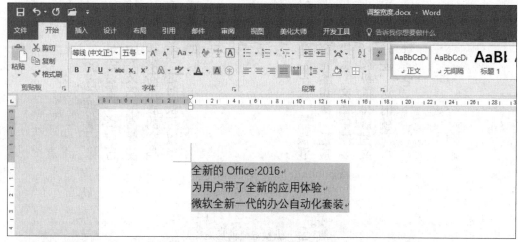

图4-24　使用快捷键选中矩形文字块

步骤2：切换至"开始"选项卡，在"段落"组中单击"中文版式"下拉按钮。

步骤3：在展开的列表中选择"调整宽度"选项，如图4-25所示。

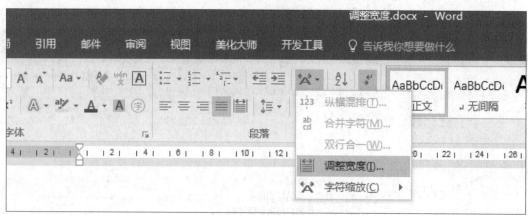

图4-25　"调整宽度"选项

步骤4：在弹出的"调整宽度"对话框中，根据文字排版需求，设置"新文字宽度"输入框内参数值。"调整宽度"对话框，如图4-26所示。

图4-26 "调整宽度"对话框

4.2.2 段落项目符号和编号

自动编号和项目符号有助于澄清文档中列表的本质，而不必手动插入编号和项目符号，设置制表位和悬挂缩进，调整段落间距，给列表应用需要的所有其他段落格式设置。使用Word编号列表工具的另一个优点是，如果改变了列表中项的顺序，只需拖动或剪切并粘贴它们，列表会自动重新编号。

传统上，创建编号列表是为了显示一个过程中的步骤，而为没有顺序的列表项使用项目符号。

在"开始"选项卡的"段落"组中单击"编号"或"项目符号"按钮，可以给选中的段落应用编号或项目符号。列表中的每个段落都会成为一个编号项或列表项。

单击"编号"或"项目符号"按钮后，可以立即开始输入全新的列表。当完成列表后，按两次Enter键即可停止编号和项目符号。如果按Tab键来创建列表中的多个缩进级别，则Word会对每个级别自动使用不同的合适的编号方案。

注意：如果选中"自动项目符号列表"或"自动编号列表"，如图4-27所示。甚至不必单击"编号"或"项目符号"按钮，要开始一个编号列表，只需输入"1."并按空格键即可，Word会自动用自动编号格式替换所输入的内容。其他形式的编号形式也可以，如按"1+Tab键"。要开始一个项目符号列表，只需输入"*"并按空格键即可，想结束列表时，按两次Enter键即可。

单击"编号"或"项目符号"的箭头，也可以改变编号或项目符号。把鼠标指针停放在新的编号或项目符号上，在所选的列表中就会显示实时预览效果。然后单击需要的格式，就会把它应用于列表。

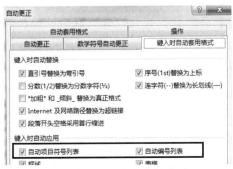

图4-27 设置自动编号选项

4.2.3 换行和分页控制

段落的换行和分页控制非常适合于带冗长标题的长文档，因为它们允许控制哪些文本放在一起，而无须插入手动分页符，这样如果以后编辑文档，就不需要删除或移动它们。

要设置"换行和分页"选项，具体步骤如下。

步骤1：选择要修改的段落或将鼠标定位在段落中。

步骤2：切换至"开始"选项卡，在"段落"组中单击"段落"右下角按钮，在弹出的"段落"对话框中，选择"换行和分页"选项卡。

步骤3：在"分页"选项选中或取消需要的选项。"换行和分页"选项卡，如图4-28所示。

1. 分页控制选项

（1）孤行控制

防止段落的一行被单独放在一页中，孤行控制可以对页面顶端的段落末行以及页面底端的段落首行进行控制，避免出现单独一行与段落主体所在页面的不一致。

（2）与下段同页

强制一个段落与下一个段落同时出现。用于将标题与标题后第一段的至少前几行保持在一页内。该选项也用于标题和图片、图形、表格等保持在同一页中。

（3）段中不分页

防止一个段落被分割到两个页面中。

（4）段前分页

强制在段落前自动分页。例如，该选项常用于强制每一章在新的一页开始。

图4-28 "换行和分页"选项卡

2. 格式设置例外项

（1）取消行号

启用这个复选框会临时隐藏以前设置的行号，隐藏行号快于删除再重新应用它们。

（2）取消断字

设置Word不要在指定的段落内断字，该选项常用于再现引语，保持引语的完整性，使引语中的单词和位置都与原来相同。

3. 那个点是什么

使用各种段落格式选项时，可能注意到一些段落的左边显示一个方形的点。当段落被赋予了以下任意一种属性时，段落左侧会显示一个方形的点。

- 与下段同页。
- 段落中不分页。
- 段前分页。
- 取消行号。

这个点不会被打印出来，但提供了一个可视化的线索，表示该段落应用了特定的换行和分页格式。

4.2.4 边框和底纹

为文字或整篇文本设置边框和底纹，可以突出文档中的内容，给人以深刻的印象，从而使文档更加美观。对于添加的边框还可以通过选择线型、指定线条颜色和宽度获得理想的视觉效果。如果设置了页面边框，则只能在页面视图中查看边框。设置页面底纹的范围没有任何限制，既可以是内容丰富的图标，也可以是各种纯色或者过渡色。

1. 设置文字或段落边框

设置文字边框就是把用户认为重要的文本用边框围起来着重显示。具体步骤如下。

步骤1：选择要添加边框的文字或段落。

步骤2：切换至"开始"选项卡，在"段落"组中单击"边框"下拉按钮，如图4-29所示。在展开的列表中单击"边框和底纹"按钮。

图4-29 "边框"下拉按钮

步骤3：在弹出的"边框和底纹"对话框中，选择"边框"选项卡，然后从"设置"选项中选择一种需要的边框类型，在"样式"下拉列表中选择边框的线型，从"颜色"下拉列表中选择边框框线的颜色，从"宽度"下拉列表中选择边框的线宽，在右侧的"预览"框中可以预览到最终的效果。在对话框右下角"应用于"下拉列表中选择边框应用的对象。"边框和底纹"对话框，如图4-30所示。

图4-30 "边框和底纹"对话框

 文字边框与段落边框在自定义上是有差异的，其中文字边框不能进行四周不同的边框线型或颜色的自定义，而段落边框则可以进行四周不同的边框线型或颜色的自定义设置。

2. 设置页面边框

为文档设置页面边框可以为打印出的文档增加美观的效果。特别是要设置一篇精美的文档时，添加页面边框是一个很好的途径，具体步骤如下。

步骤1：定位光标在文档的任意位置，切换至"开始"选项卡，在"段落"组中单击"边框和底纹"按钮，弹出"边框和底纹"对话框。

步骤2：选择"页面边框"选项卡，在"设置"选项中选择边框的类型，在"样式"下拉列表中选择边框的线型，在"应用于"下拉列表中选择"整篇文档"选项，如图4-31所示。

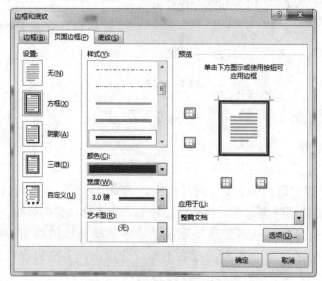

图4-31 "页面边框"选项卡

注意：页面边框与段落或文字边框不同在于，页面边框具有艺术型边框类型。

3. 设置底纹

添加底纹不同于添加边框，底纹只能对文字、段落添加，而不能对页面添加。为文档添加底纹的方法有以下三种。

（1）使用"边框和底纹"对话框

使用"边框和底纹"对话框设置底纹，具体步骤如下。

步骤1：选择文档中需要添加底纹的文本或段落。

步骤2：切换至"开始"选项卡，在"段落"组中单击"边框和底纹"按钮，弹出"边框和底纹"对话框。

步骤3：选择"底纹"选项卡，在"填充"下拉列表中选择合适的颜色，在"应用于"下拉列表中选择底纹应用的对象是文字还是段落，然后通过"预览"框预览添加后的效果。

（2）使用"字符底纹"按钮

使用"字体"组中"字符底纹"按钮，可以快速地完成字符底纹的设置。但是使用"字符底纹"按钮添加的底纹只有一种，即颜色为灰色且灰度为15%，具体步骤如下。

步骤1：选中需要添加底纹的文本内容。

步骤2：切换至"开始"选项卡，在"字体"组中单击"字符底纹"按钮，即可为文字添加底纹，如图4-32所示。

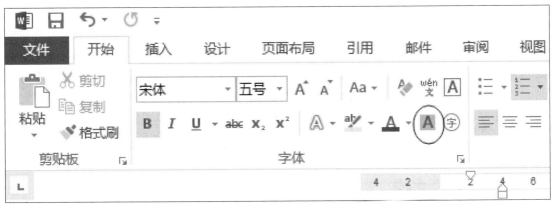

图4-32　"字符底纹"按钮

（3）使用"底纹"按钮

使用"底纹"按钮，可以快速地为所选文字设置背景，具体步骤如下。

步骤1：选中需要添加底纹的文本内容。

步骤2：切换至"开始"选项卡，在"段落"组中单击"底纹"下拉按钮，如图4-33所示。在弹出的"主题颜色"菜单中选择需要的颜色，即可为文字添加底纹。如果"主题颜色"中没有需要的颜色，那么选择"其他颜色"选项，弹出"颜色"对话框，可以在"标准"选项卡中选择标准颜色，也可以在"自定义"选项卡中设置自定义的颜色，单击"确定"按钮，即可为文字添加底纹颜色。

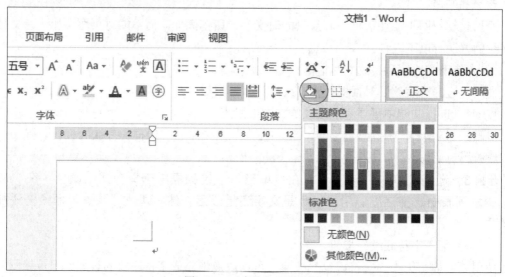

图4-33　"底纹"下拉按钮

4.3 定位、查找和替换

Word 2016具有强大的查找、替换和定位功能，既可以查找和替换文本、特定格式和诸如段落标记、域或者图形之类的特定项，也可以查找和替换单词的各种形式，以及定位要查找的内容所在的页或者行等。例如，在用Build替换Make的同时，也可以用Build替换Make。如果文档很长，要查找、替换和定位的内容很多时，使用Word 2016中的查找、替换和定位功能就很有必要了，用户只需列出查找、替换和定位的条件，Word就会自动完成余下的工作。

4.3.1　定位文档

定位也是一种查找，它可以定位到一个指定的位置，而不是指定的内容，如某一行、某一页或某一节等。下面介绍几种定位文本的方法。

1. 使用鼠标定位文本

（1）使用快捷键定位文档

使用快捷键在文档中定位文本，见表4-3。

表4-3 使用快捷键在文档中定位文本

快捷键	功能
←	左移一个字符
→	右移一个字符
↑	上移一行
↓	下移一行
Ctrl+ ←	左移一个单词
Ctrl+ →	右移一个单词
Ctrl+ ↑	上移一段
Ctrl+ ↓	下移一段
End	移至行尾
Home	移至行首
Alt+Ctrl+Page Up	移至窗口顶端
Alt+Ctrl+Page Down	移到窗口结尾
Ctrl+Page Down	移至下页顶端
Ctrl+Page Up	移至上页顶端
Ctrl+End	移至文档结尾
Ctrl+Home	移至文档开头

2. 使用"转到"命令定位文档

使用"转到"命令可以直接跳到所需的特定位置，而不用逐行或逐屏地移动。使用"转到"命令可以定位页、书签、脚注、表格、图形和标题等位置。具体步骤如下。

步骤1：切换至"开始"选项卡，在"编辑"组中单击"查找"下拉按钮。在展开的列表中选择"转到"选项，如图4-34所示。弹出"查找和替换"对话框，选择"定位"选项卡。

图 4-34 "转到"选项

步骤2：在"定位目标"列表中选择定位方式，然后在右侧的相应的文本框中输入定位的位置，单击"定位"按钮。例如，将定位到第15页，如图4-35所示。

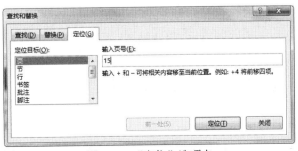

图4-35 "定位"选项卡

注意："输入页号"文本框中输入正数，表示以当前页为基准，向后定位相应页数；输入负数，则表示以当前页为基准，向前定位相应页数。

4.3.2 查找

查找功能可以帮助用户定位到目标位置以便快速找到想要的信息。查找分为查找和高级查找，下面主要介绍这两种查找方式的区别。

1. 查找

使用"查找"命令可以快速查找到需要的文本或其他内容。具体步骤如下。

步骤1：切换至"开始"选项卡，在"编辑"组中单击"查找"下拉按钮。在展开的列表中选择"查找"选项，如图4-36所示。在文档的左侧弹出"导航"任务窗格。

图4-36 "查找"选项

步骤2：在"导航"任务窗格下方的文本框中输入要查找的内容。这里输入"目标"，此时在文本框的下方提示"11个结果"，并且在文档中查找到的内容都会被涂成黄色。查找结果显示，如图4-37所示。

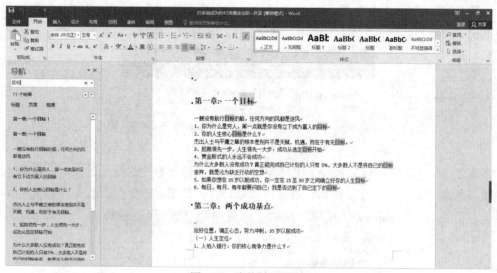

图4-37 查找结果显示

2. 高级查找

使用"高级查找"命令打开"查找和替换"对话框，可以快速查找内容。"高级查找"的操作方式有纯粹文字内容的查找、带格式文本的查找和纯粹格式的查找，以及特殊格式的查找等。

（1）纯粹文字内容的查找

纯粹文字内容的查找是指不限制查找文字对象的格式，只是针对查找的目标文本内容而言的查找。普通文本的查找，如图4-38所示。

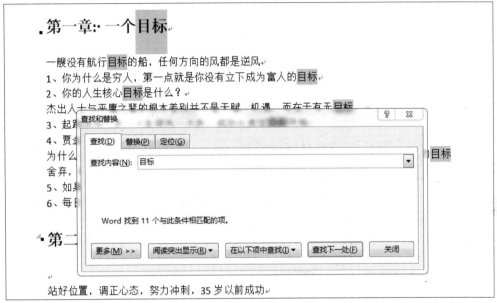

图4-38 普通文本的查找

（2）带格式文本的查找

带格式文本的查找是针对查找的文本内容限定了文字格式或段落格式的一种查找方式。限定文本格式的查找，如图4-39所示。

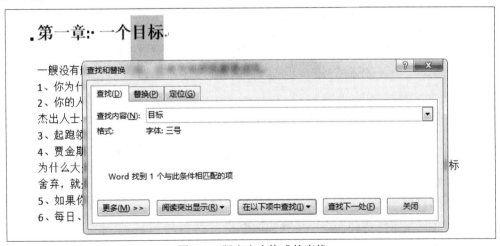

图4-39 限定文本格式的查找

（3）纯粹格式的查找

纯粹格式的查找操作是指仅针对指定格式的进行查找，不限定文本的内容。只针对某种格式的查找和查找文档的段落数，如图4-40和图4-41所示。

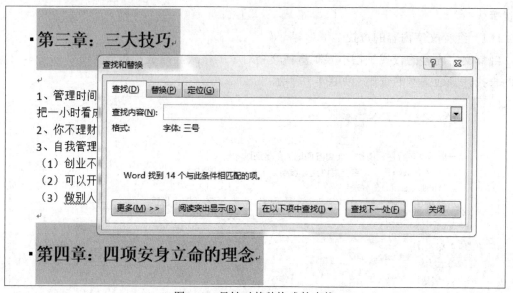

图4-40 只针对某种格式的查找

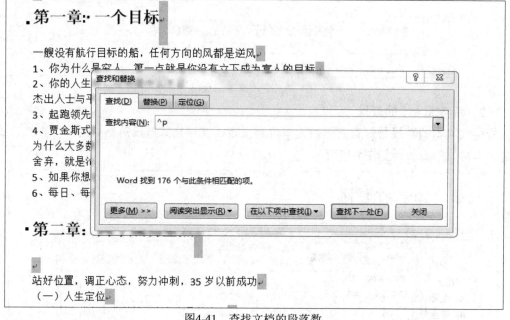

图4-41 查找文档的段落数

（4）特殊格式的查找

特殊格式的查找是针对文档的编辑标记进行一种查找操作，包括段落标记、制表符、手动换行符、手动分页符、尾注标记以及脚注标记等。

3.通配符查找

通配符查找不仅可以针对特定的文本或格式进行查找，还可以进行批量查找操作，也就是使用通配符查找。各种通配符的作用，见表4-4。

表4-4　各种通配符的作用

通配符	功能
?	任意单个字符
*	任意字符串
<	单词的开头
>	单词的结尾
[ ]	指定字符之一
[-]	指定范围内任意单个字符
[!X-Z]	括号内范围中的字符以外的任意单字符
{n}	n个重复的前一字符或表达式
{n ,}	至少n个前一字符或表达式
{n,m}	n到m前一字符或表达式

4.替换

替换功能可以帮助用户方便快捷地将查找到的文本更改或批量修改相同的内容。替换操作与查找操作相对应，存在三种操作方式：纯粹文本的替换、带格式文本的替换以及纯粹格式的替换。

（1）纯粹文本的替换操作

该替换操作是针对纯粹文本的查找操作而言，只替换查找到的特定文本，不考虑该文本的格式。将"自己"替换为"我们"，如图4-42所示。

图4-42　将"自己"替换为"我们"

（2）带格式文件的替换操作

该替换操作是针对带格式文本的查找操作而言，是对文本进行格式限定的一种替换操作。限定格式文本的替换，如图4-43所示。

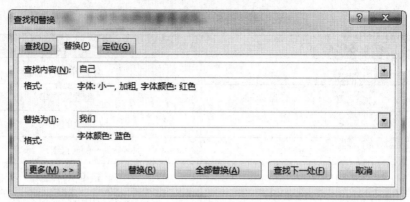

图4-43　限定格式文本的替换

（3）纯粹格式的替换操作

该替换操作是针对纯粹格式的查找操作而言，仅对指定格式的一种批量修改，不考虑特定的文本内容。仅针对指定格式的替换，如图4-44所示。

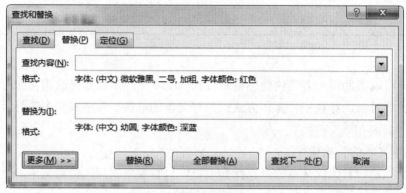

图4-44　仅针对指定格式的替换

本章总结

本章主要学习了文字和段落常规格式化的操作，文字和段落特殊格式化的操作，Word文档的定位、查找和替换的操作技巧。

练习与实践

【单选题】

1. 关于Word 2016查找功能，下列说法错误的是（　　）。

A. 可实现文档中"图形"的查找

B. 可实现文档中"表格"的查找

C. 可实现文档中"脚注和尾注"的查找

D. 不能查找文档中的"公式"对象

2. 关于Word 2016查找功能的"导航"侧边栏，下列说法错误的是（　　）。

A. 单击"编辑"组中"查找"按钮可以打开"导航"侧边栏

B. "查找"默认情况下，对字母区分大小写

C. 在"导航"侧边栏中输入"查找：表格"，即可实现对文档中表格的查找

D. "导航"侧边栏显示查找内容有三种显示方式，分别是"浏览您文档中的标题""浏览您文档中的页面""浏览您当前搜索的结果"

3. 在Word 2016中使用标尺可以直接设置段落缩进，标尺顶部的三角形标记代表（　　）。

A. 首行缩进　　　　　　　　　　　　　B. 悬挂缩进

C. 左缩进　　　　　　　　　　　　　　D. 右缩进

【多选题】

1. 在Word 2016"开始"选项卡"段落"组中，"中文版式"有（　　）。

A. 双行合一　　　　　　　　　　　　　B. 合并字符

C. 纵横混排　　　　　　　　　　　　　D. 调整宽度

2. 在Word 2016中，插入一个分页符的方法有（　　）。

A. 快捷键Ctrl+Enter

B. 执行"插入"选项卡，"符号"组中的"分隔符"命令

C. 执行"插入"选项卡，"页"组中的"分页"命令

D. 执行"页面布局"选项卡，"页面设置"组中的"分隔符"命令

3. 在Word 2016中，若要对选中的文字设置上下标效果，下列操作正确的是（　　）。

A. "段落"对话框中设置

B. "格式"对话框中设置

C. "开始"选项卡"字体"组中设置

D. "字体"对话框中设置

【判断题】

1. 在word 2016中，给文字加拼音、制作带圈文字应在"开始"选项卡"插入"功能区中设置。（　　）

A. 正确　　　　　　　　　　　　　　　B. 错误

2. Word的视图工具栏总是出现在文档编辑区的右下角，不能任意移动它的位置。（　　）

A. 正确　　　　　　　　　　　　　　　B. 错误

实训任务

	Word 2016文档格式化和段落格式化的处理
项目 背景 介绍	大学生就业前的必备资料——个人简历，是每个即将走上工作岗位的准职业人来说，一定需要充分准备，用心设计，为成功就业奠定基础。
设计 任务 概述	设计一份个人简历，需满足以下要求： 1. 简历结构完整，层次清晰。 2. 版面清新自然，不落俗。 3. 可以使用多种文档对象工具设计，如文本框、表格或形状等。
设计 参考图	
实训 记录	
教师 考评	评语： 辅导教师签字：

Word 2016高级排版

排版美化是Word文档必不可少的编辑操作，在日常办公文档应用中，存在不同的文档标准，有较为简单的短文档，也有较为复杂的长文档，对于这些文档的版面处理在方法上是存在差异的。本章主要介绍文档的分栏、样式与模板、首字下沉、页面效果以及封面设计等内容。

学习目标

- 学会Word 2016分栏设计
- 熟悉Word 2016封面设计
- 掌握Word 2016页面特殊效果设计
- 掌握Word 2016样式与模板应用

技能要点

- Word 2016的分栏操作
- Word 2016的样式与模板的应用

实训任务

- Word文档高级排版应用

本章导读

5.1 文档特殊效果设计

文档排版操作不仅包括前面章节中介绍的常规应用，还包括一些特殊的文档处理操作，如首字下沉、页面颜色、水印、封面设计等。

5.1.1 首字下沉

首字下沉是将文章段落开头的第一个或者前几个字符放大数倍，并以下沉或者悬挂的方式改变文档的版面样式。首字下沉通常用于文档的开头，设置首字下沉的具体步骤如下。

步骤1：将光标定位在需要产生首字下沉效果的段落中，然后在"插入"选项卡"文本"组中单击"首字下沉"下拉按钮，如图5-1所示。

步骤2：在展开的列表中选择合适的下沉方式："下沉""悬挂"。

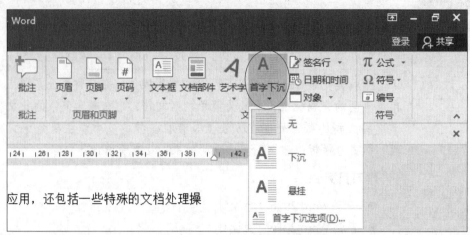

图5-1 "首字下沉"下拉按钮

步骤3：也可以选择"首字下沉选项"选项，在弹出的"首字下沉"对话框中调整首字下沉的位置，设置首字下沉的字体，设置"下沉行数"以及在"距正文"中设置下沉后的首字与段落正文之间的距离，如图5-2所示。

步骤4：单击"确定"按钮，完成首字下沉选项设置，如图5-3所示。

图5-2 "首字下沉"对话框

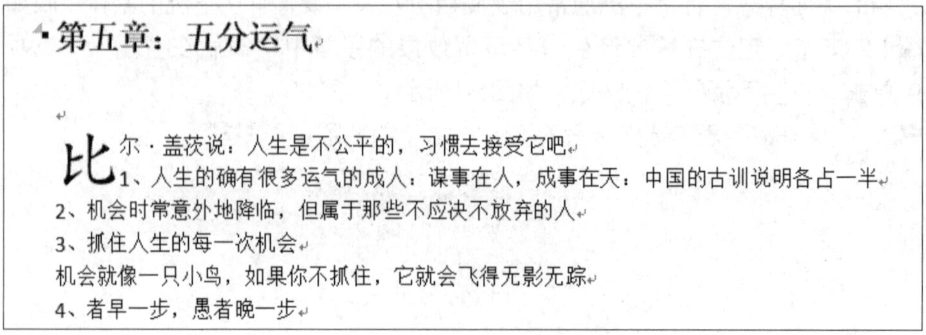

▪ 第五章：五分运气

比 尔·盖茨说：人生是不公平的，习惯去接受它吧
1、人生的确有很多运气的成人：谋事在人，成事在天；中国的古训说明各占一半。
2、机会时常意外地降临，但属于那些不应决不放弃的人。
3、抓住人生的每一次机会。
机会就像一只小鸟，如果你不抓住，它就会飞得无影无踪。
4、者早一步，愚者晚一步。

图5-3 首字下沉效果

5.1.2 水印效果

在Word 2016文档中，水印是一种特殊的背景。在默认情况下，水印在页面上居中，但可以在编辑页眉时将其放在所需的任意位置。在Word 2016中，图片和文字均可设置为水印。在文档中添加水印效果可以使文档看起来更加美观，在文档中设置水印效果的具体步骤如下。

步骤1：定位光标到文档的任意位置，在"设计"选项卡"页面背景"组中单击"水印"下拉按钮，如图5-4所示。

步骤2：在展开的列表中选中需要添加的水印样式。

步骤3：在"水印"下拉列表中选择"自定义水印"选项，弹出"水印"对话框，如图5-5所示。

步骤4：在"水印"对话框中可以设置水印的类型：图片水印或文字水印，以及设置水印选项。

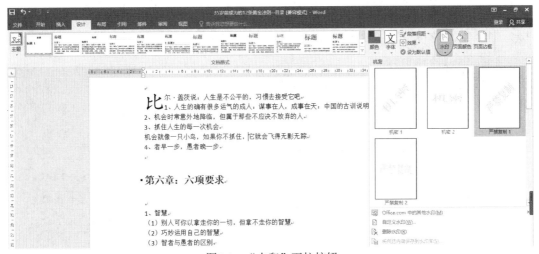

图5-4 "水印"下拉按钮

图5-5 "水印"对话框

5.1.3 文档封面设计

一份完整的Word文档，封面是不可或缺的。在Word 2016中，预设了更加丰富的文稿封面效果，用户可以根据需要选择合适的封面效果即可。具体步骤如下。

步骤1：定位光标到文档的任意位置，在"插入"选项卡"页面"组中单击"封面"下拉按钮，如图5-6所示，在展开的列表中可以根据文档需要选择一种封面。

步骤2：选择封面后，该封面会自动插入到文档的最前面，如图5-7所示。

步骤3：用户可以根据文档内容需要，为封面添加标题、副标题、作者或单位信息等。

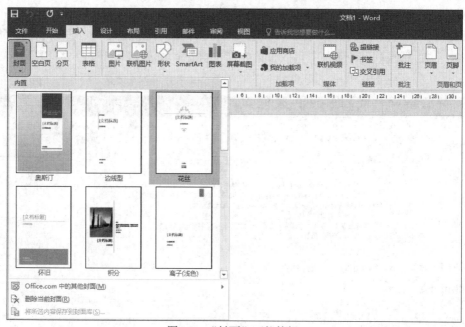

图5-6 "封面"下拉按钮

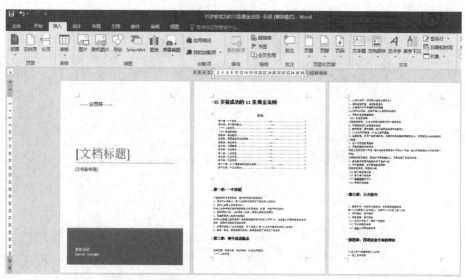

图5-7 选择封面后

5.1.4　页面颜色

为了让文档显示效果更美观，可以对文档的页面背景进行修改，默认情况下，页面背景色为白色，用户可以根据排版需要选择文档页面背景色。

页面背景包含纯色背景、渐变背景、纹理背景、图案背景和图片背景等类型。具体步骤如下。

步骤1：定位光标到文档的任意页面，切换至"设计"选项卡，在"页面背景"组中单击"页面颜色"下拉按钮，如图5-8所示，在展开的列表中若需要对文档添加如渐变背景、纹理背景、图案背景和图片背景等类型，则需要选择"填充效果"选项。

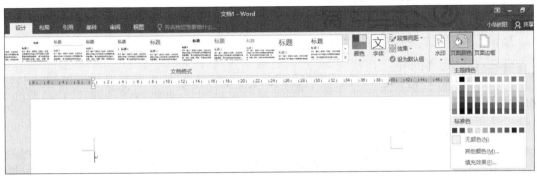

图5-8　"页面颜色"下拉按钮

 "页面背景"，默认情况下是不能打印输出的。

步骤2：若需要打印输出页面背景，则需要打开"Word选项"，选择"打印选项"选项，然后选中"打印背景色和图像"复选框，如图5-9所示。

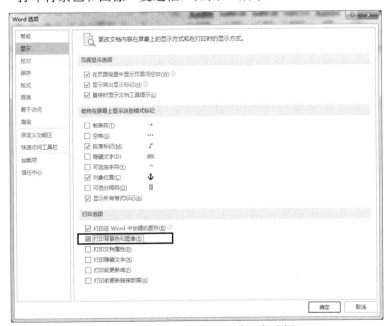

图5-9　"打印背景色和图像"复选框

5.2 分栏排版文档

利用Word的分栏排版功能，可以在文档中建立不同数量或不同版式的栏。使用分栏排版功能，将版面分成多栏，这样不仅便于文本的阅读，而且版面会显得更加生动活泼。在分栏的外观设置上Word具有很大的灵活性，可以控制栏数、栏宽以及栏间距，还可以很方便地设置分栏长度。

5.2.1 创建分栏版式

设置分栏是将某一页、某一部分的文档或者整篇文档分成具有相同栏宽或者不同栏宽的多个分栏。具体步骤如下。

步骤1：定位光标到文档的任意位置，页面视图模式下，在"布局"选项卡"页面设置"组中单击"栏"下拉按钮，在展开的列表中可以选择预设好的"一栏""两栏""三栏""偏左"和"偏右"，也可以选择"更多栏"选项，如图5-10所示。

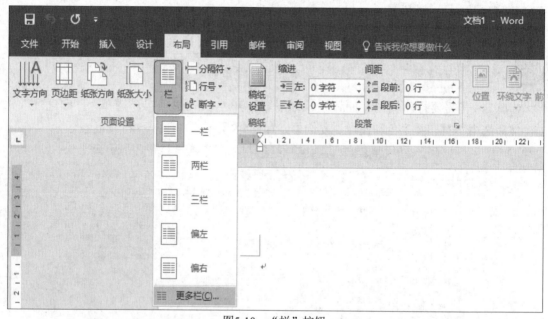

图5-10 "栏"按钮

步骤2：弹出"栏"对话框，在"预设"选项中选择"两栏"选项，再选中"栏宽相等"和"分隔线"复选框，其他各选项使用默认设置即可。若要设置不等宽的分栏版式时，应先取消"栏"对话框中的"栏宽相等"复选框，然后在"宽度和间距"选项组中逐栏输入栏宽和间距即可，如图5-11所示。

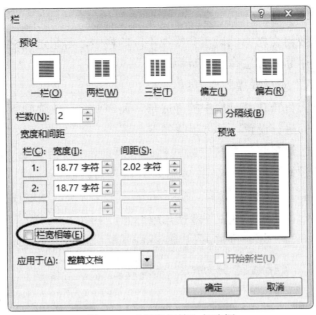

图5-11　"栏宽相等"复选框

5.2.2　调整栏宽与栏数

用户设置好分栏版式后，如果对栏宽和栏数不满意，则可通过拖曳鼠标调整栏宽，也可以通过设置"栏"对话框调整栏宽和栏数。

1. 调整栏宽

使用拖曳鼠标的方法调整栏宽的具体方法：移动鼠标指针到标尺上要改变栏宽的栏的左边界或右边界处，待鼠标指针变成一个水平的黑箭头形状时按下鼠标左键，然后拖曳栏的边界即可调整栏宽。

这种调整栏宽的方法虽然简单，但是不够精确，精确地调整栏宽的具体步骤如下。

步骤1：定位光标到需要调整分栏文档部分。

步骤2：切换至"布局"选项卡，在"页面设置"组中单击"栏"下拉按钮，在展开的列表中选择"更多栏"选项。

步骤3：弹出"栏"对话框，在"宽度和间距"选项中设置所需的栏宽。调整"间距"框中的数值，文档宽度也会同时做出适当的调整。单击"确定"按钮完成对分栏宽度的设置。

2. 调整栏数

需要调整分栏的栏数时，只需要在"栏"对话框的"栏数"框中输入栏数值即可。另外，还可以使用工具栏按钮调整栏数，具体步骤如下。

步骤1：定位光标到文档需要调整栏数的文档部分。

步骤2：选定需要调整栏数的文本，然后单击"栏"下拉按钮，在展开的列表中选择"两栏"或"三栏"即可改变当前文档的栏数，也可以直接在"栏"对话框中的"栏数"框中直接输入栏数。

3. 设置分栏的位置

有时用户可能需要将文档中的段落分排在不同的栏中，若想进行这种栏位排版，就需要控制栏中断。控制栏中断的方法有如下两种。

（1）通过"段落"对话框控制栏中断

当一个标题段落正好排在某一栏中的最底部，而需要将其放置到下一栏的开始位置时，可以通过菜单命令对其进行设置。具体步骤如下。

步骤1：定位光标到需要设置栏中断的标题段落前，切换至"开始"选项卡，在"段落"组中单击"段落设置"右下角按钮，弹出"段落"对话框。

步骤2：在"段落"对话框中选择"换行和分页"选项卡，然后在"分页"选项中选中"与下段同页"复选框，单击"确定"按钮完成控制栏中断操作，如图5-12所示。

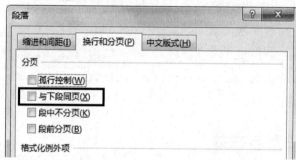

图5-12　设置栏中断的段落选项

（2）通过插入分栏符控制栏中断

通过这种方法可对选定的段落或者文本强制分栏，具体步骤如下。

步骤1：定位光标到需要插入栏中断的文本处。

步骤2：切换至"布局"选项卡，在"页面设置"组中单击"分隔符"下拉按钮，在展开的列表中选择"分栏符"选项，可以看到分栏符后面的文字将从下一栏开始。

5.2.3　单栏、多栏混合排版

有时用户并不是将整个文档都设置成多栏版式，而是使用单栏、多栏混合排版的方式，即仅对部分段落进行分栏操作，其他段落保持原有的单栏不变。

1. 跨栏标题

跨栏标题，实际上就是跨越多栏的标题，即标题段落为单栏，而标题后面的其他文本段落为多栏。使用"分栏"按钮设置跨栏标题，具体步骤如下。

步骤1：选中要设置成通栏标题的文本，然后单击"栏"下拉按钮，在展开的列表中选择"一栏"选项。

步骤2：单击选择的栏数即可将选中的标题设置为通栏标题。

设置跨栏标题最好的方法是在设置多栏版式之前，将标题栏的标题栏后面的文本分节，即插入分节符，具体步骤如下。

步骤1：定位光标到设置分节的文本位置，即文档正文的起始位置。

步骤2：切换至"布局"选项卡，在"页面设置"组中单击"分隔符"下拉按钮，在展开的列表中选择"分节符"选项组中的"连续"选项。

步骤3：此时在标题的后面就插入了分节符，标题段和标题段后面的文本被分为两节。将光标定位在标题段后面的文本段落中，然后单击"栏"按钮，在展开的列表中选择"两栏"选项，正文部分被分成两栏。

将标题段和标题段后面的文本分节，并将标题段后面的文本进行多栏排版也可以一步完成，只需将光标定位在标题段后面文本的开头，打开"栏"对话框，在"应用于"下拉列表中选择"插入点之后"选项，单击"确定"按钮，Word就会自动地在标题段和标题段后面的文本之间插入一个分节符，同时将标题段后面的文本分栏。

2.混合排版

混合排版就是对文档的一部分进行多栏排版，另一部分进行单栏或更多栏位排版。进行混合排版时，需要进行多栏排版的文本应单独选定，然后单击"分栏"按钮，设置选中文本的分栏栏数即可。

从根本上说，混合排版不过是在进行多栏排版的文本前后分别插入一个分节符，然后再对它们进行单独分栏处理。

5.2.4　平衡栏长

默认情况下，每一栏的长度都是由系统根据文本数量和页面大小自动设置的。在没有足够的文本填充满一页时，往往会出现栏位间不平衡的布局，即一栏内容很长，而另一栏内容很短。为了使文档的片面效果更好，就需要平衡栏长，具体步骤如下。

步骤1：移动光标到要进行平衡栏长的文本部分的结尾处。

步骤2：切换至"布局"选项卡，在"页面设置"组中单击"分隔符"按钮，在展开的列表中选择"分节符"选项中的"连续"选项，此时即可得到一个等长栏的文档版面效果。

5.3　使用样式快速、批量设置文档格式

样式是Word中最强有力的工具之一。理解什么是样式，学会创建、应用和修改样式，对于更好地使用Word是非常必要的。因为它可以简化操作，同时可以使用户很容易地保持整个文档格式和风格的一致，使版面更加整齐、美观。Word 2016中文版为用户提供了多种标准样式，用户可以很方便地使用已有的样式对文档进行格式化，快速地建立层次分明的文档。

5.3.1　查看或显示样式

样式是被命名并保存的特定的格式的集合，它规定了文档中正文和段落等的格式，段落样式应用于整个文档，包括字体、行间距、对齐方式、缩进方式、制表位、边框与底纹、符

号与编号等。字符格式可以应用于任何文字，包括字体、字号以及其他字符格式的修饰等。

在使用样式进行排版之前，用户可以在文档窗口中查看和显示样式，下面介绍查看和显示样式的方法。

1. 使用"应用样式"命令查看样式

使用"应用样式"命令查看样式，具体步骤如下。

步骤1：切换至"开始"选项卡，在"样式"组中单击"其他"下拉按钮，如图5-13所示。

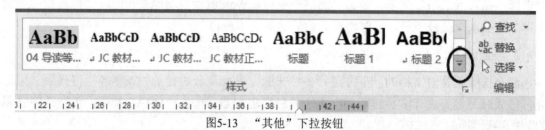

图5-13　"其他"下拉按钮

步骤2：弹出"应用样式"对话框，如图5-14所示，将鼠标定位文档中任意位置处，相应的样式将会在"样式名"下拉列表中显示出来。

图5-14　"应用样式"对话框显示文档样式

2. 使用"样式"下拉列表显示文本样式

使用"样式"下拉列表显示文本样式，具体步骤如下。

步骤1：切换至"开始"选项卡，在"样式"组中单击"样式"右下角按钮，弹出"样式"任务窗格，此时可以看到鼠标指针放置位置的文本样式，在"样式"下拉列表中将会以方框的高亮形式（即方框改变了颜色）显示出来，如图5-15所示。

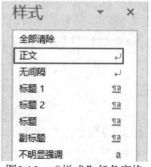

图5-15　"样式"任务窗格

步骤2：若需要对文本或段落部分应用某种样式，可以在"样式"下拉列表中选择一种样式，在文档中即可看到设置样式的效果。

5.3.2　创建并应用新样式

Word 2016为用户提供的标准样式能够满足一般文档格式化的需要，但用户在实际工作中常常会遇到一些特殊格式的文档，这时就需要新建字符样式或段落样式。

1. 新建样式

创建一个新样式，具体步骤如下。

步骤1：切换至"开始"选项卡，在"样式"组中单击"样式"按钮，弹出"样式"任务窗格。

步骤2：移动光标到要设置样式的文本的任意位置，在"样式"任务窗格中单击"新建样式"按钮，如图5-16所示。

图5-16　"新建样式"按钮

步骤3：弹出"根据格式化创建新样式"对话框，如图5-17所示，在"属性"选项中的"名称"文本框中输入新建样式的名称，在"样式类型"下拉列表中选择新建样式的类型，系统默认的样式类型为"段落"，在"格式"选项中可以对字符样式进行简单的设置。

步骤4：在"根据格式化创建新样式"对话框单击"格式"按钮，可以对样式的字符格式、段落格式及制表位等进行设置。

样式创建完成后，新建样式将自动添加到"样式"任务窗格下拉列表中。

2. 应用样式

字符样式的应用，需要先选中应用样式的文本内容，再单击"样式"任务窗格的相应样式即可。

段落样式的应用，将光标定位在需要套用样式的段落中，或选中段落，再单击"样式"任务窗格的相应样式。

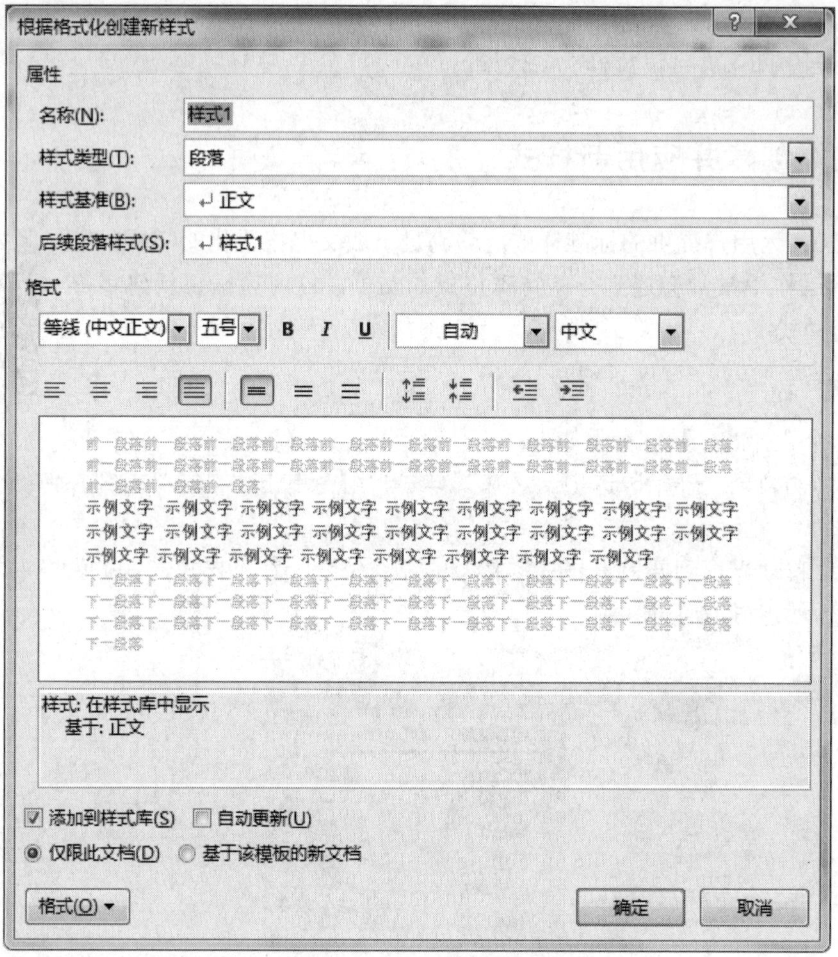

图5-17 "根据格式化创建新样式"对话框

5.3.3 修改与删除样式

　　若样式中包含的格式不满足文档格式化需要，用户可以对已存在的样式进行修改。在Word中有多种修改样式的方法：可以将其他模板（或文档）中的全部样式或部分样式复制到当前文档或模板中，以修改当前文档或模板中的样式；也可以对当前文档或模板重新套用某个模板中的样式，完全更改这个文档或模板中的样式；此外，还可以直接修改已经存在的样式。

　　用户也可以根据需要，删除不需要的样式。

1. 修改样式

　　修改"样式"任务窗格中已经存在的样式，具体步骤如下。

　　步骤1：切换至"开始"选项卡，在"样式"组中单击"样式"按钮，弹出"样式"任务窗格。

　　步骤2：在"样式"任务窗格中将鼠标指针移至需要修改的样式名称上，然后单击其右侧的下拉按钮，在展开的列表中选择"修改"选项，如图5-18所示。

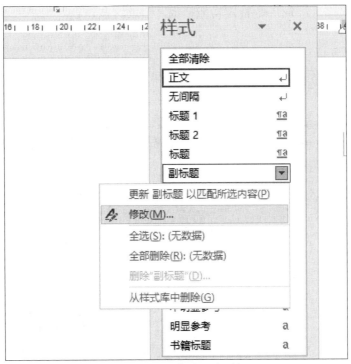

图5-18　"修改"选项

步骤3：在弹出的"修改样式"对话框中的"格式"选项中进行简单的设置来更改文本或段落样式，也可以单击"格式"按钮来更改样式设置。

步骤4：修改样式时，如果选中"自动更新"复选框，那么当用户在文档中修改了段落格式时，Word 2016就会自动更新样式中的格式。但需要注意的是，"自动更新"只对段落样式有效。

样式修改后，文档中原来已经使用该样式的文本或段落格式会发生自动更新。

2. 删除样式

当文档中不再需要某个自定义样式时，可以从"样式"下拉列表框中删除它，而原来文档中使用该样式的段落将用"正文"样式替换。删除样式的具体步骤如下。

步骤1：在"样式"任务窗格中，将鼠标指针移至要删除的样式上，单击样式右侧的下拉按钮，在展开的列表中选择"删除"选项。

步骤2：Word会弹出是否删除样式的确认信息框，单击"是"按钮，随后在"样式"任务窗格中可以看到已经将选中的样式删除。

5.4 模板的应用

Word模板是指Microsoft Word中内置的包含固定格式设置和版式设置的模板文件，用于帮助用户快速生成特定类型的Word文档。例如，在Word2016中除了通用型的空白文档模板之外，还内置了多种文档模板，如博客文章模板、书法模板，等等。另外，Office网站还提供了证书、奖状、名片、简历等特定功能模板。借助这些模板，用户可以创建比较专业的Word 2016文档。

5.4.1 使用模板

在Word 2016中使用模板创建文档的方法，具体步骤如下。

步骤1：打开Word 2016文档窗口，选择"文件"｜"新建"命令，如图5-19所示，用户可以看到很多在线的模板。

图5-19 文档新建

步骤2：在打开的"新建"面板中，用户可以选中"书法字帖"或"简单传单"模板等。

步骤3：以"季节性活动传单"为例，单击该模板，打开如图5-20所示窗口，单击"创建"按钮，可套用该模板创建新文档，如图5-21所示。

图5-20 单击"创建"按钮使用模板创建文档

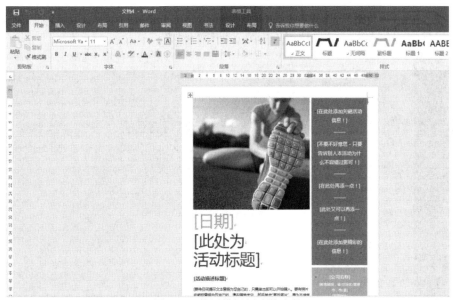

图5-21 使用模板创建的文档

5.4.2 自定义创建模板

很多公司都有自己的文档模板，模板设计好以后，如何内嵌到Word程序？在创建文档时可以直接选择套用。

在Word 2016中，用户只需在模板设计好之后，在保存时选择"Word模板"或者"启用宏的Word模板"，如图5-22所示。

保存位置会自动定位到自定义模板文件夹："C:\Users\Administrator\Documents\自定义Office 模板"，改成想要的名字，比如"公司模板"。如果别人已将模板发送给你，复制到此位置即可。

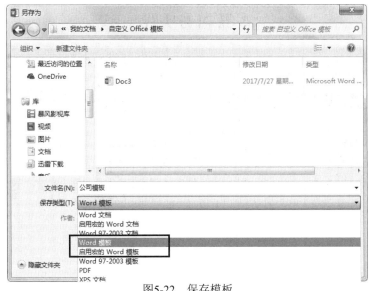

图5-22 保存模板

在创建文档时，新建面板中"特色"后面会多出"个人"，选择"个人"，会发现自定义的模板已经出现在这里，单击使用该模板，如图5-23所示。

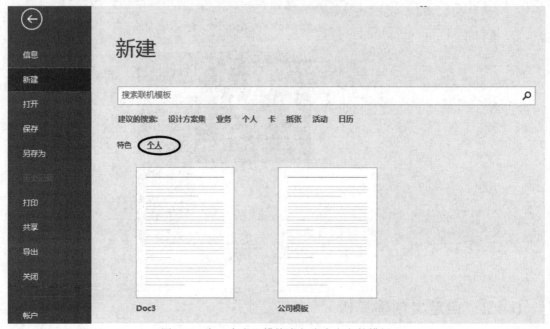

图5-23　在"个人"模块内包含自定义的模板

本章总结

本章主要学习了文档的特殊效果设计的首字下沉，水印设计与修改，文档分栏与相关操作技巧，文档样式的创建、应用与修改，模板的应用与自定义。

通过本章的学习，使用户能够创建格式与版面更加灵活自由的文档效果。

练习与实践

【单选题】

1. 在Word中将光标定位在一个段落中的任意位置，然后设置字体格式，则所设置的字体格式应用于（　　）。

A. 在光标处新输入文本　　　　　　　B. 整篇文档

C. 光标所在段落　　　　　　　　　　D. 光标后的文本

2. 在Word中可以在文档的每页或一页上打印一个图形作为页面背景，这种特殊的文本效果被称为（　　）。

A. 图形　　　　　　　　　　　　　　B. 艺术字

C. 插入艺术字　　　　　　　　　　　D. 水印

3. 当用户需要另起一行，又不想增加新段落时，可同时按（　　　）键，俗称软回车，该行无段落标记的新行。

A. Shift+Enter

B. Alt+Enter

C. Ctrl+Enter

D. Tab+Enter

【多选题】

1. Word文档的页面背景有（　　　）。

A. 单色背景

B. 水印背景

C. 图片背景

D. 填充效果背景

2. 下列关于Word的"屏幕截图"功能，正确的是（　　　）。

A. 该功能在"插入"选项卡"插图"选项组内

B. 包含"可见视窗"截图

C. 包含"屏幕剪辑"截图

D. 以上只有A和C正确

3. 下列关于Word的"格式刷"功能，正确的是（　　　）。

A. 所谓格式刷，即复制一个位置的格式，然后将其应用到另一个位置

B. 单击格式刷，可以进行一次格式复制；双击格式刷，可以进行多次格式复制

C. 格式刷只能复制字符格式

D. 可以使用快捷键Ctrl+Shift+C

【判断题】

1. 为了使用户在编排文档版面格式时节省时间和减少工作量，Word提供了许多"模板"，所谓"模板"就是文章、图形和格式编排的框架或样板。（　　　）

A. 正确

B. 错误

2. Word 文档显示比例的最大值为400%。（　　　）

A. 正确

B. 错误

实训任务

Word文档高级排版应用	
项目 背景 介绍	某市桃花镇旅游投资有限公司主要投资桃花镇旅游景区，公司现需要进行旅游路线的产品宣传设计。
设计 任务 概述	旅游路线的产品宣传设计的文档版面处理，需满足以下要求： 1. 版面结构布局合理。 2. 采用多栏版面设计。 3. 适当采用图文混排布局。
设计 参考图	
实训 记录	
教师 考评	评语： 辅导教师签字：

图文并茂是Word文档常用的版面处理方式，本章主要讲解Word 2016中创建、编辑表格和图表、插入图形和艺术字及编辑图形和艺术。

表格是由行和列的单元格组成的，通常用来组织和显示信息。通过本章学习，用户可以了解表格的构成元素，掌握表格的制作、修改、排序和数据运算等方法和技巧，从而能够轻松地制作形式多样的表格。

图表是表格直观、形象的表现方式，可以将表格转换为图表，更加方便、直观地进行数据分析和比较。

文本框、自选图形、图片、艺术字是丰富文档版面处理过程中不可或缺的文档要素，灵活运用这些Word对象，可以使文档更加生动、美观。

📑 学习目标

- 学会表格的创建与编辑
- 掌握表格的数据运算与分析
- 了解表格的特殊操作技巧
- 熟悉图形插入与编辑
- 掌握图文混排设计

📑 技能要点

- Word 2016表格的数据运算与分析
- Word 2016的图文混排设计

📑 实训任务

- 使用图文混排进行海报设计

本章导读

6.1 表格的应用

简单来说，表格是由许多行和列的单元格组成的一个综合体，一般情况下，使用列来描述一个实体数据的属性，使用行将多个实体排列起来。在Word 2016中，可以创建一个新的表格后再填充空单元格，还可以按现有的诸如数据库或电子表格之类的数据源创建表格。

6.1.1 创建表格

表格创建有很多方法，灵活运用这些方法可以大大提高表格操作技能和文档处理效率。

1. 手动创建表格

在实际工作中有时需要创建一些复杂的表格，如包含不同高度的单元格或者每行有不同的列数的表格。对于这些复杂的不固定格式的表格，则需要使用Word 2016提供的绘制表格的功能来创建。Word 2016提供了强大的绘制表格功能，下面以创建简单表格为例介绍绘制表格的方法。

步骤1：切换至"插入"选项卡，在"表格"组中单击"表格"下拉按钮，在展开的列表中选择"绘制表格"选项，如图6-1所示。

图6-1 "绘制表格"选项

步骤2：此时，鼠标指针变为铅笔形状，移动笔形鼠标指针到文本区域，然后按住鼠标左键不放拖曳到适当的位置，释放鼠标左键后可绘制出一个矩形，即制作出表格的外围边框。

步骤3：移动笔形鼠标指针到需要绘制表格的行的位置，按住鼠标左键不放，然后横向拖曳鼠标即可绘制出表格的行。

步骤4：同样，移动笔形鼠标指针到需要绘制表格的列的位置，按住鼠标左键不放，然后纵向拖曳鼠标即可绘制出表格的列。若绘制过程中，选择"橡皮擦"选项可以删除不需要的行或列，如图6-2所示。

图6-2　"橡皮擦"选项

2. 自动创建表格

在Word 2016中，可以使用内置行、列功能创建表格，也可以使用命令创建表格，还可以使用已有的表格模板快速创建表格。

（1）使用内置行、列功能创建表格

使用内置行、列功能创建表格时，首先要确定插入表格的位置，并将光标移动至该处。创建表格，具体步骤如下。

步骤1：切换至"插入"选项卡，在"表格"组中单击"表格"下拉按钮，在展开的列表中选择"插入表格"选项下方的网格显示框，如图6-3所示，其中每一个网络代表一个单元格。

图6-3　使用内置行、列功能插入表格

步骤2：将鼠标指针指向网格，向右下方移动鼠标，鼠标指针所掠过的单元格就会被全部选中并以高亮显示，在网格顶部的提示栏中会显示被选中的表格的行数和列数，同时在文档中鼠标指针所在区域也可以预览到所要插入的表格。

注意：使用内置行、列功能创建表格，最多只能创建10行8列的表格。因此该方法一般用于小型表格创建的快捷方法。

（2）使用命令创建表格

使用命令创建表格的操作虽然稍微复杂一些，但是因为它的功能比较完善，设置也很精确，所以可以创建出符合用户需求的表格。使用命令创建表格，具体步骤如下。

步骤1：切换至"插入"选项卡，在"表格"组中单击"表格"下拉按钮，在展开的列表中选择"插入表格"选项，如图6-4所示。

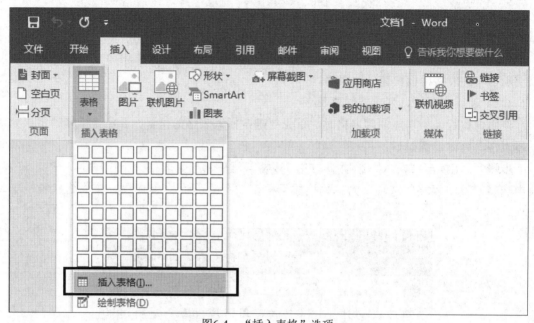

图6-4　"插入表格"选项

步骤2：弹出"插入表格"对话框，如图6-5所示。

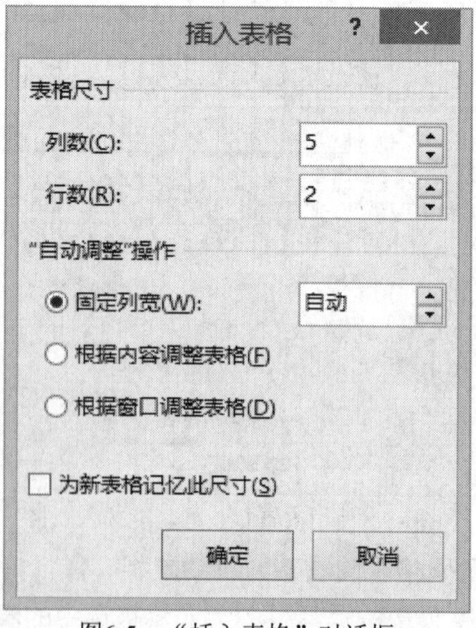

图6-5　"插入表格"对话框

步骤3：可以在"表格尺寸"选项中设置表格的列数和行数。"自动调整"操作选项中，"固定列宽"可以设定列宽值的大小且列宽固定；"根据内容调整表格"会根据表格内容的多少自动调整列宽的大小；"根据窗口调整表格"将表格根据纸张文本区的大小调整列宽值。

（3）使用已有表格模板快速创建表格

Word 2016中包含各种各样的表格模板，用户可以使用这些表格模板快速创建表格，具体步骤如下。

步骤1：切换至"插入"选项卡，在"表格"组中单击"表格"下拉按钮，在展开的列表中选择"快速表格"选项，此时弹出"内置"表格模板菜单，在该菜单中列出了比较常用的表格模板，如图6-6所示。

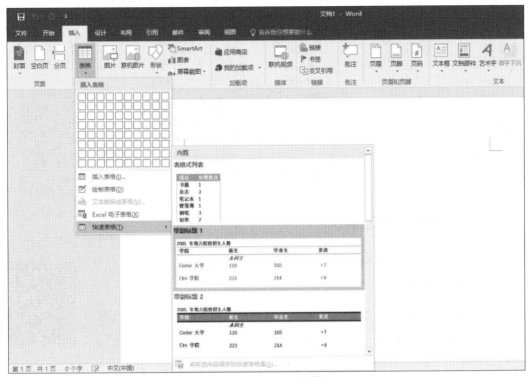

图6-6 "内置"表格模板

步骤2：选择"带副标题2"模板，如图6-7所示。

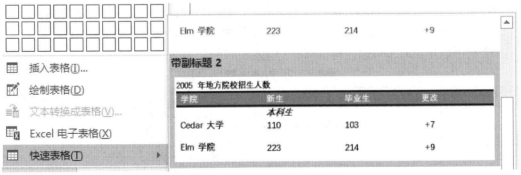

图6-7 "带副标题2"的模板

步骤3：即可在文本中插入表格。使用表格模板的文档，如图6-8所示。

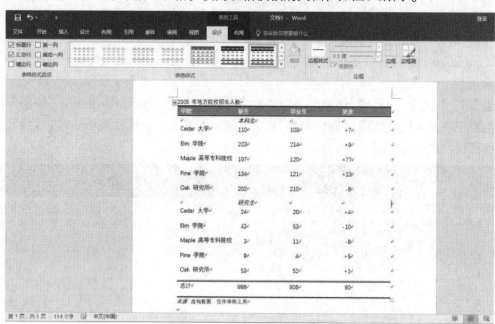

图6-8　使用表格模板的文档

6.1.2　编辑表格文本

表格是由若干个单元格组成的，在表格中输入和编辑文本实际上就是在单元格中输入和编辑文本。

1. 在表格中输入和移动文本

向表格中插入文本和在文档中输入文本一样。在输入文本之前，应先将光标放置到表格中需要输入文本的位置，输入的文本可以是任意长度，甚至可以使一个单元格中的文本长度超过一页。

在一个单元格中输入文本后按Tab键即可，Word 2016中文版是在同一个单元格中开始一个新的段落，可以将每个单元格视为一个小文档，对它进行文档的各种编辑和排版。

用户在表格中输入和移动文本的操作和在文档中输入和移动文本的操作类似。

在表格中，用户除了可以使用鼠标移动光标外，还可以使用键盘移动光标，见表6-1。

表6-1　使用键盘移动光标

操作	方法
Tab键	移到下一个单元格
Shift+Tab	移到前一个单元格
上下方向键	移到上一行或下一行
Alt+Home	移到当前行的第一个单元格
Alt+End	移到当前行最后一个单元格
Enter	在当前单元格开始一个新段落
	在行的最后，当前行后插入一个新行

2. 表格内容的选中

在表格中选择文本，大多数情况下与在文档的其他地方选择文本的方法相同。此外，由于表格具有一定的特殊性，所以Word 2016提供了多种选择表格的方法。

（1）使用鼠标选择表格及其文本

利用鼠标可以随意地选择单元格中的文字、段落、一个单元格或多个单元格，甚至整个表格，这是选择表格的所有方法中最常用的方法。使用鼠标选择表格及其文本的具体操作及功能，见表6-2。

表6-2　使用鼠标选择表格及其文本的具体操作及功能

操作	功能
将鼠标置于单元格左侧边缘，变成反向箭头时单击	选择当前单元格
将鼠标置于单元格左侧边缘，变成反向箭头时拖动	选择多个单元格
定位鼠标于行的左侧边界外侧，变成反向箭头时单击	选择一行
定位鼠标于行的左侧边界外侧，变成反向箭头时拖动	选择多行
在单元格内三击鼠标	选择单元格内容文本
定位鼠标于列的边界的上方，变成向下箭头时单击	选择一列
定位鼠标于列的边界的上方，变成向下箭头时拖动	选择多列
单击表格左上角的四向箭头标志	选择整个表格

（2）使用键盘选择表格文本内容

利用鼠标选择一个单元格后按住Ctrl键不放，再继续单击其他单元格，将选中不连续的多个单元格，选中的单元格将以高亮方式显示。

使用类似的操作，按住Shift键，可以选中连续的多行、多列或者多个单元格。

（3）使用菜单命令选择表格及其文本

将光标置于表格，会出现表格的即时菜单"表格工具—布局"选项卡，在"表"组中单击"选择"下拉按钮，如图6-9所示，在展开的列表中选择"选择列"选项，可以选择所在列；选择"选择行"选项，可以选择所在行；选择"整个表格"选项，可以选择整个表格。

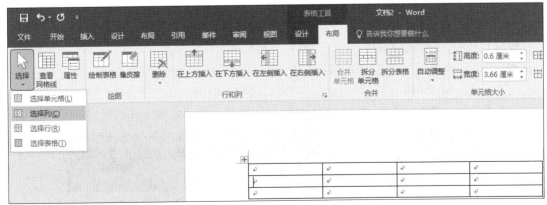

图6-9　"选择"下拉按钮

3. 在表格中移动、复制和删除文本

在表格中对单元格、行或列中的内容进行移动、复制和删除操作有多种，例如，使用键盘快捷键、右键快捷菜单等。

一般情况下，可以考虑使用快捷键Ctrl+X或快捷键Ctrl+C，配合快捷键Ctrl+V，实现表格内容的移动或复制。使用BackSpace键或Delete键实现表格内容的删除。

4. 表格文本的对齐方式

由于表格中的每个单元格都相当于一个小文档，因此可以对选定的单个单元格、多个单元格或区域、行以及列中的文本进行文本的对齐操作，包括左对齐、两端对齐、居中对齐、右对齐和分散对齐等。默认情况下，表格文本对齐方式为靠上居左对齐。

表格文本对齐方式有九种，如图6-10所示。用户可以根据单元格内容排版的控制需要，选择合适的对齐方式。

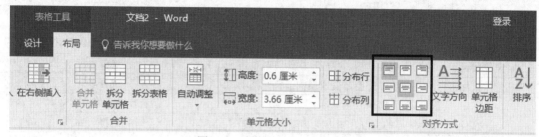

图6-10　表格文本的对齐方式

6.1.3　编辑表格结构

一般情况下，不可能一次就创建出完全符合要求的表格，总会有一些不尽如人意的地方，这就需要对表格的结构进行适当的调整，此外，由于内容等的变更也需要对表格结构进行一定的修改。

1. 插入或删除行、列

使用表格时，经常会出现行数或列数不够用或者多余的情况。Word 2016提供了多种方法可以完成对表格的行或列的添加或删除操作。

如果创建的表格的行数或列数不够，则可以插入新行或新列。具体步骤如下。

步骤1：定位光标到需要插入行的相邻行或相邻列。

步骤2：切换至"表格工具—布局"选项卡，如图6-11所示，在"行和列"组中单击"在上方插入"或"在下方插入"按钮，可以实现在当前行上方或下方插入行；单击"在左侧插入"或"在右侧插入"按钮，可以实现在当前列的左侧或右侧插入新列。

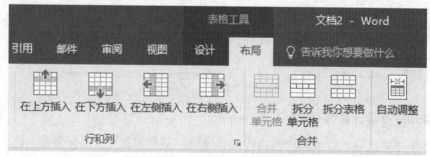

图6-11　"表格工具—布局"选项卡

　　注意：若需要同时插入多行或多列，则只需要在插入前先选中多行或多列，因为在Word中为表格插入新行或新列与选中的行或列数是相等的，即选中的行或列等于新插入的行或列。

　　如果创建的表格行数或列数过多，则需要删除多余的行或列。具体步骤如下。

　　步骤1：定位光标到要删除的行或列的任意单元格中。

　　步骤2：切换至"表格工具—布局"选项卡，在"行和列"组中单击"删除"下拉按钮，如图6-12所示，在展开的列表中，根据需要选择删除行或列。

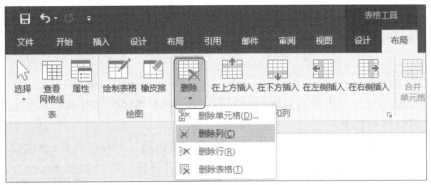

图6-12　"删除"下拉按钮

　　注意：若要同时删除多行或多列，只需要同时选中多行或多列，再执行"删除"下拉列表中的"删除行"或"删除列"命令。

2. 合并与拆分单元格

　　把相邻单元格之间的连线擦除，就可以将两个或多个单元格合并成一个大的单元格，而一个单元格添加一个或多条连线，就可以将一个单元格拆分成两个或多个单元格。

　　（1）合并单元格

　　在编辑表格时，有时需要将表格的某一行或某一列中的多个单元格合并为一个单元格，如果使用"橡皮擦"功能擦除连线的做法显得有些太慢。而单击"合并单元格"按钮可以快速地清除多余的线条，使多个单元格合并成一个单元格。具体步骤如下。

　　步骤1：在表格中选中要合并的多个单元格。

　　步骤2：切换至"表格工具—布局"选项卡，在"合并"组中单击"合并单元格"按钮，如图6-13所示，即可删除选定单元格之间的连线，建立一个新的单元格，并将原来单元格的行高（列宽）合并为当前单元格的行高（列宽），原来单元格中的文本将作为新单元格的单独的段落。

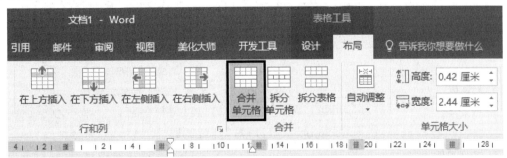

图6-13　"合并单元格"按钮

　　注意：合并单元格也可以使用鼠标右键菜单中的"合并单元格"功能实现。

（2）拆分单元格

拆分单元格就是将选中的单元格拆分成等宽的多个小单元格，可以同时对多个单元格进行拆分。具体步骤如下。

步骤1：定位光标到要拆分的单元格中。

步骤2：切换至"表格工具—布局"选项卡，在"合并"组中单击"拆分单元格"按钮，输入拆分的列数和行数即可。

 拆分单元格的列数可以根据需要自定义，而拆分的行数则受拆分前单元格行数限制，要求必须是拆分前行数的约数。

3. 拆分表格

拆分表格是指将一个表格拆分成两个表格。在Word 2016不仅可以拆分单元格，还可以拆分表格。具体步骤如下。

步骤1：定位光标到表格要拆分的位置，即要拆分为第二个表格的第一行处。

步骤2：切换至"表格工具—布局"选项卡，在"合并"组中单击"拆分表格"按钮，即可表格拆分为两个表格。

拆分表格也可以使用快捷键Ctrl+Shift+Enter实现。

6.1.4 调整表格

表格调整包括表格自动调整以及表格行高与列宽调整。

1. 表格自动调整

表格自动调整包括三个方面：根据内容自动调整表格、根据窗口自动调整表格、固定列宽。具体步骤如下。

步骤1：定位光标到需要进行自动调整的表格任意单元格内。

步骤2：切换至"表格工具—布局"选项卡，在"单元格大小"组中单击"自动调整"下拉按钮，如图6-14所示，在展开的列表中，根据需要选择自动调整选项。

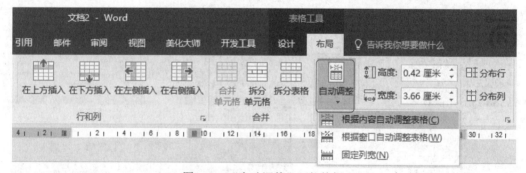

图6-14 "自动调整"下拉按钮

选项说明如下。

● 固定列宽：选择此方式，Word 2016将固定已选定的单元格或列的宽度，当单元格的内容增减时，单元格列宽不变，若内容太多，Word会自动加大单元格的行高。

- 根据内容调整表格：选择此方式，表格将按每一列的文本内容重新调整列宽，相应的表格的大小也会随之同时变动。调整后的表格看上去更中紧凑、整洁。
- 根据窗口调整表格： 选择此方式，表格中每一列的宽度按照相同的比例扩大或缩小，调整后表格宽度与正文区宽度相同。而且如果插入列或删除列后，整个表格的大小不会改变。

2. 调整表格列宽与行高

在Word中不同的行可以有不同的高度，不同的列也可以不同的宽度，但一行中的所有单元格必须具有相同的高度。一般情况下，向表格中输入文本时，Word 2016会自动调整行高以适应输入的内容。如果觉得列宽或行高太太或者太小，也可以手动对表格进行适当的调整。调整行高和列宽的操作类似，在此以列宽调整为例介绍调整行高和列宽的方法。

（1）使用鼠标拖拉调整表格的列宽

鼠标拖拉手动调整表格的方法比较直观，但不够精确，具体步骤如下。

步骤1：将鼠标指针移动到要调整的表格列的分隔线上，鼠标指针会变为带双竖线的左右箭头。

步骤2：按住鼠标左键直接拖动，此时表格中会显示一条虚线来指示新的列宽。

步骤3：拖拉鼠标到合适的位置，然后释放鼠标左键即可完成列宽的调整。

用户还可以使用水平标尺调整表格的列宽。创建表格时，水平标尺为每个单元格的列宽都设置了刻度。这就为使用标尺调整列宽提供了方便，使用标尺调整某一列的宽度，具体步骤如下。

步骤1：移动鼠标指针到对应于调整列的水平标尺的左边界上，鼠标指针会变为左右箭头形状，若窗口中没有显示水平标尺，应在"视图"选项卡选择"标尺"选项。

步骤2：在水平标尺上按住鼠标左键向左或向右拖曳鼠标，此时会出现一条虚线表明新列的位置，拖动到合适的位置，即可完成调整。

　　在用拖曳鼠标的方法改变列宽的同时，如果按下Shift键，不影响左右相邻列的宽度，在改变列宽后会同时改变表格的宽度，如果按下Alt键，Word 2016将在标尺栏上显示列宽的调整值。

（2）使用"表格属性"对话框调整表格列宽

使用"表格属性"对话框可以精确地调整表格的列宽，具体步骤如下。

步骤1：定位光标到表格内任意单元格中。

步骤2：切换至"表格工具—布局"选项卡，在"表"组中单击"属性"按钮，弹出"表格属性"对话框。

步骤3：选择"列"选项卡，选中"指定宽度"复选框，然后用其微调框右侧的上下按钮调整列的宽度，用户也可以直接在微调框中输入数值，如图6-15所示。

步骤4：用户可以单击"前一列"或"后一列"按钮，调整其他列的宽度，文档中的对应列将会以选中方式显示。

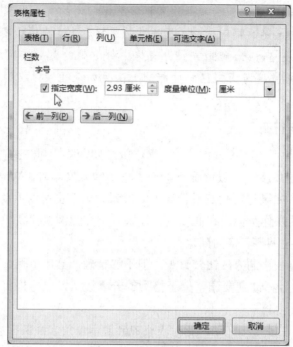

图 6-15　表格列宽调整

3. 缩放表格与整体移动表格

在文档中插入表格后，有时需要对表格的位置和大小重新进行调整，在文档中移动表格的具体步骤如下。

步骤1：将鼠标指针移到表格的左上角将出现一个四向箭头的小方框，即表格移动控制柄。

步骤2：按住鼠标左键不放，拖动表格，即可实现位置的改变。

步骤3：将鼠标移动到表格右下角，当鼠标变形后，按住鼠标左键不放拖曳，即可自由调整表格大小。

6.1.5　设置表格格式及属性

表格的格式包括表格的边框样式、底纹样式和表格的结构等。表格样式直接影响着的美观程度。

1. 表格自动套用格式

为表格设置格式也称格式化表格，Word 2016提供了多种预置的表格样式，用户可以通过自动套用表格格式功能来快速地编辑表格。使用自动套用表格格式，具体步骤如下。

步骤1：将光标置于表格中的任意单元格内（用户也可以在创建表格时直接应用自动套用格式）或者选中表格。

步骤2：切换至"表格工具—设计"选项卡，鼠标指向"表格样式"组中的某种表格样式图标，此时文档中的表格会以预览的形式显示所选表格的样式。

步骤3：选择合适后，即可为表格应用选中的表格格式。

2. 设置表格属性

通过设置表格属性可以使文本内容更加醒目，同时还可以美化文档。

（1）设置表格属性

表格属性可以设置表格整体尺寸、表格的对齐方式、表格的文字环绕、单元格的垂直对齐方式以及单元格边距等。设置表格在文档中位置，具体步骤如下。

步骤1：定位光标到表格的任意单元格中。

步骤2：切换至"表格工具—布局"选项卡，在"表"组中单击"属性"按钮。

步骤3：选择"定位"选项，弹出"表格定位"对话框，可以设置表格的"水平"和"垂直"位置，如图6-16所示。

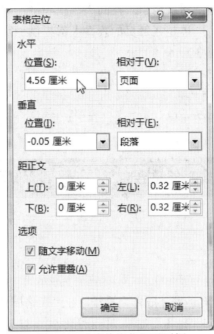

图6-16　"表格定位"对话框

（2）设置表格边框

如果用户对表格的边框不满意，可以重新进行设置。为表格添加边框自定义设置，具体步骤如下。

步骤1：定位光标到表格的任意单元格中。

步骤2：切换至"表格工具—布局"选项卡，在"表"组中单击"属性"按钮。

步骤3：选择"边框和底纹"选项，弹出"边框和底纹"对话框。用户还可以直接在表格中右击，在弹出的快捷菜单中选择"边框和底纹"选项，弹出"边框和底纹"对话框。

步骤4：在"边框和底纹"对话框中，选择"边框"选项卡，然后在"设置"选项中选择一种表格边框设置，在"样式"列表中选择一种线型，在"颜色"下拉列表中为表格边线选择一种合适的颜色，在"宽度"下拉列表中设置表格线宽，设置效果可以在右侧的"预览"中查看，同时系统默认应用于"表格"。

（3）设置表格底纹

给表格添加底纹类似于给文字或段落添加底纹，具体步骤如下。

步骤1：定位光标到表格的任意单元格中。

步骤2：切换至"表格工具—布局"选项卡，在"表"组中单击"属性"按钮。

步骤3：选择"边框和底纹"选项，弹出"边框和底纹"对话框。

步骤4：在"边框和底纹"对话框中，选择"底纹"选项卡，为表格分别设置"填充"和"图案"。

6.1.6 表格的跨页操作

有时表格放置的位置正好处于两页的交界处，这时就会产生表格跨页操作的问题，Word 2016中提供了两种方法：一种是通过调整表格的大小使表格在同一页上，以防止表格跨页断行（适用于较小的表格）；另一种是在每页的表格上都提供一个相同的标题，使之看起来仍是一个表格（适用于较大的表格）。

表格的跨页操作方法如下。

步骤1：定位光标到要设置的表格中。

步骤2：切换至"表格工具—布局"选项卡，在"数据"组中单击"重复标题行"按钮，如图6-17所示。

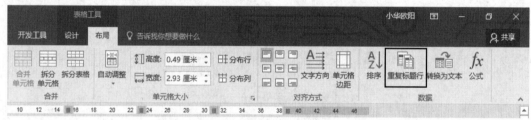

图6-17 "重复标题行"按钮

也可以使用"表格属性"对话框完成以上操作，在"表格属性"对话框中，选择"行"选项卡，选中"允许跨页断行"和"在各页顶端以标题行形式重复出现"复选框，如图6-18所示。

图6-18 "行"选项卡

6.2 表格的其他功能

表格除了上述介绍的功能外，Word 2016还提供了表格的其他的一些功能，如表格的数据计算、排序以及表格与文本间的相互转换等功能。

6.2.1 表格的数据运算

应用Word 2016中提供的表格数据计算功能，可以对表格的数据执行一些简单的运算，例如求和、求平均值、求最大值、求最小值、求乘积以及求余运算等。具体步骤如下。

步骤1：定位光标到放置计算结果的单元格中。

步骤2：切换至"表格工具—布局"选项卡，在"数据"组中单击"公式"按钮，弹出"公式"对话框。

步骤3：在"公式"对话框中，如图6-19所示，"公式"输入框用于设置计算所用的公式；"编号格式"下拉列表框用于设置计算的数字格式；"粘贴函数"下拉列表框列出了Word 2016提供的函数。

图6-19　"公式"对话框

6.2.2 表格的数据排序

在Word中，可以按照递增或递减的顺序把表格中的内容按照笔画、数字、拼音或日期等进行排序。由于对表格的排序可以使表格发生巨大的变化，所以在排序之前最好对文档进行保存，对重要的文档则应考虑先备份再进行排序操作。具体步骤如下。

步骤1：定位光标到表格中的任意位置或选中要排序的行或列。

步骤2：切换至"表格工具—布局"选项卡，在"数据"组中单击"排序"按钮，随即整张表将以高亮显示，同时弹出"排序"对话框。

步骤3：在"排序"对话框中，"主要关键字"下拉列表框用于选择排序依据，一般是标题行中某个标题项；"类型"下拉列表框用于指定排序依据的值的类型。

排序依据可分为"主要关键字""次要关键字"和"第三关键字"三级，用户可以根据需要选择。

6.2.3　表格转换成文本

用户常常需要将表格中的内容转换为文本的格式，具体步骤如下。

步骤1：将光标置于表格或选中表格。

步骤2：切换至"表格工具—布局"选项卡，在"数据"组中单击"转换为文本"按钮，弹出"表格转换成文本"对话框，如图6-20所示。

步骤3：在"表格转换成文本"对话框中，选中要作为文字分隔符的单选项，如制表符、段落标记、逗号或其他字符等，单击"确定"按钮完成表格转换为文本操作。

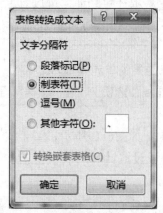

图6-20　"表格转换成文本"对话框

分隔符作用如下。

- 段落标记：把每个单元格的内容转换成一个文本段落。
- 制表符：把每个单元格的内容转换后用制表符分隔，每行单元格的内容成为一个文本段落。
- 逗号：把每个单元格的内容转换后用逗号分隔，每行单元格的内容成为一个文本段落。
- 其他字符：在对应的文本框中输入用作分隔符的半角字符，每个单元格的内容转换后用输入的字符分隔隔开，每行单元格的内容成为一个文本段落。

6.2.4　将文本转换成表格

将文本转换为表格与表格转换为文本不同，在将文本转换为表格之前必须对需要转换为表格的文本格式化。文本中的每一行之间要用段落标记符隔开，每一列之间要用分隔符隔开，列之间的分隔符可以是逗号、空格、制作符或其他字符等。将文本转换为表格的具体步骤如下。

步骤1：选中要转换为表格的文本。

步骤2：切换至"插入"选项卡，在"表格"组中单击"表格"下拉按钮，在展开的列表中选择"文本转换成表格"选项，弹出"将文字转换成表格"对话框，如图6-21所示。

步骤3：在"将文字转换成表格"对话框中，可以在"表格尺寸"选项中设置表格的列数，在"'自动调整'操作中"选项中可以选择根据窗口或者内容来调整表格的大小，在

"文字分隔位置"选项中选中合适的分隔选项。

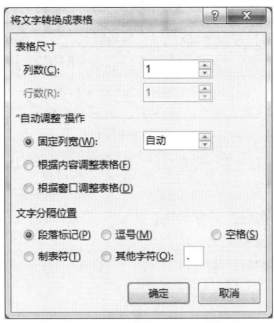

图6-21　"将文字转换成表格"对话框

步骤4：单击"确定"按钮，在文档中将会显示设置的结果，如果指定的列数大于所选内容的实际需要时，多余的单元格将成为空单元格。

在"文字分隔位置"选项中Word提供了多种文本分隔符，这些分隔符的作用如下。

- 段落标记：把选中的段落转换为表格，每个段落成为一个单元格的内容，行数等于所得段落数。
- 制表符：每个段落转换为一行单元格，用制表符隔开的各部分内容作为一行中各个单元格的内容，转换后的表格的列数等于选择的各个段落中制表符的最大个数加1。
- 逗号：每个段落转换为一行单元格，用逗号隔开的各部分内容作为同一行中各个单元格的内容，转换后表格的列数等于各个段落中逗号的最大个数加1。
- 其他字符：在对应的文本框中输入用作分隔符的半角字符，每个单元格的内容转换后用输入的文本分隔符隔开，每行单元格的内容成为一个文本段落。

6.2.5　将表格转换成图表

其实直接从数据表格生成图表是Excel的强项，但是，如果用户所创作的内容本身属于更适合通过Word文档进行发布或表述，那么，就需要有一种直接基于Word文档中现有表格来创建图表的方法。具体步骤如下。

步骤1：在Word文档中，单击表格左上角的控点，以便将整个表格选中，并按快捷键Ctrl+C，将其暂存到Office剪贴板中，如图6-22所示。

产品名称	单位成本	单价	单位利润
产品 A	10	29.5	21
产品 B	20	62.1	30
产品 C	16	38.5	18

图6-22　单击左上角控点选择表格

步骤2：切换至"插入"选项卡，在"插图"选项组中单击"图表"按钮，弹出"插入图表"对话框，如图6-23所示，然后根据需要选择图表类型。

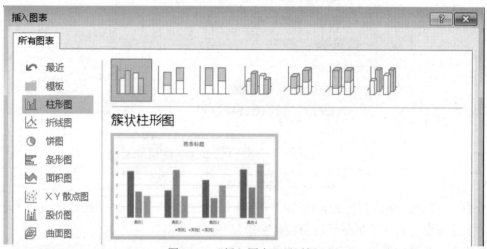

图6-23　"插入图表"对话框

步骤3：单击"确定"按钮，Word将启动Excel程序并打开一个叫作"Microsoft Office Word中的图表"的临时工作簿，其中只有一个工作表，该工作表左上角区域的蓝色线框用于指出图表的数据源，默认为示例数据。用户要做的只是选中"A1"单元格，并按快捷键Ctrl+V，就可以用来自文档表格的数据替换这些示例数据，如图6-24所示。

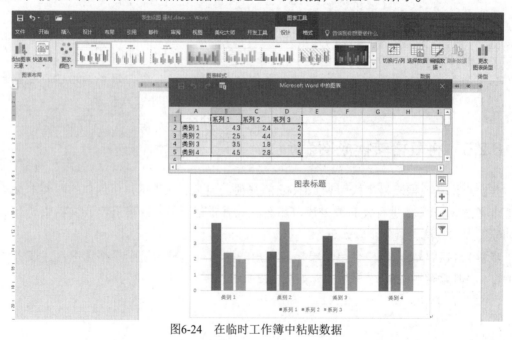

图6-24　在临时工作簿中粘贴数据

步骤4：关闭该临时工作簿，并返回Word文档，此时，图表已经按照用户给定的数据表格完成创建。

6.3 Word 2016图形对象

图像是对图片、图形和电子表格中转换来的图表以及艺术字、公式和组织结构图等图形对象的总称。应用Word 2016可以实现对各种图形对象的绘制、缩放、存储、插入和修饰等操作，还可以把图形对象与文字结合在一个版面上实现图文混排。通过给文档添加图形可以增加文档的可读性，使文档更加生动有趣，达到图文并茂的效果。

6.3.1 插入图形对象

Word 2016除了具有强大的文字处理功能外，还提供了一套强大的用于绘制图形的工具，用户可以利用这套工具在文档中绘制所需要的图形。由于大多数图像只能在页面视图下可见，所以当对图形对象进行操作时，Word会自动切换至页面视图方式。

1. 插入形状

Word 2016较之前的Word 2010版面，摒弃了绘图画布，使图形绘制和编辑显得更加轻松和自由。用户可以使用"形状"按钮中的图形选项在文档中绘制基本图形，如直线、箭头、方框和椭圆等。"形状"按钮，如图6-25所示。

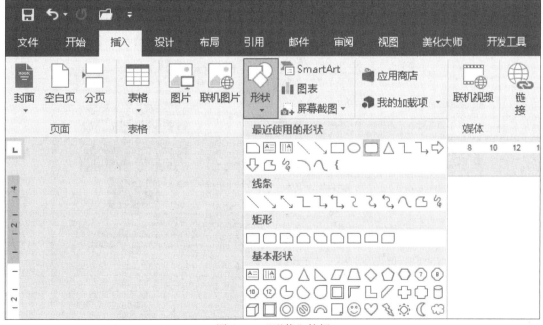

图6-25 "形状"按钮

2. 插入图片

图片是Word文档不可或缺的修饰元素，用户可以使用插入图片功能，将存储在计算机里的图片对象或联机图片插入到Word文档中来，再加以编辑修改，用以美化修饰文档。"图片"和"联机图片"按钮，如图6-26所示。

图6-26　"图片"和"联机图片"按钮

3. 插入SmartArt图形

SmartArt是Microsoft Office 2007中新加入的特性，在Word 2016版本中有了更进一步的完善。用户可以在PowerPoint，Word，Excel中使用该特性创建各种图形图表。SmartArt图形是信息和观点的视觉表示形式。可以通过从多种不同布局中进行选择来创建 SmartArt 图形，从而快速、轻松、有效地传达信息。"选择SmartArt 图形"对话框，如图6-27所示。

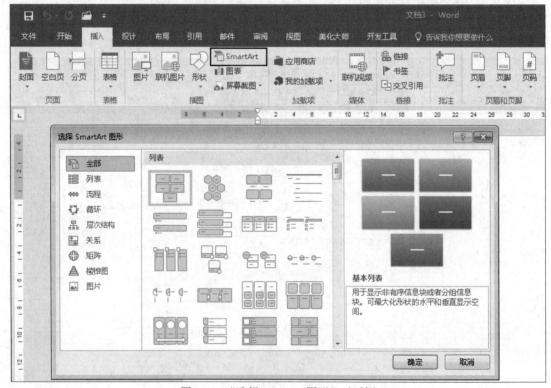

图6-27　"选择SmartArt 图形"对话框

4. 屏幕截图

截图是日常办公应用过程中，可能会经常涉及常规操作，截图的方法或途径有很多种，如PicPick、红蜻蜓抓图精灵、Snagit、HyperSnap等第三方截图工具，或者也可以使用键盘Print Screen进行截图。其实Word程序本身就提供了非常方便的截图功能，"屏幕截图"按钮，如图6-28所示。

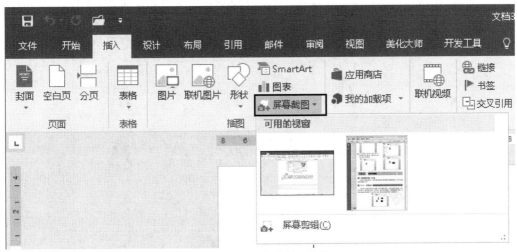

图6-28 "屏幕截图"按钮

Word屏幕截图有两大功能：屏幕剪辑和可用的视窗，其中"屏幕剪辑"可以实现对屏幕任意位置，任意对象的截图操作；而"可用的视窗"只能针对当前视窗的截图，被截图的窗口不能最小化。

5. 插入文本框

Word 2016除了传统的横排文本框和竖排文本排以外，还提供了许多内置的文本框。"文本框"按钮，如图6-29所示。

图6-29 "文本框"按钮

6. 插入艺术字

艺术字是经过字体设计师艺术加工的汉字变形字体，字体特点符合文字含义，具有美观有趣、易认易识、醒目张扬等特性，是一种有图案意味或装饰意味的字体变形。"艺术字"按钮，如图6-30所示。

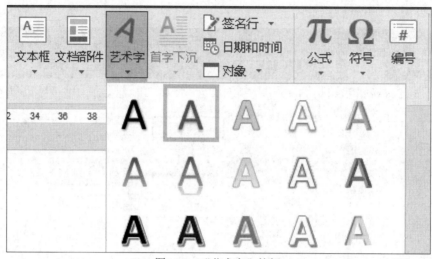

图6-30　"艺术字"按钮

6.3.2　图形对象编辑与图文混排

在文档中创建或插入了图形对象后，有时需要对图形对象进行适当地调整和修改，以及科学合理地处理图形对象与文字的位置关系。

1. 编辑图形对象

编辑图形对象包括调整大小尺寸、修改图形对象样式、图片调整和图形组合。

（1）调整大小尺寸

图形对象的尺寸调整可以使用鼠标或菜单两种方式，鼠标调整图形对象大小，只需要选中后拖拉控点即可调整，但这种方式无法精确设定图形的高度与宽度值；而使用菜单方式调整可以根据需要精确设定图形对象的尺寸值。"大小"选项组，如图6-31所示。

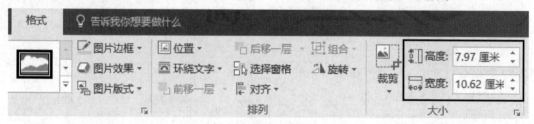

图6-31　"大小"选项组

（2）修改图形对象样式

图形对象插入到文档中后，为了符合文档整体排版需要，可以修改图形对象的样式，不同图形对象的样式调整有所差异。"图片样式"选项组和"形状样式""艺术字样式"选项组，如图6-32和图6-33所示。

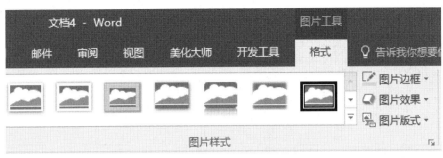

图6-32　"图片样式"选项组

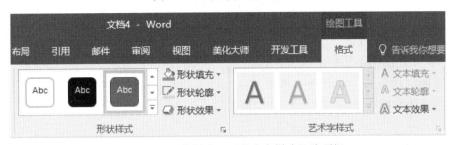

图6-33　"形状样式""艺术字样式"选项组

（3）图片调整

图片调整选项包括删除背景、更正、颜色、艺术效果，如图6-34所示。

图6-34　"调整"选项组

（4）图形组合

在实际应用中，常常需要对多个图形对象进行整体操作，这时就需要对图形对象进行组合。具体步骤如下。

步骤1：按下Ctrl键或Shift键后依次选中文档中的多个图形对象，每个图形的周围会出现八个控点。

步骤2：右击选中的图形，在弹出的快捷菜单中选择"组合"选项中"组合"选项。

步骤3：此时在选中的图形最外围出现八个控点，这表明这些图形已经组合成一个整体。

2. 图文混排操作

图文混排，即文字与图形对象的混合排版。在这种混合排版过程中，如何处理图形对象与文字的位置关系显示尤为重要。

（1）图形叠放次序

当绘制的多个图形的位置相同时，它们就会叠加起来，但不会互相排斥，也不可以调整各个图形的叠放次序。

1）文字与图形的层次关系

文字与图形的层次关系有图形浮于文字上方和图形衬于文字下方，如图6-35所示。

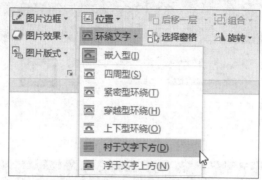

图6-35　文字与图形的层次关系

2）图形与图形的层次关系

图形间的层次关系一般存在于两个或两个以上图形之间，相对于图形与文字的层次来说，这种图形间的层次更加丰富，如图6-36所示。

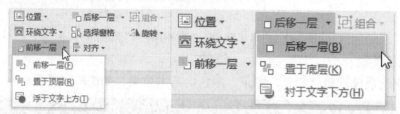

图6-36　图形与图形的层次关系

（2）图形对象位置与文字环绕

在Word文档中，用户可以根据需要设置图形在文档的位置或图形与文字的环绕方式。其中图形对象位置，包括顶端居左四周型环绕、顶端居中四周型环绕、顶端居右四周型环绕；中间居左四周型环绕、中间居中四周型环绕、中间居右四周型环绕；底端居左四周型环绕、底端居中四周型环绕、底端居右四周型环绕九种位置关系，如图6-37所示。

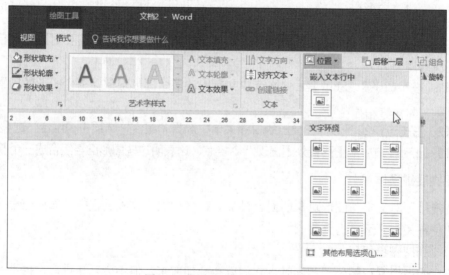

图6-37　图形与文字的位置关系

图片的文字环绕包括嵌入型、四周型、紧密型、穿越型、上下型等环绕方式，用户可以根据文档图文混排的需要选择合适的环绕方式，如图6-38所示。

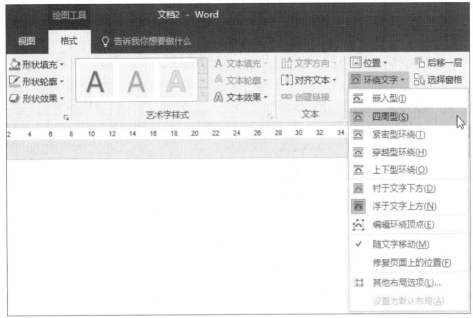

图6-38　图形与文字的环绕方式

（3）图形的对齐与分布

当文档中有多个图形时，为了使这些图形更有条理，经常需要对这些图形进行对齐和排列分布。

1）对齐图形对象

对齐图形的方式有很多种，当选定的多个图形对象相互垂直时，可选用左对齐、水平居中和右对齐等方式；当选定的多个图形对象相互水平时，可选用顶端对齐、垂直居中和底端对齐等方式。对齐图形对象的具体步骤如下。

步骤1：按住Ctrl键或Shift键后依次选中文档中的多个图形对象。

步骤2：切换至"绘图工具—格式"选项卡，在"排列"组中单击"对齐"下拉按钮，在展开的列表中选择"左对齐"或其他对齐选项。

2）排列图形对象

排列图形对象是指使图形相互之间等距离分布，有纵向分布和横向分布两种。需要注意的是，无论是何种分布，都要求被均匀分布的对象在三个或三个以上，否则无法使用该功能。

本章总结

本章主要学习了表格的创建、编辑及美化，表格的数据运算，文本与表格的相互转换，以及图形对象的编辑与修饰。

通过本章的内容，使文档内容不再局限于文字，更加丰富文档元素和文档版面。

练习与实践

【单选题】

1. Word表格功能相当强大，当把插入点放在表的最后一行的最后一个单元格时，按Tab键，将（   ）。

A. 在同一单元格里建立一个文本新行

B. 产生一个新列

C. 产生一个新行

D. 插入点移到第一行的第一个单元格

2. 下列不属于SmartArt图形类别的是（   ）。

A. 流程　　　　　　　　　　　　B. 层次结构

C. 圆锥图　　　　　　　　　　　D. 棱锥图

3. Word中对表格数据运算结果进行刷新，可使用（   ）功能键。

A. F8　　　　　　　　　　　　　B. F9

C. F5　　　　　　　　　　　　　D. F7

【多选题】

1. Word 2016中可以使用到的图形对象有（   ）。

A. 图片与剪贴画　　　　　　　　B. 形状

C. SmartArt　　　　　　　　　　D. 图表

2. 下列关于Word 2016的表格"重复标题行"功能，正确的是（   ）。

A. 属于"表格"菜单的命令

B. 属于"表格工具"选项卡下的命令

C. 能将表格的第一行即标题行在各页顶端重复显示

D. 当表格标题行重复后，修改其他页面表格第一行，第一页的标题行也随之修改

【判断题】

3. 对于Word表格的删除操作，只需先选中表格，然后按Delete键即可。（   ）

A. 正确　　　　　　　　　　　　B. 错误

4. 在Word 2016中可以快捷地为当前文档插入封面。（   ）

A. 正确　　　　　　　　　　　　B. 错误

实训任务

使用图文混排进行海报设计	
项目 背景 介绍	某单位拟定在11月份举行一次员工欢聚会，需要设计一份活动宣传单。
设计 任务 概述	宣传单设计，需满足以下要求： 1. 版面清新自然。 2. 图形、艺术字、表格等对象混排使用。
设计 参考图	
实训 记录	
教师 考评	评语： 　　　　　　　　　　　　　　　　　　　　　　　　　辅导教师签字：

排版美化是Word文档必不可少的编辑操作，在日常办公文档的处理过程中，不可避免地会遇到很多复杂且篇幅冗长的文档。因此，经过科学编排的文档版面不但可以使阅读者倍感轻松，而且也是文档编排效果的重要衡量标准。

学习目标

- 学会Word 2016分页与分节
- 熟悉Word 2016目录与索引
- 掌握Word 2016页面设置
- 掌握Word 2016打印输出

技能要点

- Word 2016的分节控制文档版面
- Word 2016的目录与索引

实训任务

- 文档版面控制应用

本章导读

7.1 文档版面控制利器之分隔符

分页符与分节符是文档版面处理过程中不可或缺的工具，特别是在长文档版面排版时，灵活运用分页符和分节符会为文档处理带来更多方便，能更自由地对文档版面进行更丰富的控制和调整。

Word 2016中分隔符的类型有两大类：分页符、分节符。

7.1.1 分页符、分栏符与换行符

1. 分页符

分页符是指文档内容在满页或未满页的情况下，在指定位置进行自动分页或强制手动分页。当文本或图形等内容填满一页时，Word会插入一个自动分页符并开始新的一页。如果要在某个特定位置强制分页，可插入"手动"分页符，这样可以确保章节标题总在新的一页开始。

Word 2016的分页符在页面视图、Web版式视图、大纲视图和草稿视图中均显示为一条带有"分页符"三字的水平虚线。

插入"手动"分页符时，首先将插入点置于要插入分页符的位置，然后下面的任何一种方法都可以插入"手动"分页符：

（1）按快捷键Ctrl+Enter，可插入一个"手动"分页符。

（2）切换至"布局"选项卡，单击"分隔符"下拉按钮，在展开的列表中，选择"分页符"选项，即可插入分页符，如图7-1所示。

图7-1　"分页符"选项

2. 分栏符

Word 2016的分栏符表示分栏符后面的文字将从下一栏开始。分栏符适用于在文章版面设置为两栏排版或者两栏以上的多栏排版时，一般的文字分栏方法就是按先左后右的方法，把左面的栏排满后才排右面的栏。但是有时会想要强迫从文字中间分栏，这时就可以用分栏符，用户可以根据自己的需要，进行自由的栏位排版效果控制。

具体版面效果如图7-2所示，可以看到，文档在插入分栏符前后版面效果的鲜明对比。

图7-2　插入分栏符前后对比

3. 换行符

通常情况下，文档文字需到达文档页面右边距时，Word自动换行。Word 2016的换行符一般用于需要对文档文字、自由指定位置换行的情况下。其作用主要是分隔网页对象周围的文字，如分隔题注文字与正文。

在某种意义上与Enter键，段落显示效果相似，强制在用户指定位置进行文字换行，使光标插入点后面的文字另起一行排版，但在插入点位置强制断行（换行符显示为灰色"↓"形）与直接按回车键有本质区别：新产生的行仍将作为当前段的一部分。

换行符插入的快捷键：Shift+Enter。

7.1.2　分节符

节是文档的一部分，可以在其中设置某些页面格式选项。插入分节符之前，Word将整篇文档视为一节，故文档中节的页面设置与整篇文档中的页面设置相同。在这种情况下，用户对文档排版时，Word会将整个文档作为一个整体来看待。简单来说，在只有一节的文档中，不存在两种或两种以上的文档版面效果。

1. 何种情况下需要使用分节符

用户如果需要对文档的某一部分进行单独的版面控制时，需要使用分节符。若在需要改变文档行号、分栏数或页眉页脚、页边距、纸张大小等特性时，需要创建新节。

如果已将文档划分为若干节，可以单击某个节或选定多个节，再单独对该节进行自由的版面控制，如改变该节纸张大小。

2. 分节符类型

分节符类型，如图7-3所示。

● 下一页：插入分节符，并在下一页开始新节。
● 连续：插入分节符，并在同一页开始新节。
● 偶数页：插入分节符，并在下一偶数页上开始新节。
● 奇数页：插入分节符，并在下一奇数页上开始新节。

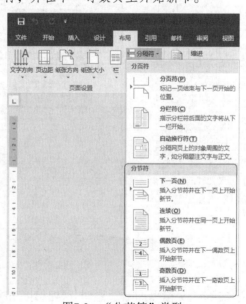

图7-3　"分节符"类型

3. 插入分节符

插入分节符，具体步骤如下。

步骤1：定位光标到新节的开始位置。

步骤2：切换至"布局"选项卡，单击"分隔符"下拉按钮，在展开的列表中，根据文档排版需要，选择合适的分节符选项。

7.2 索引与目录

7.2.1 认识索引

索引是根据一定需要把书刊或文档中具有检索意义的主要概念或各种题名（可以是人名、地名、词语、概念或其他事项）摘录下来，标明出处、页码，而且按一定次序分条排列，方便用户查阅和使用。它是图书中重要内容的地址标记和查阅指南。使用索引可以很方便地在文档中查找到需要的信息。

在Word中，可以首先创建由贯穿整个文档的许多"标记索引项"，然后Word将收集索引项，按照字典顺序并参考页码排序，查找并删除同一页中的重复项，并且在文档中显示索引。

1. 何种情况下使用索引

在日常办公文档的处理过程中，不可避免地会遇到很多复杂且篇幅冗长的文档。如何能在该类文档中搜索特定的概念或是关键词，就好比我们在字典中查找某一个特定的汉字，我们一般是利用两种方式去进行检索：一种是利用拼音检索；另一种是利用偏旁或部首检索。无论是利用何种检索方式，目的都是更方便、快捷地查找到目标对象，从功能上来看，与Word中提及的索引功能完全相同。

因此，设计科学、编辑合理的索引不但可以使阅读者非常方便，而且也是图书质量或长文档编排效果的重要衡量标准。

2. 标记索引项

要编制索引，应该首先标记文档中的概念名词、短语和符号之类的索引项。索引的提出可以是书中的一处，也可以是书中相同内容的全部。如果标记了书中同一内容的所有索引项，可选择一种索引格式并编制完成，此后 Word 将收集索引项，按照字母顺序排序，引用页码，并且自动查找并删除同一页中的相同项，然后在文档中显示索引。要实现索引项的标记，具体步骤如下。

步骤1：选定要作为索引项使用的单词或特定文本。

步骤2：切换至"引用"选项卡，在"索引"组中单击"标记索引项"按钮，也可以按快捷键Alt+Shift+X，弹出"标记索引项"对话框，如图7-4所示。

　　步骤3：在"主索引项"文本框中将显示所选中的文本对象；如果需要，也可以编辑"主索引项"文本框中的文字，如图7-5所示。

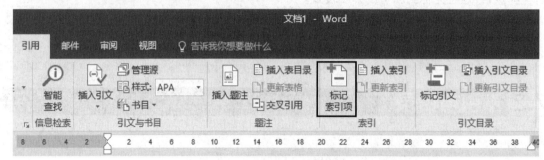

图7-4　"标记索引项"按钮

图7-5　"标记索引项"对话框

　　步骤4：在"主索引项"文本框的下方还有一个"次索引项"文本框。在"次索引项"中输入文本可创建次索引项。"次索引项"是位于一个更广泛的标题下的索引项。例如，主索引项"唐代诗人"可能含有次索引项"李白"。

　　步骤5：在"页码格式"选项中可以选中"加粗"或"倾斜"复选框，为页码指定相应的格式。

　　步骤6：单击"标记"按钮，就可以标记索引项，单击"标记全部"按钮，就可以标记文档中所有出现这些文字的地方。

　　在显示非打印字符的情况下，可以看到插入的索引项。在不显示非打印字符的情况下，这些索引项是不可见的，具有隐藏文字属性。

7.2.2　索引的相关操作

1. 创建索引

在标记索引项之后，就可以创建索引，具体步骤如下。

步骤1：定位光标到要创建索引的位置。

步骤2：切换至"引用"选项卡，在"索引"单击"插入索引"按钮，弹出"索引"对话框，如图7-6所示。

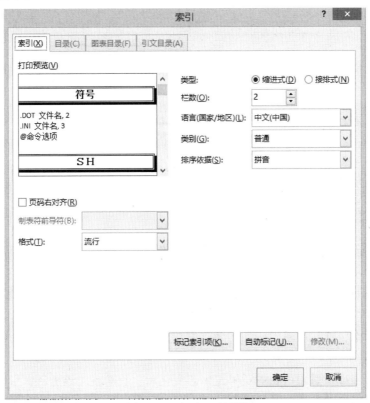

图7-6　"索引"对话框

步骤3：在"格式"下拉列表中选择索引风格，在"打印预览"下拉列表中可以看到选择的结果。

步骤4：在"类型"选项中，若选择"缩进式"选项，那么次索引项相对主索引项将会缩进；若选择"接排式"选项，那么主索引项和次索引项将排在同一行中。

步骤5：选中"页码右对齐"复选框时，页码将向纸张的右侧对齐排列，并且可以选择"制表符前导符"。

步骤6：在选项"栏数"列表框中指定栏数用来编排索引，通常选择1栏或2栏。

步骤7：在"语言"下拉列表中选择"中文"或"英文"，如果在"语言"下拉列表中指定"中文"，那么可以在"排序依据"下拉列表中指定"拼音"或"笔画"，默认项是"笔画"。

步骤8：单击"确定"按钮，完成索引创建，如图7-7所示。

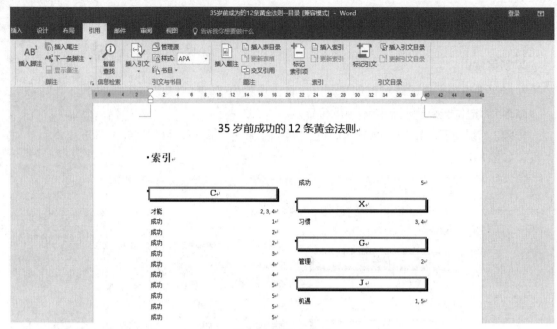

图7-7　索引完成后

2. 索引的更改、更新和删除

（1）更改或删除索引

Word 2016将索引项作为"索引项"XE域以隐藏文字的格式插入文档中。更改索引项的文本文字即可更改索引项。

如果索引项没有在屏幕上显示出来，可以在"开始"选项卡"段落"组中单击"显示/隐藏编辑标记"按钮，可实现索引标记项的显示与隐藏。

如果要删除索引项，请连同{}符号选择整个索引项，然后按Delete键即可。

（2）更新索引

在更改索引项或索引项所在的页码发生了变化后，我们就应该更新索引以适应所有的改动。可以用重建索引的方法来更新索引。

1）切换至"引用"选项卡，在"索引"组中单击"插入索引"按钮，在"索引"对话框中设置好各项选项后单击"确定"按钮，会弹出如图7-8所示的对话框询问是否替换所选的索引，替换后会以新建的索引替换原有的索引。

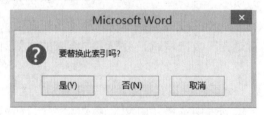

图7-8　更新索引确认信息框

2）在希望更新的索引中单击鼠标右键，如图7-9所示，在弹出的快捷菜单中选择"更新域"选项即可更新索引。

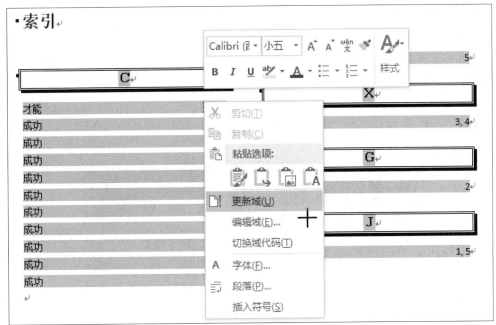

图7-9　"更新域"选项

3）在文档中单击索引域，按功能键F9，可实现直接更新索引项。

7.2.3　认识目录

在一篇很长的文档中，目录的作用是不可替代的，它可以列出文档中各级标题以及每个标题所在的页码位置，便于查找内容。

Word 2016提供了强大的自动创建目录功能，使目录的制作仅需举手之劳。Word 2016能自动确定目录中的页码，在文档发生变动后，还可以很方便地更新目录以适应文档的变化。利用"目录"功能，在Word 2016中能创建两种类型的目录：手动目录和自动目录。

手动目录是指用户可以自由地为目录添加标题内容，自由地修改目录标题内容，自由地修改目录页码，不受其他任何约束，如图7-10所示。

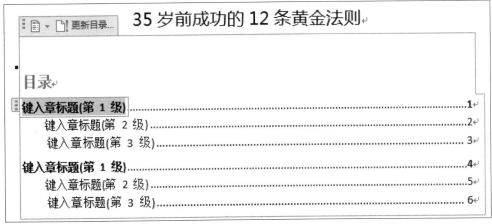

图7-10　手动目录

1. 创建自动化目录

在创建目录之前，应该确定文档中的标题是否已经应用了大纲级别，如果已经应用了大纲级别，就可以创建自动目录了，具体步骤如下。

步骤1：定位光标到要放入目录的位置（一般定位在文档的开始位置，因为目录通常制作在文档的开始位置）。

步骤2：切换至"引用"选项卡，在"目录"组中单击"目录"下拉按钮，如图7-11所示。

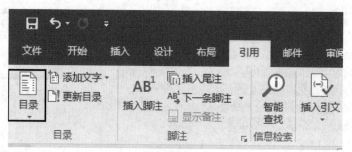

图7-11　"目录"下拉按钮

步骤3：根据需要在下拉列表中选择"自动目录1"或是"自动目录2"，Word会自动在光标插入点位置处完成目录创建。

步骤4：若需要对目录进行更多的定义，可以单击"插入目录"按钮，弹出"目录"对话框，在该对话框中可以定义目录的显示风格、对齐方式、显示级别、制表符前导符以及是否显示页码，如图7-12所示。

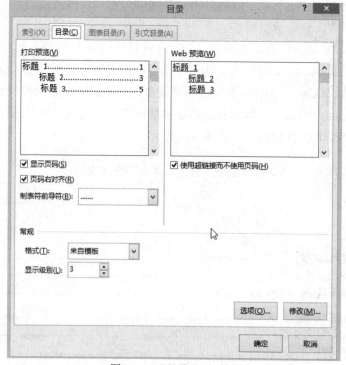

图7-12　"目录"对话框

步骤5：单击“确定”按钮，完成目录创建，如图7-13所示。

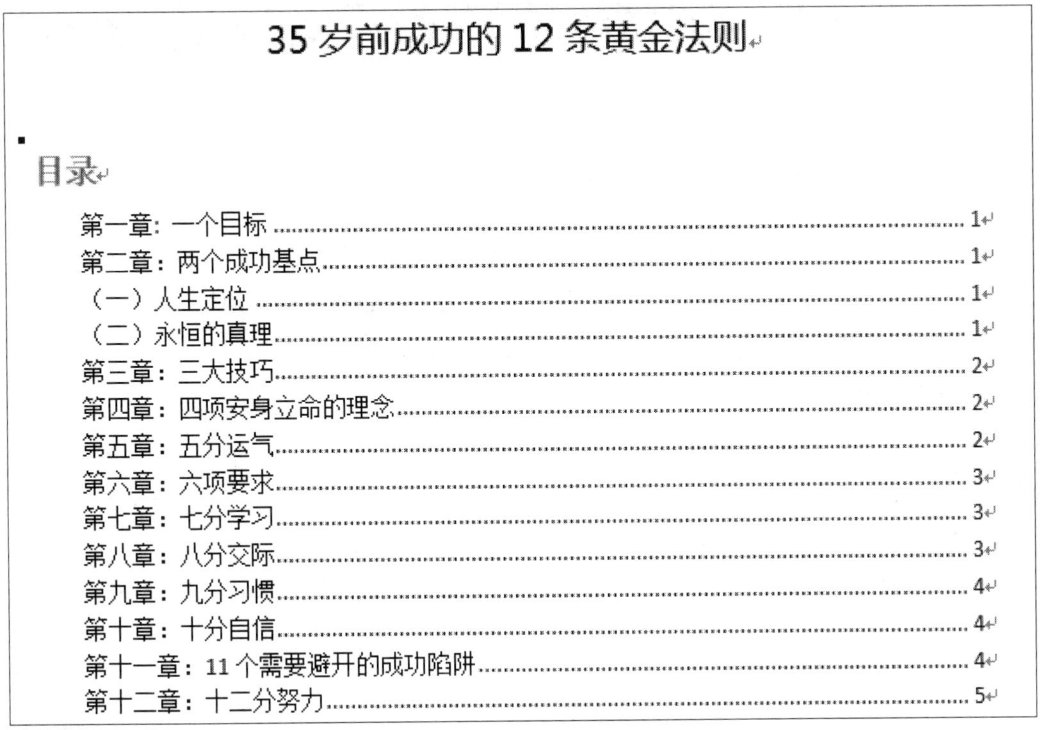

35岁前成功的12条黄金法则

目录

第一章：一个目标……1
第二章：两个成功基点……1
（一）人生定位……1
（二）永恒的真理……1
第三章：三大技巧……2
第四章：四项安身立命的理念……2
第五章：五分运气……2
第六章：六项要求……3
第七章：七分学习……3
第八章：八分交际……3
第九章：九分习惯……4
第十章：十分自信……4
第十一章：11个需要避开的成功陷阱……4
第十二章：十二分努力……5

图7-13　“目录”制作完成

2. 更新目录

当文档中标题文字变更后，或是用户对文档内容进行了增减操作，目录中的标题和相对应的页码不会自动更新相应的标题内容，目录标题的页码也不会自动变化为新的页码，此时就需要对目录进行手工的更新操作了。具体步骤如下。

步骤1：切换至“引用”选项卡，在“目录”组中单击“目录”下拉按钮，在弹出的菜单中选择“更新域”选项，或是使用功能键F9，这时会弹出如图7-14所示的信息提示对话框。

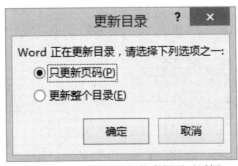

图7-14　“更新目录”信息提示对话框

步骤2：在“更新目录”对话框中，若选择“只更新页码”选项，仅仅是更新现有目录项的页码，不会影响目录项的增加或修改；若选择“更新整个目录”选项，那么Word将对整个目录进行更新，包括页码更新和内容更新。

7.3 文档页面设置

7.3.1 改变基本的页面设置

在"布局"选项卡"页面设置"组中,提供了确定文档整体布局时需要改变的重要设置,在没有分节符的基本文档中,"页面设置"组的大多数选项会应用于整个文档,一旦开始添加分节符,就可以根据需要在每一节中调整"页面设置"选项。

1. 设置页边距

页面设置包括纸张大小、页边距、文档网格和版面等。这些设置是打印文档之前必须做准备工作,可以使用默认的页面设置,也可以根据需要重新设置或随时修改这些选项,设置页面既可以在输入文档之前,也可以在输入的过程中或文档输入之后进行。

设置页边距,包括调整上、下、左、右边距以及页眉和页脚距页边界的距离,具体步骤如下。

步骤1:定位光标在文档任意页面。

步骤2:切换至"布局"选项卡,在"页面设置"组中单击"页边距"下拉按钮,如图7-15所示。

步骤3:在展开的列表中选择需要调整的页边距的预设选项。预设边距选项包括普通边距、窄边距、宽边距、适中边距以及镜像边距等。

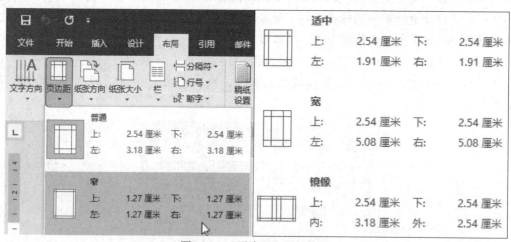

图7-15 "页边距"下拉按钮

步骤4:选择"自定义边距"选项,重新设定页边距。

步骤5:弹出"页面设置"对话框,在"页码范围"选项组"多页"下拉列表框中可以选择一种处理多页的方式。例如,选择"普通"视图,这是Word的默认设置,一般情况下都选择此选项。这里以"对称页边距"选项为例,如图7-16所示。

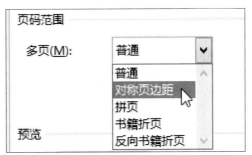

图7-16　页边距多页处理方式

在"多页"下拉列表框中还有多个选项。其余选项的功能如下。

● 对称页边距：选择此选项可以设置不同的内侧、外侧边距。有时想将文档打印成双面，并且使两面的文本区域相匹配，甚至想将左、右边距设为一致。如果选择此选项，左边距和右边距将变成两对称页的内部间距和外侧页边距，此时下方的预览框中将显示为双面对称的页。

● 拼页：该选项与"对称页边距"选项有些类似，它将两页拼成一页，此时上、下边距将变成外边距和内部边距，预览框中将显示由上、下两个半页拼成的一个整页。在没有选择"对称页边距"选项的情况下设置装订线位置，每一页的左边将出现一个装订线。如果选择"对称页边距"选项，装订线则只出现在对称页的内边缘，同时还显示对称页和装订线设置对每一页内边缘的影响。

● 书籍折页：选择"书籍折页"选项时，Word在原本一页的打印纸上以书本页数的形式可打印两页或多页。此时在"多页"下拉列表框的下方会出现一个"每册中页数"下拉列表框，可以在其中选择页数。当选择此选项时，Word会自动地将打印的方向设置成横向。

● 反向书籍折页：与"书籍折页"选项功能类似，只是其折页的方向与"书籍折页"的方向相反。

步骤6：在"预览"选项中"应用于"的下拉列表框中可以选择页面设置后的应用范围。这里以"整篇文档"选项为例，如图7-17所示。选择"整篇文档"选项，表格设置的效果将作用于整篇文档；选择"插入点之后"选项，表示设置后将在当前光标所在位置插入一个分节符，并将当前设置应用在分节符之后的内容中。

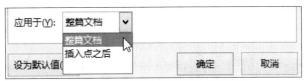

图7-17　页边距选项

步骤7：单击"确定"按钮，完成页边距的设置。

2. 设置纸张

默认情况下，Word创建的文档是纵向排列的，用户可以根据需要调整纸张大小和方向。具体步骤如下。

步骤1：定位光标到文档的任意页面中，切换至"布局"选项卡，在"页面设置"组中单击"纸张方向"下拉按钮。

步骤2：在展开的列表中选择"纵向"或"横向"选项。其中"纵向"表示Word可将文本行排版为平等于纸张短边的形式；"横向"表示Word可将文本行排版为平等于纸张的形式，一般系统默认为纵向排列，也可选择"自定义边距"选项，在"方向"选项选择"纵向"或"横向"选项来设置纸张打印的方向。

步骤3：切换至"布局"选项卡，在"页面设置"组中单击"页面设置"右下角按钮，弹出"页面设置"对话框，如图7-18所示，选择"纸张"选项卡，选择系统自带的一些标准纸张尺寸，这些尺寸取决于当前使用的打印类型。选择默认情况下的A4选项，Word将"宽度"和"高度"微调框中显示相应的尺寸，如微调纸张的宽度为18厘米，高度为23厘米，则Word将在"纸张大小"下拉列表中显示"其他页面大小"选项，设置结果可以在预览框中查看。

步骤4："纸张来源"选项卡用于设置打印纸的来源，选择默认设置，然后单击"确定"按钮完成对纸张的设置。

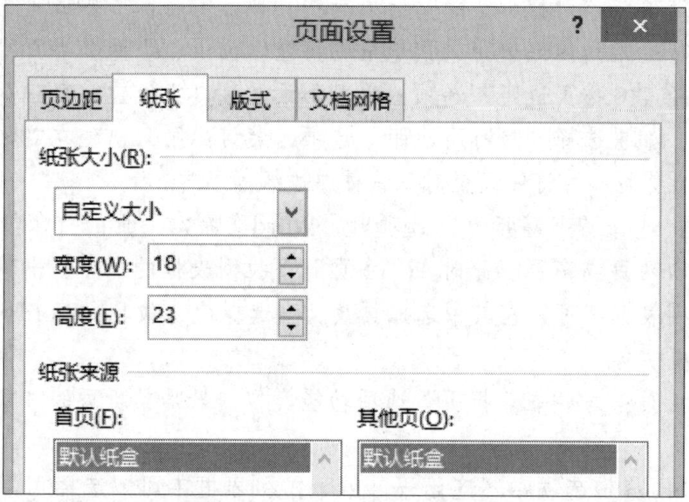

图7-18 "页面设置"对话框

"纸张来源"主要取决于打印机的类型，一般情况下选择"默认纸盒"选项即可。如果要在普通的激光打印机上进行双面打印，最好选择手动送纸方式。"首页"列表框和"其他页"列表框可以分开设置。

3.设置版式

版式即版面格式，具体指的是开本、版心和周围空白的尺寸等项的排版。具体步骤如下。

步骤1：定位光标到文档任意位置，切换至"布局"选项卡，在"页面设置"组中单击"页面设置"右下角按钮，弹出"页面设置"对话框，选择"版式"选项卡，如图7-19所示。

步骤2：在"节"选项中"节的起始位置"下拉列表框中选择"新建页"选项，在"页眉页脚"选项中选中"奇偶页不同"复选框，在"页面"选项中的"垂直对齐方式"下拉列表框中选择"居中"选项。

图7-19　"版式"选项卡

注意：若编排一本书时，首页不排统一的页眉，奇数页页眉排章节标题，而偶数页页眉排书籍名称，这时可以选择"首页不同"和"奇偶页不同"两个选项。

步骤3：单击"行号"按钮，可以设置行号的起始以及行号的编号方式。

4.设置文档网络

在页面上设置网格，可能给用户一种在方格纸写字的感觉，同时还可以利用网格对齐文档以及限定的每页行数及每行字数。具体步骤如下。

步骤1：定位光标到文档任意页面，切换至"布局"选项卡，在"页面设置"组中单击"页面设置"右下角按钮，如图7-20所示，弹出"页面设置"对话框，选择"文档网格"选项。

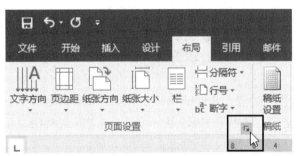

图7-20　"页面设置"按钮

步骤2：单击"绘图网格"按钮，弹出"绘图网格"对话框，在"显示网格"选项中选中"在屏幕上显示网格线""垂直间隔"复选框，在其微调框中设置垂直显示的网格线的间距，如设置数值为"2"，如图7-21所示。

图7-21　"显示网格"设置

注意：如果想要将修改后的格式设置为默认格式，那么在"文档网格"选项卡中单击"设为默认值"按钮即可，此时屏幕上会弹出一个信息提示对话框，提醒用户此更改将影响所有基于Normal模板的新文档，如果用户对Word不是特别熟悉，建议不要修改默认的字符数和行数。

步骤3：单击"确定"按钮返回"页面设置"对话框，然后单击"确定"按钮，完成对文档网格的设置。

7.4 打印输出

打印功能是文字处理软件所必备的功能，在编辑文档之后可以将文档打印出来，方便查阅和使用。打印预览可以在正式打印之前对文档进行一些设置工作，以便更好地打印文档。在打印前进行预览是很有必要的，这样可以避免一些错误的发生，同时还可以实现一些特殊的功能。

7.4.1 打印预览

打印预览功能可以在打印前观察到逼真的打印效果。在打印文档前，应该预览一下，查看文档页边距的设置是否有问题，图形位置是否得当或者分栏是否合适等。这样才可以在打印前做到心中有数，以免打印时发生错误。

Word 2016的打印预览功能，不但能在打印前观察到非常逼真的打印效果，还能在预览时对文档进行调整和编辑，而不必切换至相应的视图。

1. 添加打印预览命令

在Word 2016若要进行打印预览，必须先进入"打印预览编辑模式"视图。该命令按钮在Word默认窗口中是不可见的，需要自定义添加该命令按钮，具体步骤如下。

步骤1：在打开的Word 2016编辑窗口中，选择"文件"｜"选项"命令。

步骤2：弹出"Word选项"对话框，右击"快速访问工具栏"并在弹出的菜单中选择"自定义快速访问工具栏"命令，在"下列位置选择命令"下拉列表中选择"所有命令"选项。

步骤3：在"所有命令"选项中找到"打印预览编辑模式"命令，单击"添加"按钮，将"打印预览编辑模式"命令添加到快速访问工具栏中，如图7-22所示。

图7-22 "打印预览编辑模式"命令

步骤4：单击"确定"按钮，添加"打印预览编辑模式"按钮，如图7-23所示。

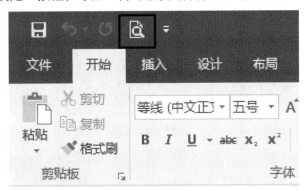

图7-23 "打印预览编辑模式"按钮

2. 启动打印预览模式

在文档完成所有编辑和排版操作后，启动打印预览模式，对文档效果进行打印前最后的查看或调整。

启动打印预览模式，直接单击"快速访问工具栏"上的"打印预览编辑模式"按钮，即可启动该模式，进入后程序窗口，如图7-24所示。

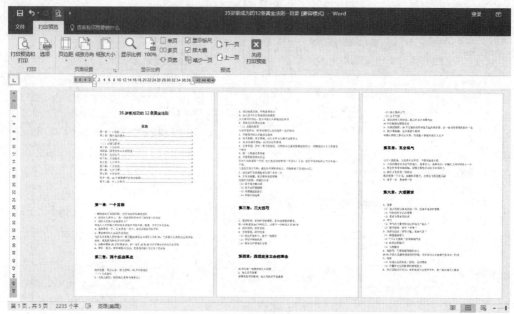

图7-24　"打印预览编辑模式"视图

3. 单页和多页显示

在进入打印预览编辑模式时，预览窗口中显示的是当前编辑页，若想同时显示多页文档，更全面地纵观文档版面效果，可使用多页显示方式。可以使用以下方式实现多页显示。

（1）直接单击"显示比例"组中的"多页"按钮，文档将按比例自动调整多页显示。

（2）单击"显示比例"组中的"显示比例"按钮，弹出"显示比例"对话框，选择多页的显示方式，如图7-25所示。

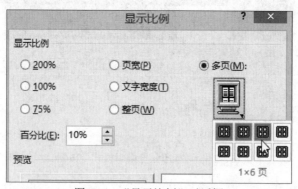

图7-25　"显示比例"对话框

4. 在打印预览模式下编辑文本

如果在预览中发现某些问题，就需要进行进一步的编辑修改，此时无须返回页面视图，可以考虑使用打印预览进行编辑。

在"打印预览编辑模式"下，鼠标若是以"放大镜"方式显示，则必须先关闭"放大镜"选项，如图7-26所示。

图7-26 "放大镜"选项

对于"打印预览编辑模式"下的文本编辑，非常适合于简单的文字更改，如果想做的更改涉及复杂的格式问题，最好退出打印预览模式，使用页面视图模式。

5. 减少一页

可以通过略微缩小文本大小和间距，将文档缩减一页。该功能一般适用于有少量的文本在下一页，会影响文档的整体的打印输出效果，也可能造成打印纸张的浪费。

实现减少一页文档版面，直接单击"预览"组中的"减少一页"按钮即可。

7.4.2 打印文档

文档的打印预览完成后，若符合输出要求，则可以进行打印输出，在打印的过程中，可能会有一些特殊的需要，如打印份数、打印部分的内容、双面打印以及文档属性的输出等问题。

1. 打印份数

设置想要打印文档的份数是一项非常简单的任务，只要在打印"份数"输入框内输入所需的份数就可以了，如图7-27所示。

图7-27 打印份数设置

2. 打印部分或选定文档

Word 2016可以根据用户对文档输出的要求，有选择性地进行打印输出，可以打印文档全部，也可以进行文档的部分内容打印输出，如图7-28所示。

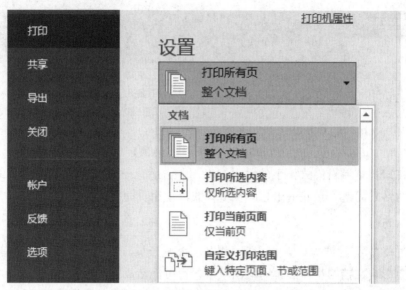

图7-28　页面范围设置

- 打印所有页：将会打印文档的全部内容。
- 打印所选内容：将会打印用户选中的文档部分，其余未选中的文档部分则不打印输出。
- 打印当前页面：将会打印鼠标插入点所在的页，而不是屏幕当前显示页。
- 自定义打印范围：可以根据需要，进行范围的自定义，用户可输入打印的页码范围，例如"3,8,10-14"，将会打印输出第3页、第8页和第10到14页。

3. 双面打印输出

用户会发现，一般的书籍都是双面打印的，如果需要双面打印，只需选中"手动双面打印"即可，如图7-29所示。

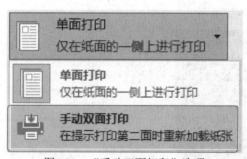

图7-29　"手动双面打印"选项

在"双面打印"情况下，Word会打印输出奇数页，然后提示取出打印的奇数页纸张，翻过来排好顺序放入纸盒再打印偶数页，这样一份双面输出的文档就打印完成了。

4. 在一张纸上打印多页

在一张纸上打印多个页面可以节省纸张，同时又能对文档内容有一个更加总体的把握。Word 2016可以在一张纸上打印2、4、6、8或16个页面，只需要单击如图7-30所示下拉列表的版数即可。

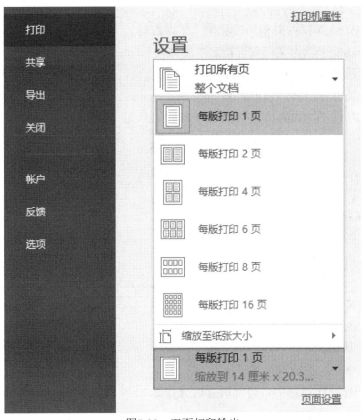

图7-30　双面打印输出

本章总结

　　本章主要学习了文档的分栏、分页与分节，文档的目录与索引的创建、修改和更新，文档的页面设置以及文档的打印输出等内容。

练习与实践

【单选题】

1. 在页面设置中不可设置的内容为（　　）。

A. 页边距　　　　　　　　　　　　　　B. 页面边框

C. 纸张大小　　　　　　　　　　　　　D. 页码

2. 当一页内容已满，而文档文字仍然继续被输入，Word将插入（　　）。

A. 硬分页符　　　　　　　　　　　　　B. 硬分节符

C. 软分页符　　　　　　　　　　　　　D. 软分节符

3. 下列关于Word 2016页面布局的功能，错误的是（　　　）。

A. 页面布局功能可以为文档设置特定主题效果

B. 页面布局功能可以设置文档分隔符

C. 页面布局功能可以设置稿纸效果

D. 页面布局功能不能设置段落的缩进与间距

【多选题】

1. 下列关于Word 2016文档保护功能，正确的是（　　　）。

A. 可以为文档加密保护

B. 可以添加数字签名保护

C. 可以将文档标记为最终状态

D. 可以按人员限制权限

2. 下列关于Word 2016中"打印预览"窗口的说法正确的有（　　　）。

A. 是一种对文档进行打印前的预览窗口

B. 可以插入表格

C. 可以设置页边距

D. 不显示菜单栏，不能打开菜单

3. 在Word 2016打印设置中，可以进行的操作是（　　　）。

A. 打印到文件

B. 手动双面打印

C. 按纸型缩放打印

D. 设置打印页码

【判断题】

1. 在Word2016中隐藏的文字，编辑状态时可以显示，但打印时不输出。（　　　）

A. 正确　　　　　　　　　　　　　　B. 错误

2. 在Word文档编辑时，插入页码时都是从首页开始的。（　　　）

A. 正确　　　　　　　　　　　　　　B. 错误

3. 同样一篇文档，在不同的打印机上打印，输出效果会不同。（　　　）

A. 正确　　　　　　　　　　　　　　B. 错误

4. Word文档在进行打印预览时，只能一页一页地浏览。（　　　）

A. 正确　　　　　　　　　　　　　　B. 错误

实训任务

文档版面控制应用	
项目 背景 介绍	为方便广大党员干部群众学习领会和贯彻落实党的最新精神，全面反映中国共产党治国理政的探索实践、理论成果及取得的伟大成就，某网站推出《党政干部和党务工作者学习文选》（以下简称《学习文选》）半月刊。此刊采用电子版方式，每月1日和15日上线，面向广大党政干部和基层党务工作者，免费提供全方位的第一手学习参考资料。 假设你负责本期学习文选的制作，请将素材完善。
设计 任务 概述	要求对文档进行版面处理时，需满足以下要求： 1. 文档目录，各标题层次清晰。 2. 采用A4纸型。 3. 使用分节符或分页符合理控制文档结构。
设计 参考图	
实训 记录	
教师 考评	评语： 辅导教师签字：

第8章 Excel 2016基础知识

Excel 2016是Office 2016的一个重要组成部分，它比以往的版本功能更强大、更具人性化、设计更专业、使用更方便。

学习目标

- 了解Excel 2016新增功能
- 熟悉Excel 2016操作界面
- 掌握Excel 2016基础操作

技能要点

- Excel 2016表格元素操作技巧
- Excel 2016工作表与工作簿操作

实训任务

- 报表的制作与设计

本章导读

8.1 认识Excel 2016

Microsoft Excel是微软办公套装软件的一个重要组成部分，是由Microsoft为Windows和Apple Macintosh操作系统的电脑而编写和运行的一款试算表软件。它可以进行各种数据的处理、统计分析和辅助决策操作，广泛地应用于管理、统计财经、金融等众多领域。

8.1.1 不一样的Excel 2016

1. 改进的Office主题

新版Excel 2016对Office主题进行了改进，有了更多的色彩元素，包括彩色、深灰色和白色三种主题。

2. 便捷的搜索功能

在Excel 2016中，功能区中会显示一句"告诉我你想要做什么"，这是一个文本字段，你可以在其中输入相关的信息，快速访问需要使用的功能或执行的操作。

还可以获取相关的帮助，或对输入的信息执行智能查找，这样就可以快速地检索Excel功能，无须再到选项卡中寻找某个命令的具体位置了。

3. 新增的查询工具

之前的Excel版本需要单独安装Power Query插件，而Excel 2016版本已经内置了查询功能，包括新建查询、显示查询，以及从表格、最近使用的源等按钮。

4. 新增的预测功能

"数据"选项卡中新增了"预测工作表"功能，通过创建新的工作表来预测数据趋势，在生成可视化工作表之前，可以先预览不同的预测选项。

5. 更丰富的图表分析

可视化对于有效的数据分析至关重要。在 Excel 2016中，添加了六种新图表帮助你创建财务或分层信息的一些最常用的数据可视化，以及显示数据中的统计属性。

新增图表，包括树状图、旭日图、瀑布图、直方图、排列图、箱形图。

6. 一键式预测

在 Excel的早期版本中，只能使用线性预测。在Excel 2016中，FORECAST函数进行了扩展，允许基于指数平滑（例如FORECAST.ETS ()）进行预测。

此功能也可以作为新的一键式预测按钮来使用。在"数据"选项卡上，单击"预测工作表"按钮可快速创建数据系列的预测可视化效果。

7. 3D地图

最受欢迎的三维地理可视化工具Power Map 经过了重命名，现在内置在Excel中可供所有Excel 2016客户使用。这种创新的分享功能已重命名为3D地图，可以通过单击"插入"选项卡上的"3D地图"随其他可视化工具一起找到。

8. 墨迹公式

可以在任何时间转到"插入"→"公式"→"墨迹公式"，以便在工作簿中包含复杂的数学公式。如果你拥有触摸设备，则可以使用手指或触摸笔手动写入数学公式，Excel会将它转换为文本（如果你没有触摸设备，也可以使用鼠标进行写入）。还可以在进行过程中擦除、选择以及更正所写入的内容。

8.1.2　工作簿和工作表操作

一个工作簿中包含的基本对象有工作表、行、列、单元格等。因此要真正学会使用Excel来完成日常的工作，就必须先掌握Excel工作簿、工作表、行、列以及单元格等对象的基本操作，为下一步学习在Excel中操作数据打下了坚实的基础。

1. 工作簿操作

使用Excel程序生成的单个文件就是一个单独的工作簿文件，因此，Excel最基本的操作也就是对工作簿的相关操作，包括工作簿的新建、工作簿的保存、工作簿的关闭和打开等。

（1）新建工作簿

新建工作簿的方式有多种，比如可以通过启动Excel 2016程序来新建工作簿，也可以通过快速菜单来新建工作簿，还可以使用Excel操作界面中的"文件"来按用户指定的模板新建工作簿。

1）通过启动Excel 2016程序来新建工作簿。

2）通过桌面"新建"快捷菜单创建工作簿。

3）使用"文件"新建工作簿。

以第一种方式启动Excel程序和第二种方式通过快捷菜单创建的工作簿，都是以系统默认的"空白工作簿"为模板创建的新工作簿，但第三种方法，即使用"文件"新建工作簿，用户可以选择所需要的模板来创建新工作簿。

（2）保存工作簿

当用户完成对工作簿的编辑后，需要进行保存，当再次打开工作簿时，数据才不会丢失，保存工作簿常见的方法有如下几种。

1）使用"快速访问工具栏"中的"保存"按钮。

2）通过"文件"保存。

3）另存为工作簿：如果用户想要对已存在的某个工作簿中的数据进行修改，但同时又希望影响到原来的工作簿中的数据，可以打开该工作簿，先将该工作簿以其他名称另存为后再进行修改，则可以满足该用户的此项要求。

（3）关闭工作簿

当完成对工作簿的操作后，需要关闭工作簿退出Excel 2016，关闭工作簿也有多种方式。

1）单击Excel 2016窗口右上角的"关闭"按钮。

2）使用"文件"中的"退出"命令。

3）通过窗口控制菜单关闭工作簿。

（4）打开工作簿

当需要查看或修改已创建的工作簿时，就需要先打开它，打开工作簿也是工作簿的基本操作之一，打开方式通常有如下几种。

1）双击文件图标打开。

2）从"文件"中打开。

2. 工作表操作

工作簿是由多个工作表组成的，用户输入和编辑数据都是在工作簿中的某一个或多个工作表进行的，工作表的基本操作包括了解工作簿和工作表之间的关系，选择工作表、新建工作表、重命名工作表、移动和复制工作表等。

（1）工作簿与工作表的关系

Excel工作簿实际上就是一个Excel格式的文件，它可以由一到多个工作表组成，工作表是工作簿的基本组成单位，是用于存储和管理数据的主要文档，工作簿与工作表的关系，形象地说，就像账簿与账页的关系一样，工作表不能独立存在，它必须存在于工作簿中。

在Excel 2016中，默认情况下，工作簿通常包含有一张工作表，标签名Sheet1，单击工作表标签后的加号按钮可以增加工作表，如图8-1所示。

图8-1　工作表标签名

（2）选择工作表

工作表中最基础的操作首先是工作表的选择操作，因为只有先选择工作表，然后才能进行更改名称、在工作表之间切换等操作，工作表的选择可以分为选择一个工作表和选择多个工作表。

1）选择一个工作表

单击工作簿中需要选择的工作表标签，如"Sheet2"，该工作表即成为活动工作表，工作表标签显示为白色，如图8-2所示，任何操作都只能在该当前工作表里进行，而不会影响到其他工作表。

图8-2　选择单个工作表

2）选择多个工作表

如果需要选择多个工作表，可以先按住Ctrl键，然后单击要选择的工作表标签，被选中的多个工作表标签均显示为白色，成为当前编辑窗口，此时操作能同时改变所选择的多个工作表，在Excel 2016工作簿窗口的标题栏中工作簿名称后会自动标注"组"字样，如图8-3所示。

图8-3　选择多个工作表

若选择的工作表位置是相邻的，只需要先单击选择第一个工作表标签，然后按住Shift键，单击最后一个工作表标签即可实现多个工作表的选中。

（3）插入工作表

如果用户所需的工作表数目超过了Excel 2016默认和一个工作表时，用户可以直接在工作簿中插入更多数目的工作表供自己使用。

1）通过"新工作表"按钮快速插入新工作表

在工作簿窗口中直接单击工作表标签右侧的"新工作表"按钮，如图8-4所示，系统会自动在最右侧插入新工作表，并且自动为其顺序命名。

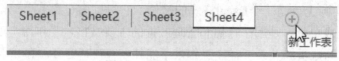

图8-4 "新工作表"按钮

2）通过功能区插入新工作表

步骤1：单击要插入新工作表标签的位置。

步骤2：切换至"开始"选项卡在"单元格"组中单击"插入"下拉按钮。

步骤3：在展开的列表中选择"插入工作表"选项，如图8-5所示，此时一个新的工作表就会添加到选中工作表左侧，且系统会为其顺序命名。

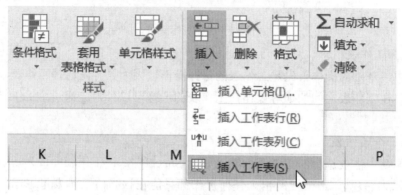

图8-5 "插入工作表"选项

3）通过"插入"对话框插入新工作表

步骤1：右击工作表标签，从弹出的快捷菜单中选择"插入"选项，弹出"插入"对话框，如图8-6所示。

步骤2：在"常用"选项卡中选择"工作表"选项，然后单击"确定"按钮即可插入新工作表。

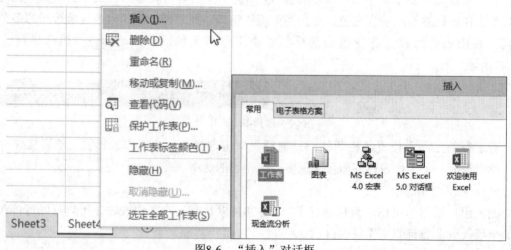

图8-6 "插入"对话框

（4）重命名工作表

在新建工作簿或者插入新工作表时，系统自动会对如Sheet1、Sheet2、Sheet3等工作表命名，但这样的名称很不直观，为了方便用户管理和记忆，可以对工作表重新命名，改用更直观的名称。具体步骤如下。

1）双击标签编辑工作表名称

步骤1：双击要更改名称的工作表标签，使工作表标签处于可编辑状态。

步骤2：输入工作表名称，按住Enter键确认命名。

2）使用"重命名"快捷菜单

步骤1：右击需要更改名称的工作表标签，从弹出的快捷菜单中选择"重命名"选项，此时选中的工作表标签处于可编辑状态。

步骤2：直接输入新工作表的名称后按住Enter键确认即可。

注意：在为工作表重命名时，必须遵循一定的规则，否则无法完成工作表的重命名，系统会弹出提示框，如图8-7所示。

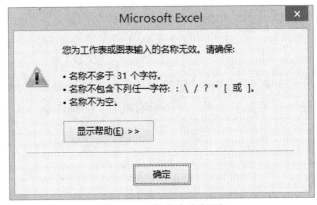

图8-7　工作表命名规则

（5）移动工作表

在工作簿内可以随意移动工作表、调整工作表的次序，甚至还可以在不同的工作簿之间移动，将一个工作簿中的工作表移到另一个工作簿中，具体操作方法如下。

1）直接拖动法

在需要移动的工作表标签上按下鼠标左键并横向拖动，同时标签的左端显示一个黑色三角形，当拖动时黑色三角形的位置即为移动到的位置，释放鼠标，工作表即可被移到指定位置。

2）使用"移动或复制工作表"对话框移动工作表

除了可以使用鼠标直接拖动实现工作表的移动外，还可以使用对话框来移动工作表。

步骤1：右击需要移动的工作表标签，从弹出的快捷菜单中选择"移动或复制工作表"选项，弹出"移动或复制工作表"对话框，如图8-8所示。

步骤2：在"下列选定工作表之前"下拉列表中选择适当的工作表，单击"确定"按钮完成移动。

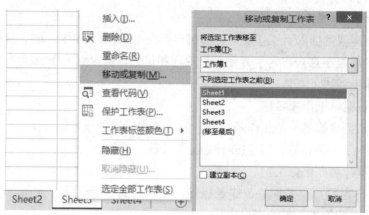

图8-8 "移动或复制工作表"对话框

如果要在工作簿之间移动或复制工作表，则需要先将目标工作表与工作簿都打开，然后直接拖放到目标工作簿或选择"移动或复制工作表"选项来实现。

（6）显示与隐藏工作表

在实际工作中，有时需要将工作簿共享以供其他的用户查阅，但如果不希望别人看到某个工作表的数据，可以将该工作表隐藏起来，待其他用户查阅完毕，自己需要时再显示出来。具体操作方法如下。

右击需要隐藏的工作表标签，选择"隐藏"选项即可实现隐藏当前工作表，但在隐藏工作表操作中，必须保留一张可视工作表，即不能隐藏所有的工作表，如图8-9和图8-10所示。

图8-9 隐藏工作表

图8-10 不能隐藏全部的工作表

显示工作表只需选择右键菜单的"取消隐藏"选项，弹开"取消隐藏"对话框，如图8-11所示，在其中选中需要取消的工作表名称即可显示的相应的工作表。

图8-11 "取消隐藏"对话框

（7）删除工作表

如果某个工作表不再需要，可以将其从工作簿中删除。删除工作表通常有两种操作方法：一种是通过功能组命令删除工作表；另一种是通过右键菜单删除工作表。

删除工作表与隐藏工作表类似，不能将工作簿中的所有工作表全部删除，必须保留一张可视工作表。

在删除工作表操作时，Excel会要求用户进行是否删除的确认，一定程度上避免了误删除操作，当工作表中存在数据或工作表被编辑操作过，在工作表删除时，都会弹出如图8-12所示的确认提示框。如果被删除的工作表是没有任何数据的空白工作表，则不会出现是否删除的确认，Excel将直接删除该空白工作表。

图8-12　确认是否删除工作表

从图8-12中可以看出，工作表的删除操作是永久性删除，不能恢复，因此删除工作表属于破坏性操作，用户需要谨慎。

8.1.3　工作表的行、列操作

行、列是构成工作表的基本元素，在Excel 2016中，一张工作表最多可以包含1048576行，16834列，相对以前的版本有很大程度的提升，大大扩展了用户操作空间，为复杂表格或大数据的处理提供了基础支持。

1. 选择表格的行或列

对工作表的行列进行相关操作前，必须先选中行或列，可以一次选中一行或一列，也可以一次选中多行或多列。

（1）选择单行或单列

如果只需要选择某一行或某一列，可以直接单击该行的行号或列号。

（2）选择行区域或列区域

如果要选择相邻的多行或多列，可将鼠标指向起始行号或起始列号，然后按住鼠标左键，向下或向右拖动选取相邻的多行或多列。如果要选择的行区域或列区域是不连续的，则需要按Ctrl键，然后单击要选择的行号或列号即可。

2. 插入和删除行或列

在工作表操作过程中，可能会有新记录或新列的加入，也可能会有不需要记录或列的删除，此时就需要对工作表行或列进行插入或删除操作。

（1）插入或删除行

要在工作表插入新行，先单击工作表要插入新行的位置，切换至"开始"选项卡，在

"单元格"组中单击"插入"下拉按钮,如图8-13所示,在展开的列表中选择"插入工作表"选项,如图8-14所示。

图8-13 "插入"下拉按钮

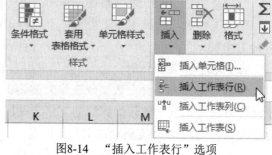

图8-14 "插入工作表行"选项

注意:Excel新插入的行会出现在当前选定行的上方,而且选中的行数与新插入的行数是相等的。

（2）插入或删除列

列的插入或删除操作与行操作类似。但注意的是,新列将出现在当前列的左侧,且选中的列数与新插入的列数是相等的。

3. 调整行高与列宽

当单元格的数字或文本不能完全显示出来时,就需要调整行高或列宽。行高或列宽调整有以下三种方法。

（1）使用"行高"或"列宽"对话框调整

当需要调整表格行高或列宽为某一特定精确值时,使用这种方法比较好,如图8-15和图8-16所示。

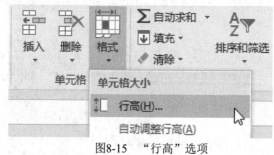

图8-15 "行高"选项

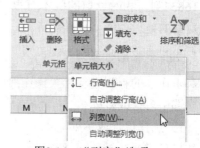

图8-16 "列宽"选项

（2）直接拖动法

可以将鼠标移动列标或行号的分隔处,按住鼠标不放拖动即可调整行高或列宽。

（3）自动调整法

自动调整是指Excel根据当前工作表中用户已输入的数据,自动调整行高或列宽值的一种方法。

选中需要自动调整的行或列,切换至"开始"选项卡,在"单元格"组中单击"格式"下拉按钮,在展开的列表中选择"自动调整行高"或"自动调整列宽"选项,如图8-17所示。

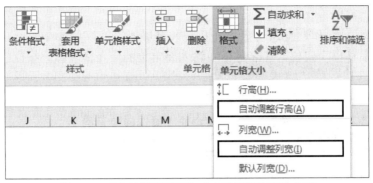

图8-17 "自动调整行高""自动调整列宽"选项

注意："自动调整行高"和"自动调整列宽"也可以直接双击行号或列标分隔线。

（4）隐藏与显示行或列

如果希望工作表的某些行或列不想显示出来，可以将该行或列隐藏。具体步骤如下。

步骤1：右击需要隐藏的行号或列标，在右键菜单中选择"隐藏"选项，如图8-18所示。

8		2015/12/1	住宅电话	¥54.06
9	✂ 剪切(T)	2015/12/1	移动电话	¥88.29
10	📋 复制(C)	2015/12/1	有线电视	¥73.01
11	📋 粘贴选项：	2015/12/1	上网	¥48.56
12		2015/12/1	电费	¥248.40
13	📋 📋	2015/12/1	水费	¥43.16
14	选择性粘贴(S)...	2015/12/1	加油费	¥57.32
15	插入(I)	2015/12/1	娱乐	¥139.24
16	删除(D)	2015/12/1	学费	¥680.00
17	清除内容(N)	2015/12/1	储蓄	¥224.72
18		2015/12/1	收入1	¥5,091.39
19	设置单元格格式(F)...	2015/12/1	收入2	¥286.42
20	行高(R)...	2015/12/1	其他	¥598.72
21		2015/11/1	住房	¥1,700.00
22	隐藏(H)	2015/11/1	日用杂货	¥370.87
23	取消隐藏(U)	2015/11/1	车贷	¥345.00

图8-18 "隐藏"选项

步骤2：切换至"开始"选项卡，在"单元格"组中单击"格式"按钮，在"格式"下拉列表中的"可见性"隐藏行或列。

8.1.4 单元格操作

单元格是工作表的最小单位，也是Excel整体操作的最小单元，工作表的每个行列交叉处就构成一个单元格，每个单元格都可以用行号和标号来标识。

1. 选择单元格

单元格指针指向的单元格为当前单元格，也可以称活动单元格，当用户要对某个单元格进行操作时，必须先使它成为当前单元格，即先要选择该单元格，才能进行其他的操作。

（1）选择单个单元格

1）鼠标单击要选中的单元格，被选中的单元格出现黑色的实线边框。

2）使用"名称框"定位，在名称框中输入要定位的单元格名称，按住Enter键即可选中单元格。

3）使用键盘快捷键选择单元格，见表8-1。

表8-1　使用键盘快捷键选择单元格

快捷键	功能
方向键	选择上、下、左、右单元格
Ctrl+↑	移动到所在列的最顶端单元格
Ctrl+↓	移动到所在列的最底端单元格
Ctrl+←	移动到所在行的最左端单元格
Ctrl+→	移动到所在行的最右端单元格
Ctrl+Home	返回A1单元格
Ctrl+End	定位到当前工作表区域的最后一个单元格

Enter键和Tab键默认移动方向。

用户在单元格中输入数据时，默认情况下，按住Enter键时，当前单元格自动向下移动一个单元格；按住Tab键时，当前单元格自动向右移动一个单元格，但用户可以根据自己的使用习惯，更改Enter键的移动方向。

在"Excel选项"对话框中，选择"高级"选项，在"方向"下拉列表中选择需要更改的方向，然后单击"确定"按钮确认修改。

（2）选择单元格区域

有时用户不仅仅需要选择一个单元格，而且需要选择一个或多个单元格区域进行操作，下面讲述选择单元格区域的几种方法。

1）使用鼠标直接拖选的方式或先单击选中区域的左上角单元格，再按住Shift键单击单元格区域的右下角单元格，可以选择连续的单元格区域，这种方法操作快捷、简便，但只适合于小范围的单元格区域的选取。

2）使用"名称框"选中单元格区域，直接在"名称框"输入单元格区域的起点单元格和终点单元格，如B3:H150，表示选中B3单元格到H150单元格区域。

（3）选择整个工作表区域

若需要选择整个工作表，可以将鼠标移至行号与列标交叉处，即整个工作表的左上角，变成十字光标时，单击该位置，可以实现选择整个工作表区域，如图8-19所示。

图8-19　选中整张表按钮

2. 合并单元格

在调整单元格布局时，往往需要将某些相邻的单元格合并成一个单元格，以便使得这个单元格区域能够适应工作表的内容，在Excel 2016中合并单元格的方式有三种：合并单元格、合并后居中和跨越合并。

（1）合并单元格

合并单元格，具体步骤如下。

步骤1：选择需要合并的单元格区域，在"对齐方式"组中单击"合并后居中"按钮右侧的倒三角。

步骤2：在展开的列表中选择"合并单元格"选项，合并后的单元格区域将变成一个单元格。

当需要合并的单元格区域有多重数据时，执行"合并单元格"命令后，屏幕上会弹出一个提示对话框，提示用户"选定单元格区域包含多重数据"，若单击"确定"按钮，系统会自动保留左上角单元格中的数据，其余的数据将被清除。

（2）合并后居中

与上述"合并单元格"操作相同，不同的是合并后的单元格内容将居中显示。

（3）跨越合并

如果要使多列中的多行单元格合并，可以使用跨越合并来实现。

跨越合并只对多列有效，当需要合并一个有很多行的表格中的某两列或多列单元格时，跨越合并非常有效，执行一次跨越合并命令即可完成所有的合并操作，而如果执行"合并单元格"命令，有多少行就需要执行多少次该命令才能完成，但需注意的是，跨越合并只对多列有效，对合并多行中的数据无效。

8.2　数据信息操作

在Excel 2016中，数据是用户保存的重要信息。在Excel中，可以输入的数据类型有很多，如文本、日期、数字等类型的数据，用户可以为不同的数据设置不同的格式，还可以使用自动填充、查找替换、复制移动的方法提高输入和编辑数据的效率。

8.2.1　输入基本数据

工作表中的单元格可以被看作是数据的最小容器，用户可以在这个容器中输入多种类型的数据，如文本、数值、时间和日期、公式、函数等。下面将详细讲述不同类型数据的输入方法。

1. 输入文本

文本包含汉字、英文字母，具有文本性质的数字、空格以及其他键盘能键入的符号。文本典型的数据是在工作表中输入的常见数据类型之一，可以直接选择单元格输入，也可以在编辑栏中输入。

（1）输入普通型的文本数据

单击选择需要输入文本数据的单元格，切换至中文输入模式下，直接在单元格输入或在编辑栏输入。

（2）输入数值型的文本数据

有时需要在单元格中输入一长串全由数值组成的文本数据，如邮政编号、手机号码、身份证号码等。如果直接在单元格中输入，系统会自动将其按数字类型的数据进行储存。

正确的输入方法是，在输入具体的数值前先输入一个单撇号，然后再输入具体的值，按下Enter键后，系统自动将该数据处理成文本类型，自动左对齐。

（3）隐藏以文本形式存储数字的错误标记

当以文本形式存储数字类型的数据时，单元格的左上角会显示一个绿色的三角形标记，选中该单元格时会显示错误检查标识。隐藏该标记的操作步骤如下。

步骤1：单击该标记右侧的下拉按钮，展开列表框。

步骤2：选择"错误检查选项"选项，然后在"Excel选项"对话框中"错误检查规则"选项区中取消"文本格式的数字或者前面有撇号的数字"复选框。

步骤3：单击"确定"按钮，返回工作表时，会发现单元格中的错误检查标记被隐藏了。

如果只是隐藏当前单元格中的错误检查标识，只需要隐藏当前单元格或选定单元格区域中的错误检查标识，单击错误检查标识中下拉按钮，在展开的列表中选择"忽略错误"命令即可。

2. 输入数字

数字类型的数据是Excel工作表最为重要的数据类型之一，众所周知，Excel最突出的一项特色是对于数据的运算、分析和处理，而最常见的处理的数据类型就是数字类型的，它常参与到各类运算中。

（1）输入整数或小数

选择需要输入数字的单元格，输入数字后，按住Enter键后，当前单元格会自动下移一个，然后再输入其他的数字。

注意：输入的数字无论是整数还是小数，都会自动在单元格中右对齐。

（2）输入分数

有时需要在单元格中输入分数，若是直接输入分数，则Excel会自动识别为日期类型的数据，正确输入分数：先输入一个"0"，再输入一个空格，然后再输入想要的分数格式的数值，按住Enter键结束输入。

（3）输入日期和时间

日期和时间也是一种常见的数据类型，在单元格中输入日期数据时，可以使用斜线"/"或字符"-"来分隔日期的年、月、日各部分。

如果要在单元格输入时间，则时间各部分中使用"："来分隔输入，日期和时间之间可以键入一个空格。

也可以使用快捷键来快速输入系统当前日期或时间，如使用快捷键Ctrl+；输入当前日期；使用快捷键Ctrl+：输入当前时间。

（4）输入符号

在实际工作中处理表格时，经常需要输入各类符号，对于可以使用键盘输入的符号无须多说了，但有一些符号却不能通过键盘直接输入，需要使用"符号"对话框插入。具体步骤如下。

步骤1：选择需要插入符号的单元格，切换至"插入"选项卡，在"符号"组中单击"符号"下拉按钮，如图8-20所示。

图8-20 "符号"下拉按钮

步骤2：弹出"符号"对话框，在"符号"选项卡中单击"字体"下拉按钮，在展开的列表中选择"普通文本"选项，在右侧的"子集"中选择"数学运算符"选项，如图8-21所示。

图8-21 "符号"对话框

步骤3：在符号选项中选择要插入的符号，单击"插入"按钮即可。

8.2.2 自动填充数据

使用Excel 2016中的自动填充功能可以快速地在工作表中输入相同或有一定规律的数据，不仅可以增加输入的准确性，而且还可以大大提高数据输入的效率。

Excel 2016中的"填充"功能位于"开始"选项卡"编辑"组中，如图8-22所示。

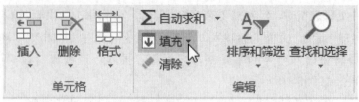

图8-22 "填充"下拉按钮

1. 快速输入相同的数据

当需要在工作表中的某一个区域输入相同数据时，可以使用拖动法和自动填充功能快速输入，具体步骤如下。

（1）使用拖动法快速输入相同数据

步骤1：在数据区域的起始单元格中输入需要输入的数据，如在单元格B4中输入"女"。

步骤2：将鼠标指向单元格B4的右下角，当鼠标指针变为黑色的"+"光标时，向下拖动鼠标，当经过其他单元格时，屏幕上会以提示的方式显示要输入到该单元格的内容。

步骤3：完成拖动后，释放鼠标，相同的数据会被输入到拖动后的单元格区域中。

（2）使用"填充"命令快速输入相同数据

步骤1：在数据区域的起始单元格中输入需要输入的数据，如在单元格B5中输入"男"。

步骤2：选定需要输入同上数据的单元格区域，如B5:B10。

步骤3：在"开始"选项卡中的"编辑"组中，单击"填充"下拉按钮。

步骤4：在展开的列表中选择"向下"选项，选择的单元格区域会快速填充相同数据。

2. 快速输入序列数据

有时需要填充的数据是有规律的，如递增、递减、成比例等。这样就能缩短在单元格中逐个输入数据的时间。和填充相同数据的操作一样，填充有规律的数据也只能在行或列中实现。

快速输入序列数据，也包括使用拖动法填充和使用"填充"功能填充。

（1）使用拖动法输入序列数据

选择起始单元格并在单元格中输入序列起始数据，将鼠标移到单元格右下角填充柄处，手动填充柄，向下拖动后释放鼠标即可完成填充。

（2）使用"填充"命令输入序列数据

步骤1：输入序列起始值，再选择要填充序列单元格区域。

步骤2：在"开始"选项卡中的"编辑"组中，单击"填充"下拉按钮，在展开的列表中，单击"序列"按钮，弹出"序列"对话框，如图8-23所示。

步骤3：在"序列"对话框中的"类型"选项组中选择序列的类型，如等差序列、等比序列或日期等；在左侧的"序列产生在"中选择序列产生的方向，如行或列；在"步长值"中设定序列的间隔值；在"终止值"中设定序列的终止值。

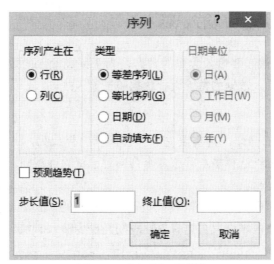

图8-23　"序列"对话框

3. 自定义填充序列

Excel 2016中包含一些常见的有规律的数据序列，如等差序列、等比序列，但有些时候也不能满足用户的需求，在遇到一些特殊的有一定规律的数据时，用户还可以自定义序列填充，以满足更多的要求。具体步骤如下。

步骤1：在Excel 2016的工作簿窗口，选择"文件"｜"选项"命令。

步骤2：在"Excel选项"对话框中，选择左侧列表中的"高级"选项，在右侧选择"编辑自定义列表"选项，弹出"自定义序列"对话框，如图8-24所示。

步骤3：在"自定义序列"对话框中的"输入序列"下拉列表框中依次输入自定义序列内容，如图8-25所示，单击"添加"按钮，完成序列定义。

图8-24　"编辑自定义列表"选项

图8-25　"自定义序列"对话框

完成自定义序列添加后，就可以参照前述的鼠标拖放法，使用该序列在单元格区域生成序列列表。

8.2.3　设置数据验证输入规则

在Excel中，用户经常需要输入大量的数据，为了提高输入的效率和准确性，可以根据不同的输入数据的特性设置数据验证输入规则。

1. 设置验证内容

要对行列进行其他的操作，则需要先选择要操作的行或列，一次可以只选择一行或一列，也可以选择多个行或多个列同时设置验证规则。

（1）设置文本长度限制

可以根据需要的数据的文本长度来设置数据的验证规则。例如，在"姓名"列中，为要输入的客户姓名的单元格区域设置数据有效性规则为最少输入2个字符，最多输入4个字符。

步骤1：选中要输入姓名的单元格区域，切换至"数据"选项卡。

步骤2：在"数据工具"组中单击"数据验证"下拉按钮，如图8-26所示，在展开的列表中选择"数据验证"选项，弹出"数据验证"对话框。

图8-26　"数据验证"下拉按钮

步骤3：在"验证条件"的"允许"下拉列表中选择"文本长度"，在"最小值"和"最大值"为分别设置姓名字符长度的最小值和最大值，如图8-27所示。

图8-27　"数据验证"对话框

（2）设置数字输入规则

对于数字型数据，可以根据要输入的数字大小来设置限制规则，其操作方法类似上面的文本限制规则设置。

（3）设置下拉列表限制输入

如果在某一列中需要输入的数据是几个比较固定的数据项，可以使用数据验证设置可供用户选择的下拉列表，如表格中的"性别"列。

步骤1：选择要设置数据验证单元格或区域，在"数据工具"组中单击"数据验证"按钮，在展开的列表中选择"数据验证"选项，弹出"数据验证"对话框。

步骤2：在"数据验证"对话框中的"允许"下拉列表框选择"序列"选项，在"来源"下拉列表允许输入的序列的各个值，需要注意的是，各个值间使用半角逗号间隔输入。

2. 设置提示信息

当设置有数据验证规则后，为了增加工作表的可操作作性，可以设置提示信息，当用户选择单元格时，屏幕上会自动显示设置的提示信息。具体步骤如下。

步骤1：选择已设置了数据验证的单元格或单元格区域。

步骤2：切换至"数据"选项卡，在"数据工具"组中单击"数据验证"下拉按钮，在展开的列表中选择"数据验证"选项，弹出"数据验证"对话框。

步骤3：在"输入信息"选项卡，如图8-28所示，选中"选定单元格时显示输入信息"复选框，在"标题"输入框内输入提示信息的标题内容，在"输入信息"输入框内输入提示信息的内容文本。

图8-28　"输入信息"选项卡

提示信息设置完成后，返回工作表，在相应的单元格或区域内，定位鼠标后屏幕上会显示相应的提示信息，辅助用户更有效地输入内容，如图8-29所示。

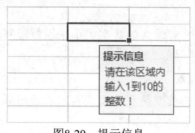

图8-29　提示信息

3. 设置警告信息

在设置了数据验证规则的单元格中，当用户输入错误或无效的数据时，系统会弹出默认的警告信息，用户也可根据需要自定义警告信息。例如，在单元格E3中输入年龄值"101"，按住Enter键后，系统会自动弹出一个警告信息。

用户可以根据表格的实际需求自定义警告信息，具体步骤如下。

步骤1：选择已设置数据验证的单元格，如单元格E3。

步骤2：切换至"数据"选项卡，在"数据工具"组中单击"数据验证"下拉按钮，在展开的列表中选择"数据验证"选项，弹出"数据验证"对话框。

步骤3：选择"出错警告"选项卡，在"标题"输入框内输入"无效数据！"，在"错误信息"输入框内输入"请遵照规则重新输入正确的值！"，如图8-30所示。

图8-30　"出错警告"选项卡

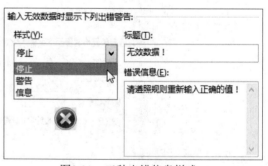

图8-31　三种出错信息样式

提示　　"停止""警告"和"信息"的区别。

在设置"出错警告"时，系统提供了三种样式，分别是"停止""警告"和"信息"，如图8-31所示。那么这三种样式有什么区别？它们的强制程度依次减弱，选择"停止"样式时，系统在给提示的同时强行终止输入，直到用户输入正确为止；选择"警告"样式时，系统弹出的出错提示对话框会显示四个命令按钮供用户选择；选择"信息"样式时，屏幕上只是提示出错，不会提供用户选择及强行删除数据。

8.2.4 表格数据的编辑与修改

在实际工作中，经常需要对表格中的数据进行编辑，常见的数据编辑操作：修改单元格数据、清除数据格式、删除数据内容、移动和复制数据、查找和替换数据、撤销和恢复操作等。

1. 修改单元格数据

对于已输入数据的单元格，如果要修改整个单元格的内容，可先选择该单元格，再直接输入新的内容即可。如果要修改该单元格中的某一部分内容，可以双击该单元格或单击编辑栏修改。

2. 清除数据格式

如果不需要某个已经设置好的格式，可以只清除该格式，而不会影响到数据的内容。

切换至"开始"选项卡，在"编辑"组中单击"清除"按钮，在展开的列表中选择"清除格式"选项，即可清除数据格式。

3. 删除数据内容

当某个单元格或者单元格区域中的内容不再需要时，可以将它删除。删除数据内容通常有两种方法：一种是直接选择需要删除数据的单元格或单元格区域，然后按Delete键；另一种是使用"清除内容"命令。

注意：若要同时清除内容和格式，可以在"清除"的列表中选择"清除全部"选项即可清除内容和格式。

4. 移动和复制数据

移动和复制数据是Excel的常见的数据操作之一，通常，移动和复制数据也有两种方法：一种是使用鼠标直接拖动；另一种是使用剪贴板来移动或复制数据。

5. 查找和替换数据

在Excel工作表数据编辑修改过程，若要批量修改单元格数据或格式，可以使用查找和替换功能实现。

（1）查找和替换内容

当需要批量更改工作表中的某个数据时，可以使用查找和替换功能，快速完成修改。如将"客户资料"表中的员工编号"KF-001"的格式，统一更改为"XKF-001"的格式，这就需要查找和替换功能，如图8-32所示。

图8-32 输入查找或替换内容

（2）查找和替换格式

查找和替换功能不仅可以对数据内容进行批量修改，还可以针对单元格格式进行批量编辑修改。可以使用如图8-33所示功能快速设定查找或替换的格式。

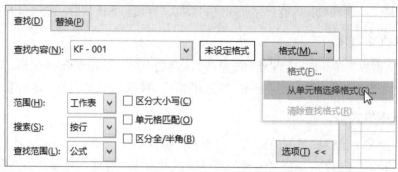

图8-33　快速设定查找或替换的格式

8.3 查看Excel 2016工作表

当在Excel 2016中完成了工作表、行和列以及单元格的基本操作，完成了数据的输入和编辑后，通常需要查看Excel工作表，在Excel 2016中，查看工作表的方式有很多，可以在不同的视图方式下查看，也可以调整工作表的显示比例查看，还可以拆分窗口查看等。

8.3.1　Excel 2016的视图方式

Excel 2016提供了多种视图方式，有普通视图、分页预览视图、页面布局视图、自定义视图，如图8-34所示。

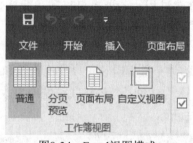

图8-34　Excel视图模式

1. 普通视图模式

普通视图模式是Excel的默认视图模式，在该视图模式下，可以进行Excel工作表的创建、编辑、数据运算与分析。

2. 页面布局视图模式

页面布局视图模式是一种电子表格的打印效果的预览视图，该视图下也可以进行数据的编辑。

3. 分页预览视图模式

该视图主要用于表格打印输出前，对表格进行打印区域的调整、分页符的调整等。

8.3.2　调整工作表显示比例

通常情况下，Excel工作表是以百分之百的比例显示的，但用户可以根据需要缩小或放大工作表的显示比例。

工作表显示控制通常有如下几种模式，如图8-35所示。

图8-35　"显示比例"选项组

1. 显示比例

使用"显示比例"可以控制工作表的任意比例的显示，如图8-36所示。

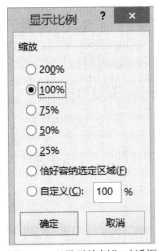

图8-36　"显示比例"对话框

2. 缩放到选定区域

如果用户想要在当前窗口显示所选定的区域，可以使用"缩放到选定区域"。

8.3.3　窗口的拆分与取消

在Excel 2016中，用户最多可以将工作表窗口拆分为四个窗格，以便于将工作表分成多个区域显示，滚动其中一个小窗格中的内容不会影响其他窗格的内容。

切换至"视图"选项卡中，在"窗口"组中单击"拆分"按钮，如图8-37所示。

图8-37 "拆分"按钮

1. 拆分水平左右窗格

若要将表格拆分成如图8-38所示水平左右两个窗格，将光标置于第一行，再执行"窗口"组中的"拆分"命令。

图8-38 水平左右两个窗格

2. 拆分垂直上下窗格

若要将表格拆分成如图8-39所示垂直上下两个窗格，将光标置于第一列，再执行"窗口"组中的"拆分"命令。

图8-39 垂直上下两个窗格

3. 拆分水平、垂直四个窗格

若要将表格拆分成如图8-40所示水平、垂直四个窗格，将光标置于将拆分的单元格中，再执行"窗口"组中的"拆分"命令。

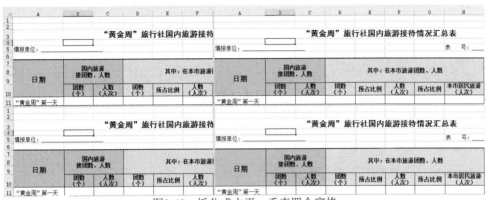

图8-40 拆分成水平、垂直四个窗格

8.3.4 冻结和取消冻结窗格

当工作表中包含大量的数据，用户在上下或左右滚动工作表的同时，标题行或标题列也会不能显示，这样在查看或编辑数据时非常不方便，为了使用户在上下或左右滚动工作表的同时仍能显示标题行或标题列，可以使用冻结窗格的方法。

1. 行方向冻结

若仅仅是为了上下浏览工作表方便，只需进行行方向的冻结即可，将光标置于第一列的任意单元格中。例如，冻结第1行，光标置于A2单元格；冻结前三行，光标置于A4单元格，如图8-41所示。

	A	B	C	D	E	F	G	H	I
1					销售订单明细表				
2	订单编号	日期	书店名称	图书编号	图书名称	单价	销量（本）	小计	
623	BTW-08621	2011年8月 星期日	隆华书店	BK-63032	《信息安全技术》	¥ 39.00	31	¥ 1,209.00	
624	BTW-08622	2012年10月 星期四	博达书店	BK-63036	《数据库原理》	¥ 37.00	1	¥ 37.00	
625	BTW-08623	2012年10月 星期四	鼎盛书店	BK-63024	《VB语言程序设计》	¥ 38.00	7	¥ 266.00	
626	BTW-08624	2012年10月 星期五	鼎盛书店	BK-63025	《Java语言程序设计》	¥ 39.00	20	¥ 780.00	
627	BTW-08625	2012年10月 星期六	鼎盛书店	BK-63026	《Access数据库程序设计》	¥ 41.00	11	¥ 451.00	
628	BTW-08626	2012年10月 星期一	鼎盛书店	BK-63037	《软件工程》	¥ 43.00	8	¥ 344.00	
629	BTW-08627	2012年10月 星期二	鼎盛书店	BK-63030	《数据库技术》	¥ 41.00	19	¥ 779.00	
630	BTW-08628	2012年10月 星期三	鼎盛书店	BK-63031	《软件测试技术》	¥ 36.00	33	¥ 1,188.00	
631	BTW-08629	2012年10月 星期三	隆华书店	BK-63035	《计算机组成与接口》	¥ 40.00	38	¥ 1,520.00	
632	BTW-08630	2012年10月 星期四	博达书店	BK-63022	《计算机基础及Photoshop应用》	¥ 34.00	16	¥ 544.00	
633	BTW-08631	2012年10月 星期五	鼎盛书店	BK-63023	《C语言程序设计》	¥ 42.00	7	¥ 294.00	
634	BTW-08632	2012年10月 星期一	鼎盛书店	BK-63032	《信息安全技术》	¥ 39.00	20	¥ 780.00	
635	BTW-08633	2012年10月 星期二	博达书店	BK-63036	《数据库原理》	¥ 37.00	49	¥ 1,813.00	
636	BTW-08634	2012年10月 星期三	鼎盛书店	BK-63024	《VB语言程序设计》	¥ 38.00	36	¥ 1,368.00	

图8-41 冻结标题行

2. 列方向冻结

若仅仅是为了左右浏览工作表方便，只需要进行列方向的冻结即可，将光标置于第一行的任意单元格中。例如，冻结第1列，光标置于B1单元格；冻结前三列，光标置于D1单元格。

3. 双方向冻结

双方向冻结窗格，既可以水平方向查看浏览表格，也可垂直方向查看表格内容。将光标置于工作表需要冻结窗格的分界处的单元格，执行"窗口"组中的"冻结"命令即可完成。

本章总结

本章主要学习了Excel 2016的新增功能及特点，Excel工作表的基本操作，数据信息的基础操作，Excel数据表的视图控制与管理，为后续章节的学习奠定基础。

练习与实践

【单选题】

1. Excel 2016表格文档的扩展名为（   ）。

A. XLS   B. XLSA   C. XLSX   D. XLST

2. 给工作表设置背景，可以通过下列（   ）完成。

A. "开始"选项卡   B. "视图"选项卡

C. "页面布局"选项卡   D. "插入"选项

3. 下列关于Excel 2016的缩放比例，正确的是（   ）。

A. 最小值10%，最大值500%   B. 最小值5%，最大值500%

C. 最小值10%，最大值400%   D. 最小值5%，最大值400%

【多选题】

1. 单元格默认的水平对齐方式有（   ）。

A. 左对齐   B. 右对齐   C. 居中对齐   D. 分散对齐

2. 下列关于工作簿的隐藏方法正确的是（   ）。

A. 利用扩展名隐藏   B. 利用文件属性隐藏

C. 使用嵌入方式隐藏   D. 使用窗口命令隐藏

3. 下列（   ）操作可以让某单元格里数值保留两位小数。

A. 选择单元格单击右键，选择"设置单元格格式"

B. 单击数字功能区上的按钮"增加小数位数"或"减少小数位数"

C. 执行"开始"选项卡"单元格"组中的"格式"命令

D. 选择"数据"选项卡"数据有效性"选项

【判断题】

1. 是否可以通过单元格数据格式自定义，将0.5显示为1/2。（   ）

A. 正确   B. 错误

2. 是否可以通过单元格格式给文本底部加上着重号。（   ）

A. 正确   B. 错误

3. 是否可以通过单元格格式给单元格加上双色渐变效果。（   ）

A. 正确   B. 错误

实训任务

报表的制作与设计	
项目 背景 介绍	Excel在日常工作和生活领域中，应用非常广泛，现在需要通过设计制作一份家庭开支计划表，以实现对本月家庭开支与收入情况进行把控和管理，以期达到对家庭经济开源节流的目的。
设计 任务 概述	设计制作家庭开支计划表，需满足以下要求： 1. 该表应包括三个部分：收入、开支以及差额分析。 2. 对支出进行数据验证设置，要求当每月开支超出2000元则以红色底纹显示。 3. 对收入部分也进行数据验证设置，要求当每月的收入达到3000元时以绿色底纹显示。 4. 冻结表格的标题行和标题列两个部分。
设计 参考图	无
实训 记录	
教师 考评	评语： 辅导教师签字：

第9章 Excel 2016公式与函数

公式与函数是Excel两个重要的功能，公式是Excel的重要组成部分，它是在工作表中对数据进行分析和计算的公式，能对单元格中的数据进行逻辑运算和算术运算，函数是Excel的预定义内置公式，熟练掌握公式与函数可以大大地提高工作效率。

学习目标

- 了解Excel 2016公式基础知识
- 熟悉Excel 2016单元格引用方式
- 掌握Excel 2016常用函数的应用

技能要点

- Excel 2016单元格引用的应用
- Excel 2016常用函数的实际应用

实训任务

- Excel函数与公式的应用

本章导读

9.1 公式的基础知识

首先介绍公式与函数的一些基本知识，如公式的组成、公式中的运算符及优先级，掌握了这些基本知识为以后进一步学习公式和函数的应用打下良好的基础。

9.1.1 公式的组成

公式是对工作表的数据进行计算和操作的等式。它一般以等号"="开始，通常，一个公式中包括的元素有运算符、单元格引用、值和常量、工作表函数及其参数以及括号。

例如：在单元格D2中输入"="，然后单击选择单元格B2，再输入"*"，再单击C2，按Enter键后，单元格D2中将显示公式的运算结果，如图9-1所示。

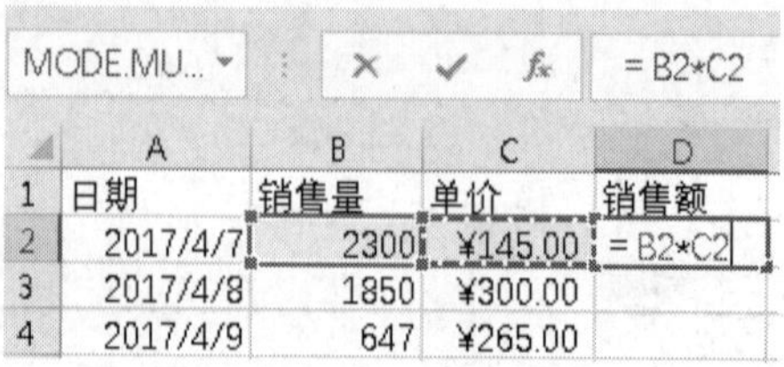

图9-1 创建公式

9.1.2 公式中运算符及优先级

运算符就是用来阐明对运算对象进行了怎样的操作，它对于公式中数据进行特定类型的运算。通常将运算符分为四种类型。

1. 运算符

（1）算术运算符

算术运算符用来进行基本的数学计算，如加、减、乘、除等。算术运算符的功能及说明，见表9-1。

表9-1 算术运算符的功能及说明

运算符号	运算符名称	功能及说明
+或-	加号或减号	=1+1或=2-1
*	乘号	=2*3
/	除号	=5/4
%	百分比	=10%*2
^	幂运算	=2^2

（2）比较运算符

比较运算符用来比较两个数值，比较运算符的计算结果为逻辑值，即TRUE或FALSE，比较运算符多用在条件运算中，通过比较两个数据，再根据结果来决断下一步的计算。比较运算符的功能及说明，见表9-2。

表9-2 比较运算符的功能及说明

运算符号	运算符名称	功能及说明
=	等号	=A1=B1判断A1是否与B1相等
>	大于号	=A1>B1判断A1是否大于B1
<	小于号	=A1<B1判断A1是否小于B1
>=	大于或等于	=A1>=B1判断A1是否大于或等于B1
<=	小于或等于	=A1<=B1判断A1是否小于或等于B1
<>	不等号	=A1<>B1 判断A1是否不等于B1

（3）连接运算符

使用"&"号加入或者连接一个或多个文本字符串形成一串文本。如果使用文本连接运算符，那么单元格里的内容也将按照文本的类型来处理。文本连接运算符的功能及说明，见表9-3。

表9-3 文本连接运算符的功能及说明

运算符号	运算符名称	功能及说明
&	连接符号	将两个文本或多个文本连接在一起形成一个文本值，例如：="学习" & "Office"，结果显示为"学习Office"

（4）引用运算符

引用运算符是用于表示单元格在工作表中位置的坐标集，引用运算符为计算公式指明了引用单元格的位置。引用运算符的功能及说明，见表9-4。

表9-4 引用运算符的功能及说明

运算符号	运算符名称	功能及说明
:	冒号	区域引用，包括两个引用单元格间的所有单元格，如A1:B4，是指A1到B4间的所有单元格区域
,	逗号	联合引用，将多个区域联合为一个引用，如A1:B4，B5:C8，是指A1:B4和B5:C8两块区域引用
空格	空格	交叉引用，取两个区域的公共单元格，如A1:B3 B1:C3，指B1、B2、B3三个单元格的引用

2. 运算符的优先级

运算公式中如果使用了多个运算符，那么将按照运算符的优先级由高到低进行运算，对于同级别的运算符将从左到右进行运算，对于不同级别的运算符则从高到低的进行计算。运算符的优先级，见表9-5。

表9-5 运算符的优先级

优先级	运算符号	运算符名称
1	^	幂运算
2	*、/	乘除运算
3	+、-	加减运算
4	&	连接运算
5	=、>、<	比较运算

9.2 单元格的引用方式

单元格地址通常由该单元格的位置所在的行号和列号组合所得到的，即该单元格在工作表中的地址，如C3、A2等。在Excel中，根据地址划分公式中单元格的引用方式有四种：相对引用、绝对引用、混合引用及三维引用。根据样式划分引用可以分为A1引用和R1C1引用。

9.2.1 A1引用与R1C1引用

默认情况下，工作表中使用的是A1引用方式，如果需要切换R1C1引用方式，可以使用以下操作来实现。

步骤1：启动Excel 2016应用程序，选择"文件" | "选项"命令。

步骤2：在"Excel选项"对话框中选择"公式"选项，然后在右侧的"使用公式"中选中"R1C1引用样式"复选框，如图9-2所示。

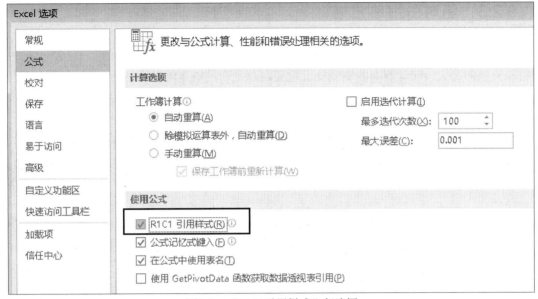

图9-2 "R1C1引用样式"复选框

设置完成后，返回Excel工作表中，此时行号和列号均采用数字方式表示，当选中某个单元格如A2时，可以看到名称框中显示的单元格引用地址为R2C1，如图9-3所示。

	1	2	3
1	日期	销售量	单价
2	2017/4/7	2300	¥145.00
3	2017/4/8	1850	¥300.00

图9-3 R1C1引用设置后的单元格引用

9.2.2 相对引用单元格

在创建公式时，除非用户特别指定，Excel一般默认使用相对引用来引用单元格。所谓相对引用，即引用单元格（公式所在单元格）位置发生变化，被引用单元格（参与运算的单元格）相对发生变化。因此，相对引用能够进行批量公式的拖拉填充运算。

例如：在单元格E2中输入公式"=B2+C2-D2"，如图9-4所示，该公式中对单元格的引用就采用了相对引用的方式，当用序列向下填充公式时，公式中引用的单元格的地址会发生相应的变化，如图9-5所示。

		× ✓	fx	= B2+C2-D2
	A	B	C	D	E
	账户名称	期初余额	借方发生额	贷方发生额	期末余额
	现金	1200	1500	1000	2+C2-D2
	银行存款	15460	463600	189500	
	应收账款	2500	123500	25600	
	其他应收款	1400	49600	2500	

图9-4 输入相对引用

		× ✓	fx	=B5+C5-D5
	A	B	C	D	E
	账户名称	期初余额	借方发生额	贷方发生额	期末余额
	现金	1200	1500	1000	1700
	银行存款	15460	463600	189500	289560
	应收账款	2500	123500	25600	100400
	其他应收款	1400	49600	2500	48500

图9-5 向下复制公式引用变化

9.2.3 绝对引用单元格

在单元格列或行的引用前加"$"符号，如$A$3，即绝对引用A3单元格，包含有绝对引用的单元格的公式，无论将其复制到什么位置，总是引用特定的单元格。

也就是说，绝对引用是指引用单元格（包含公式的单元格）变化，被引用单元格（参与运算的单元格）保持不变。

例如：在单元格E2中输入公式"=$B$2+$C$2-$D$2"，如图9-6所示，当用序列向下填充公式时，公式中的引用的单元格地址不会发生任何变化，它总是引用特定的单元格B2、C2和D2，如图9-7所示。

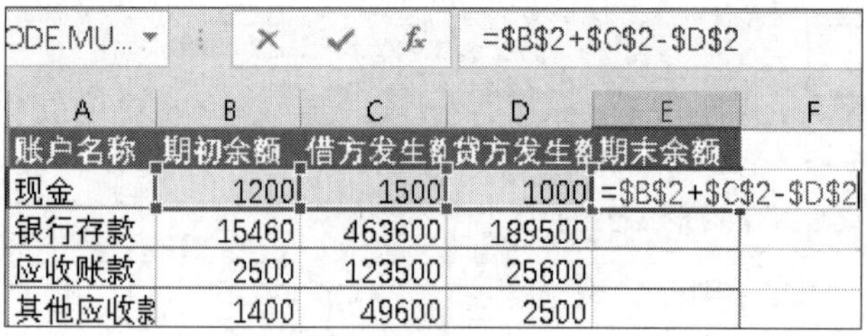

图9-6 输入绝对引用

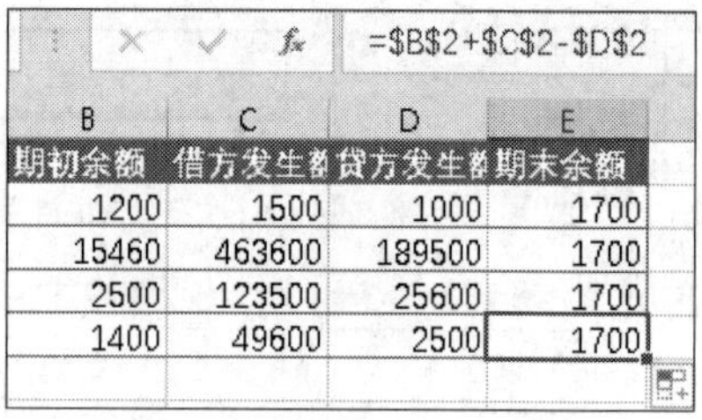

图9-7 向下复制公式引用不变

9.2.4 混合引用单元格

混合引用是指在一个单元格的引用中，既有绝对引用，也有相对引用。

例如：在单元格E2中输入公式"=B$2+C2-D2"，如图9-8所示，由于第一个元素是行的绝对引用，所以复制公式时，第一个参数始终是现金账户的期初余额部分，得到的结果如图9-9所示。

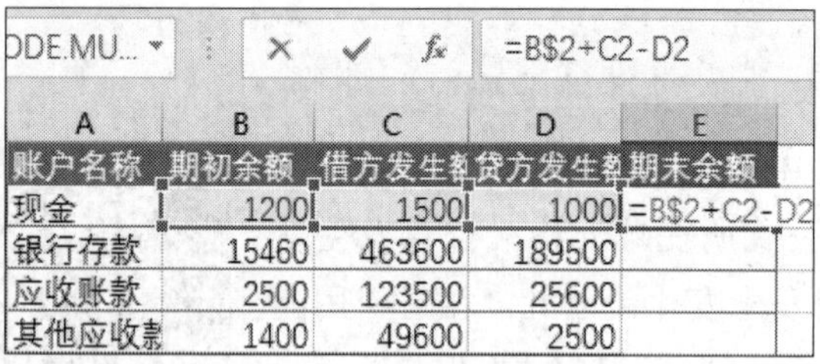

图9-8 输入混合引用

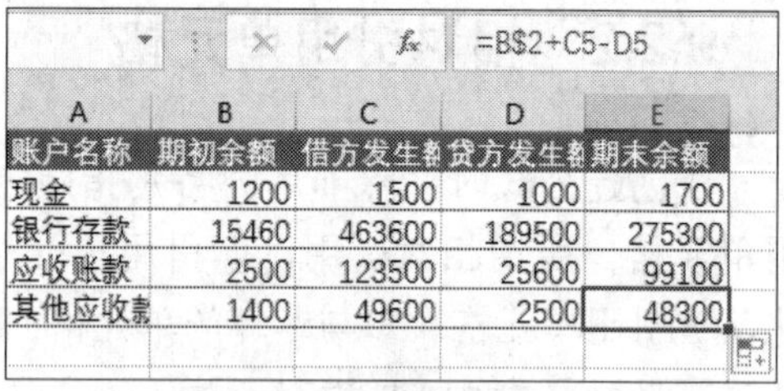

图9-9 向下复制公式

9.2.5 三维引用单元格

三维引用是指引用其他工作表中的单元格，三维引用的一般格式："工作表名！单元格引用"，其中工作表名后的"！"是系统自动加上的。一般情况下，本期期初余额应该等于上期的期末余额，所以在"2017年6月"工作表中的单元格B2中输入"="，然后单击工作表标签"2017年5月"使之成为当前工作表，单击选择单元格E2，切换至"2017年6月"工作表中，此时单元格B2中会自动显示三维引用公式"='2017年5月'！E2"，如图9-10所示。

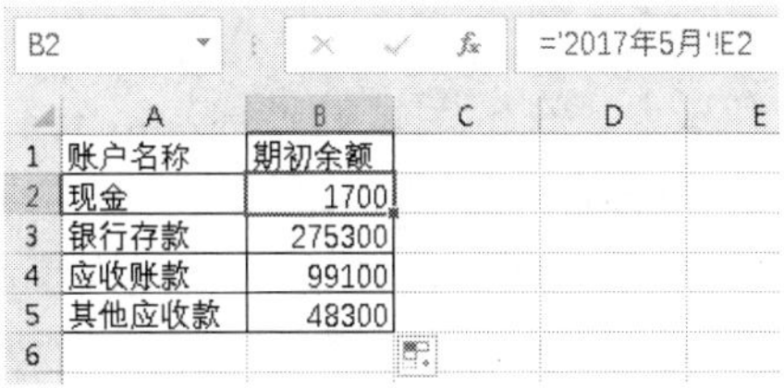

	A	B
1	账户名称	期初余额
2	现金	1700
3	银行存款	275300
4	应收账款	99100
5	其他应收款	48300

图9-10　三维引用其他工作表

三维引用工作表名称时需要注意的是，当要在某个单元格中引用其他工作表中数据时，如果被引用的工作表名称中包含有汉字，则在使用三维引用时，需要使用单元引号，将该工作表名称引用起来。

9.3 名称的应用

名称是工作簿中某些项目的标识符，用户在工作过程中可以为单元格、常量、图表、公式或工作表区域建立一个名称。如果某个项目被定义了一个名称，就可以在公式或函数中通过该名称来引用它。

9.3.1　名称定义

Excel 2016定义名称的相关命令在“公式”选项中“定义的名称”组内。

为单元格或区域定义的方法很多，各种操作方法如下。

1. 使用“名称框”定义名称

“名称框”是Excel程序一个非常重要组成的元素，它仅可以显示当前活动单元格的地址引用，而且可以利用它来为单元格或区域定义名称。

步骤1：首先选定需要定义名称的单元格或区域。

步骤2：在名称框中输入名称后，按Enter键确认名称定义。

当单元格或区域被定义名称后，用户若选中该单元格或区域，在名称框内不再以单元格地址或引用的方式显示，而是直接显示该单元格或区域的名称，如图9-11所示。

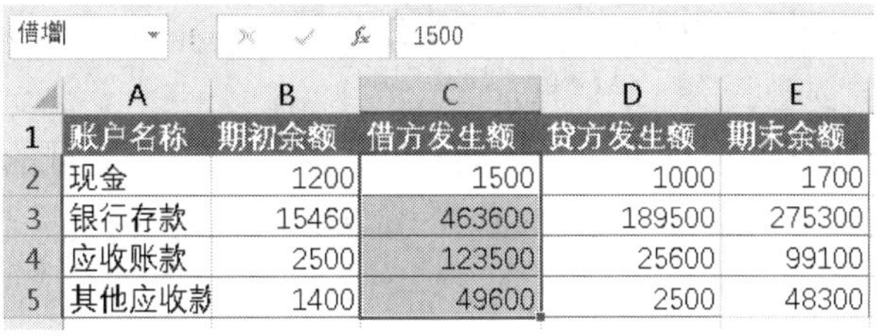

	A	B	C	D	E
1	账户名称	期初余额	借方发生额	贷方发生额	期末余额
2	现金	1200	1500	1000	1700
3	银行存款	15460	463600	189500	275300
4	应收账款	2500	123500	25600	99100
5	其他应收款	1400	49600	2500	48300

图9-11　名称定义后的显示

2. 使用“新建名称”对话框创建名称

除了可以直接在名称框中定义名称外，还可以使用“新建名称”对话框新建名称，具体步骤如下。

步骤1：切换至"公式"选项卡，在"定义的名称"组中单击"定义名称"下拉按钮。

步骤2：弹出"新建名称"对话框，如图9-12所示。在"名称"输入框内输入名称"贷减"，再单击"引用位置"右侧的单元格引用按钮，此时切换至工作表中，在工作表中选择要定义为该名称的单元格区域，如图9-13所示，再单击返回"新建名称"对话框，单击"确定"完成名称定义。

图9-12　"新建名称"对话框　　　　　　　　图9-13　输入名称和引用位置

返回工作表中，选定单元格区域D2:D5，名称框中将显示该区域的名称。

3. 根据选定内容快速创建名称

使用前两种方法创建名称，一次只能给一个单元格或区域命名，若需要对多个单元格或区域进行同时命名，则选择"根据所选内容创建"选项，如图9-14所示。可以批量为单元格或区域命名。具体步骤如下。

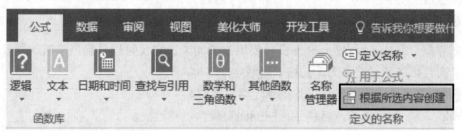

图9-14　"根据所选内容创建"选项

步骤1：选至需要批量命名的单元格区域，如B1:E5，如图9-15所示。

步骤2：切换至"公式"选项卡，在"定义的名称"组中单击"根据所选内容创建"按钮，弹出"以选定区域创建名称"对话框。

步骤3：在"以选定区域创建名称"对话框中，在"以选定区域的值创建名称"中选中"首行"复选框，如图9-16所示，单击"确认"按钮即可。

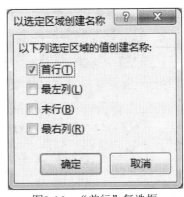

图9-16　"首行"复选框

	A	B	C	D	E
1	账户名称	期初余额	借方发生额	贷方发生额	期末余额
2	现金	1200	1500	1000	1700
3	银行存款	15460	463600	189500	275300
4	应收账款	2500	123500	25600	99100
5	其他应收款	1400	49600	2500	48300

图9-15　"根据所选内容创建"名称

名称定义规则如下。

● 名称的第一个字符是字母、汉字或下划线。

● 名称不能与单元格名称相同，名称中间不可以有空格。

● 名称长度不能超过255个字符，字母不区分大小写。

● 同一工作簿中定义的名称不能重复。

9.3.2　在公式中引用名称

已经定义过的名称在公式与函数中就可以直接通过名称来引用了，在Excel 2016中，输入公式时，可以直接从"用于公式"下拉列表框中选择需要的名称应用于公式。

以上述已命名的工作表为例，计算期末余额，可以使用名称，如图9-17所示。具体步骤如下。

步骤1：在单元格输入公式起始符"="，在"定义名称"组中单击"用于公式"下拉按钮。在展开的列表中选择"期初余额"选项，接着输入运算符"+"。

步骤2：再次单击"用于公式"下拉按扭，选择"借方发生额"选项，接着输入运算符"-"。

步骤3：再次单击"用于公式"下拉按扭，选择"贷方发生额"选项，按住Enter键即可。

图9-17　"用于公式"下拉按钮

9.3.3　管理名称

除了可以在公式中应用名称外，还可以使用名称管理器来管理已定义的名称，比如编辑名称、筛选名称以及删除名称等操作。具体步骤如下。

步骤1：在"定义的名称"组中单击"名称管理器"按钮，如图9-18所示。

图9-18　"名称管理器"按钮

步骤2：在"编辑名称"对话框中选择需要编辑的名称，单击"确定"按钮，可以对已定义名称的进行重命名以及引用位置的修改，如图9-19所示。

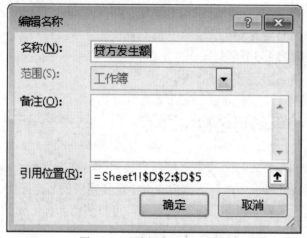

图9-19　"编辑名称"对话框

步骤3：选中不需要的名称，单击"删除"按钮，可以删除名称；单击"筛选"下拉按钮，在展开的列表中，用户可以根据需要对名称进行查询筛选操作，如图9-20所示。

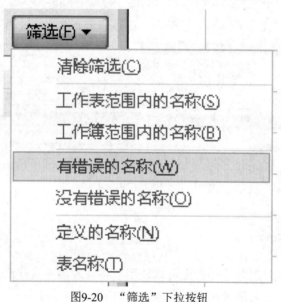

图9-20　"筛选"下拉按钮

9.4 函数基础

Excel中的函数是一些预定义的公式，可以将其引用到工作表中进行简单或复杂的运算。使用函数可以大大简化公式，并能实现一般公式无法实现的计算。典型的函数可以有一个或多个参数，并能够返回一个计算结果。

函数的一般格式：函数名(参数1，参数2……)。

函数名是函数的名称，每一个函数都有自己唯一的函数名称，函数中的参数可以是数字、文本、逻辑值、表达式、引用、数组甚至是其他的函数。对于使用参数的多少，需要根据具体的函数进行分析。

9.4.1 插入函数

在工作表中输入函数有两种较为常见的方法：一种是直接手工输入；另一种是通过"插入函数"对话框输入。对于较为熟悉的用户可以选择第一种方式。

具体步骤如下。

步骤1：单击需要插入的函数的单元格，切换至"公式"选项卡中，在"函数库"组中单击"插入函数"按钮。或直接单击编辑栏中的 f_x ，如图9-21所示。

图9-21 使用以上两种途径可以"插入函数"

步骤2：在弹出的"函数参数"对话框中根据提示设置函数的参数，设置好后，单击"确定"按钮，如图9-22所示。

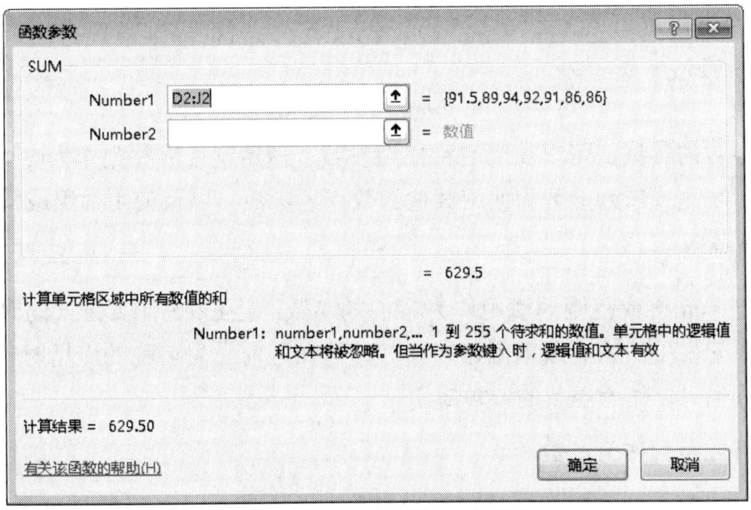

图9-22 "函数参数"对话框

9.4.2　函数种类和参数类型

Excel2016中的函数共有12类，分别是多维数据集函数、日期与时间函数、工程函数、财务函数、信息函数、逻辑函数、查询和引用函数、数学和三角函数、统计函数、文本函数、兼容性函数以及Web函数。各类函数的功能及示例，见表9-6。

表9-6 各类函数的功能及示例

类别名称	功能	函数名
多维数据集函数	进行多维度数据的运算处理和分析	CUBESET、CUBEVALUE
日期与时间函数	通过日期与时间函数，可以在公式中分析、处理日期和时间值	DATE、DAY、MONTH
工程函数	主要用于工程分析、如对复数进行处理、在不同的数值系统间进行转换等	BESSELI、DELTA
财务函数	可以进行一般的财务计算，如确定贷款的支付，折旧值等	PV、NPV、PMT
信息函数	可以使用该类函数确定存储在单元格中的数据的类型	ISERR、INFO
逻辑函数	可以进行真假判断，或者进行复合检验	IF、AND、NOT、OR
查询和引用函数	当需要在数据清单或表格中查找特定的数值，或者需要查找某一单元格的引用时使用	VLOOKUP、INDEX、MATCH
数学和三角函数	进行数学和三角运算	ABS、EXP、SIN、ASIN
统计函数	用于对数据区域进行统计分析	COUNT、MAX
文本函数	进行文本型数据处理的函数	CHAR、CODE
兼容性函数	与其他版本兼容性的函数	CHIDIST、COVAR、FDIST
Web函数	Web页数据处理的函数	ENCODEURL、SEBSERVICE

在函数名称后括号中的内容就是函数的参数，通常函数的结果取决于参数的使用方法，一个函数可以：

● 不带参数。

● 一个参数。

● 固定数量的参数。

● 不确定数量的参数。

● 可选参数。

作为函数参数的数据，可以使用名称作为参数、使用整行或整列作为参数、使用文本值作为参数、使用表达式作为参数和使用其他函数作为参数，以及使用数组或数值作为参数。

1. 使用名称作为参数

函数可以把单元格或范围的引用作为它们的参数。当Excel计算公式的时候，它可以简单地使用当前单元格中的内容或范围进行计算，这在之前学习名称的应用时已经介绍过，同样的道理，名称也可以作为函数的参数应用。

2. 使用整行或整列作为参数

某些情况下，需要使用整行或整列作为函数参数。例如：下面的公式，计算列B中所有值的总和：

=SUM(B:B)

如果希望计算一定范围的变化总和，使用整行或整列引用特别有效。

3. 使用文本值作为参数

文本值包括直接输入的值或文本字符串。例如：下面的公式，统计指定单元格区域中，性别为"男"的人数：

SUM(B1:B240,"男")

4. 使用表达式作为参数

Excel也可以使用表达式作为参数，所谓表达式就是一个公式中的公式，当Excel遇到表达式作为函数参数时，会先计算这个表达式，然后使用结果作为参数值，例如：

=SQRT((A1^2)+(A2^2))

此时，SQRT函数的参数为表达式(A1^2)+(A2^2)，当Excel计算此公式时，会先计算出表达式的值，然后再计算SQRT函数。

5. 使用其他函数作为参数

因为Excel可以将表达式作为参数，所以大家不会觉得奇怪，同样Excel也可以将其他的函数作为参数，这类情况通常称为"嵌套"函数，Excel首先计算最内层的嵌套函数或表达式，逐渐向外扩展。例如：

=SIN((RADIANS(B1))

RADIANS函数会把角度转换成弧度，然后SIN再计算出对应的正弦值。

6. 使用数组或数值作为参数

函数也可以使用数组作为参数，一个数组就是一组数值。分别使用逗号和括号进行分隔，下面公式使用了OR函数，该函数用数组作为参数，如果单元格A1中包含了1、2、3，则公式返回TRUE，否则返回FALSE。

=OR(A1={1,2,3})

其中A1={1,2,3}即一个常量数组。

9.4.3　复制函数或公式

函数和公式以及其他工作表中的数据一样都可以进行复制粘贴，复制函数和复制公式的效果是一样的，都会在单元格中直接获得计算结果。

复制函数或公式一般有两种操作方式：一种是直接复制公式所在的单元格到目标位置；另一种是使用填充柄拖动复制公式或函数。

9.4.4　审核公式

在完成了公式和函数的输入后，还可以使用"公式"选项卡中的"公式审核"组中的公式审核按钮来对工作表中的公式进行审核，检查公式的计算是否正确。"公式审核"选项组，如图9-23所示。

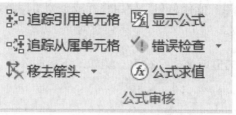

图9-23 "公式审核"选项组

1. 显示公式

默认情况下，单元格中显示的是公式运算的结果，如果用户要查看某个单元格中的公式代码，只有选择该单元格时，公式代码才会显示在编辑栏中，如果想要查看当前工作表中哪个单元格应用了公式，可以使用显示公式功能。

在"公式审核"组中，单击"显示公式"按钮，工作表中所有包含公式的单元格会直接显示公式的代码，如图9-24所示。

	A	B	C	D	E	F	G	H	I	J	K
1	学号	姓名	班级	语文	数学	英语	生物	地理	历史	政治	总分
2	120305	包宏伟	=MID(A2,4,1)&"班"	91.5	89	94	92	91	86	86	=SUM(D2:J2)
3	120203	陈万地	=MID(A3,4,1)&"班"	93	99	92	86	86	73	92	=SUM(D3:J3)
4	120104	杜学江	=MID(A4,4,1)&"班"	102	116	113	78	88	86	73	=SUM(D4:J4)
5	120301	符合	=MID(A5,4,1)&"班"	99	98	101	95	91	95	78	=SUM(D5:J5)
6	120306	吉祥	=MID(A6,4,1)&"班"	101	94	99	90	87	95	93	=SUM(D6:J6)
7	120206	李北大	=MID(A7,4,1)&"班"	100.5	103	104	88	89	78	90	=SUM(D7:J7)

图9-24 "显示公式"效果

若要隐藏公式，显示公式运算结果，只需要再次单击该按钮即可。

2. 公式与函数运算的常见错误解析

在应用公式和函数时，Excel能够使用一定的规则来检查它们中出现的错误，可以根据实际情况设置Excel错误检查规则。具体步骤如下。

步骤1：启动Excel 2016应用程序，选择"文件" | "选项"命令。

步骤2：在"Excel选项"对话框中，选择"公式"选项，在"错误检查规则"选项组中，可以根据需要选择规则，如图9-25所示。

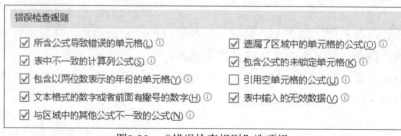

图9-25 "错误检查规则"选项组

（1）"错误检查规则"选项含义

● 所含公式导致错误的单元格

如果选中，Excel会对出现计算错误的单元格进行错误处理，并显示警告，错误的值包括：#DIV/0、#N/A、#NAME?、#NUM!、#REF!、#VALUE!。

● 表中不一致的计算列公式

如果同一列数据的公式不一致，Excel将会视为错误。

● 包含以两位数表示的年份的单元格

如果选中，Excel将把包含两位数年表示年份日期的单元格的公式视为错误，并显示警告。

● 文本格式的数字或者前面有撇号的数字

如果选中，Excel将把设置为文本格式的数字视为错误，并显示警告。

● 与区域中的其他公式不一致的公式

如果选中，Excel将把工作表中同一区域内与其他公式不同公式视为错误，并显示警告。

● 包含公式的未锁定单元格

如果选中，Excel在没有锁定公式对其进行保护时，将其中包含公式的未锁定单元格视为错误，并显示警告。

● 引用空单元格的公式

如果选中，Excel将引用空单元格的公式视为错误，并显示警告。

● 表中输入的无效数据

如果选中，Excel将超出有效性范围的单元格视为错误，并显示警告。

（2）错误值及其说明

在使用公式与函数进行运算时，有时会发现并不能得出正确的运算结果，相反会返回一个特殊的符号，这个符号就是一个错误值。错误值及其说明，见表9-7。

表9-7　错误值及其说明

错误值	说明
####	该列宽不够，或者包含一个无效的时间或日期
#DIV/0!	该公式使用了0作为除数，或者公式中使用了一个空单元格
#N/A	公式中引用的数据对函数或公式不可用
#NAME?	公式中使用了Excel不能辨认的文本或名称
#NULL!	公式中使用了一种不允许交叉但却交叉了的两个区域
#NUM!	使用了无效的数字值
#REF!	公式中引用了一个无效的单元格
#VALUE!	函数中使用的变量或参数类型的错误

3. 追踪公式

在检查公式时，还可以使用Excel中的追踪功能来查看公式所在单元格的从属单元格或引用单元格。这里需要注意两个概念的区别，假如单元格B1中的公式对单元格A1的引用，单元格C1中的公式又包含对单元格B1的引用，则单元格A1称为单元格B1的引用单元格，单元格C1称为单元格B1的从属单元格。

下面以追踪单元格D7的引用单元格和从属单元格为例，详细讲述追踪公式的方法。

步骤1：选择公式所在单元格D7，切换至"公式"选项卡。

步骤2：在"公式审核"组中单击"追踪引用单元格"按钮，此时工作表中将显示一个蓝色的区域和箭头，用于标识的单元格D7的引用单元格，如图9-26所示。

步骤3：在"公式审核"组中单击"追踪从属单元格"按钮，此时工作表将以箭头标识显示单元格D7的从属单元格，如图9-27所示。

	A	B	C	D
1	产品	销量	单价	销售额
2	A1	130	99.5	12935
3	A2	150	89.68	13452
4	A3	164	65.8	10791.2
5	A4	158	59.58	9413.64
6	A5	167	65.6	10955.2
7	A6	181	48.9	8850.9
8	合计	950		66397.94

图9-26　追踪D7的引用单元格

	A	B	C	D
1	产品	销量	单价	销售额
2	A1	130	99.5	12935
3	A2	150	89.68	13452
4	A3	164	65.8	10791.2
5	A4	158	59.58	9413.64
6	A5	167	65.6	10955.2
7	A6	181	48.9	8850.9
8	合计	950		66397.94

图9-27　追踪D7的从属单元格

9.5 常用函数应用举例

在前面章节中介绍了公式和函数的基础知识后，接下来开始介绍Excel中功能强大的函数，并使用这些函数解决日常工作中的遇到的一些实际问题，本节将分类介绍常用数学函数、统计函数、日期和时间函数以及常用财务函数等。

9.5.1　与求和有关的函数的应用

SUM函数是Excel中使用最多的函数，利用它进行求和运算可以忽略存有文本、空格等数据的单元格，语法简单、使用方便。相信这也是大家最先学会使用的Excel函数之一。但是实际上，Excel所提供的求和函数不仅仅只有SUM一种，还包括SUBTOTAL、SUM、SUMIF、SUMPRODUCT、SUMSQ、SUMX2MY2、SUMX2PY2、SUMXMY2几种函数。

下面将以素材文件夹内某单位工资总表"工资表.xlsx"为例，介绍SUM（计算一组参数之和）、SUMIF（对满足某一条件的单元格区域求和）的使用。

1. SUM

（1）行或列求和

以素材文件"工资表.xlsx"为例，它的特点是需要对行或列内的若干个单元格求和。比如，求该单位某月的实际发放工资总额，就可以在H14中输入公式"=SUM(H5:H13)"，如图9-28所示。

| SUM | ▾ | : | ✕ | ✓ | *fx* | =SUM(H5:H13) |

▲	A	B	C	D	E	F	G	H	I	J
1				江苏省XX公司职工工资总表						
2										
3							年月：	2011年6月		
4	编号	姓名	所属部门	基本工资	加班天数	加班费	劳动保险	实发工资		
5	A0001	李强	企划部	2500.00	2天	236.00	219.00	2517.00		
6	A0002	张伟	技术部	4000.00	3天	567.00	219.00	4348.00		
7	A0003	李渊厚	企划部	1780.00	1天	85.00	219.00	1646.00		
8	A0004	王进须	销售部	3500.00			219.00	3281.00		
9	A0005	赵阳步	技术部	2000.00			219.00	1781.00		
10	A0006	胡琴	办公室	2000.00	1天	118.00	219.00	1899.00		
11	A0007	柴进	销售部	2500.00			219.00	2281.00		
12	A0008	林申	技术部	3000.00	2天	302.00	219.00	3083.00		
13	A0009	王伦	销售部	2800.00			219.00	2581.00		
14	总计：			24080.00	9天	1308.00	1971.00	=SUM(H5:H13)		
15	部门 小计		企划部	4280.00	3天	321.00	438.00	SUM(**number1**, [number2], ...)		
16			技术部	9000.00	5天	869.00	657.00	9212.00		
17			销售部	8800.00	0天	0.00	657.00	8143.00		
18			办公室	2000.00	1天	118.00	219.00	1899.00		

图9-28　计算当月实发工资之和

（2）区域求和

区域求和常用于对一张工作表中的所有数据求总计。此时你可以让单元格指针停留在存放结果的单元格，然后在Excel编辑栏输入公式"=SUM()"，用鼠标在括号中间单击，最后拖过需要求和的所有单元格。

若这些单元格是不连续的，可以按住Ctrl键分别拖过它们。对于需要减去的单元格，则可以按住Ctrl键逐个选中它们，然后手动在公式引用的单元格前加上负号。例如：H14的公式还可以写成：

=SUM(D5:D13,F5:F13)-SUM(G5:G13)

注意：在Excel 2016中，SUM函数中的参数，即被求和的单元格或单元格区域不能超过255个。换句话说，SUM函数括号中出现的分隔符（逗号）不能多于254个，否则Excel就会提示参数太多。

对需要参与求和的某个常数，可用"=SUM（单元格区域，常数）"的形式直接引用，一般不必绝对引用存放该常数的单元格。

2. SUMIF

SUMIF函数可对满足某一条件的单元格区域求和，该条件可以是数值、文本或表达式，可以应用在人事、工资和成绩统计中。

仍以前面的素材工作表为例，在工资表中需要分别计算各个科室的工资发放情况。要计算企划部2011年6月加班费情况。则在F15中输入公式：

=SUMIF($C$5:$C$13,"企划部",$F$5:$F$13)

其中，"$C$5:$C$13"为提供逻辑判断依据的单元格区域，"企划部"为判断条件即只统计"$C$5:$C$13"区域中部门为"企划部"的单元格，"$F$5:$F$13"为实际求和的单元格区域，如图9-29所示。

| SUM | ▼ | ✕ | ✓ | fx | =SUMIF(C5:C13,"企划部",F5:F13) |

	A	B	C	D	E	F	G	H
1				江苏省XX公司职工工资总表				
2								
3							年月：	2011年6月
4	编号	姓名	所属部门	基本工资	加班天数	加班费	劳动保险	实发工资
5	A0001	李强	企划部	2500.00	2天	236.00	219.00	2517.00
6	A0002	张伟	技术部	4000.00	3天	567.00	219.00	4348.00
7	A0003	李渊厚	企划部	1780.00	1天	85.00	219.00	1646.00
8	A0004	王进须	销售部	3500.00			219.00	3281.00
9	A0005	赵阳步	技术部	2000.00			219.00	1781.00
10	A0006	胡琴	办公室	2000.00	1天	118.00	219.00	1899.00
11	A0007	柴进	销售部	2500.00			219.00	2281.00
12	A0008	林申	技术部	3000.00	2天	302.00	219.00	3083.00
13	A0009	王伦	销售部	2800.00			219.00	2581.00
14	总计：			24080.00	9天	1308.00	1971.00	23417.00
15			企划部	4280.00	3天	=SUMIF(C5:C13,"企划部",F5:F13)		
16	部门		技术部	9000.00	5天	SUMIF(range, criteria, [sum_range])		
17	小计		销售部	8800.00	0天	0.00	657.00	8143.00
18			办公室	2000.00	1天	118.00	219.00	1899.00

图9-29 计算"企划部"加班费之和

9.5.2 四舍五入函数

在实际工作的数学运算中，特别是财务计算中常常遇到四舍五入的问题。虽然Excel的单元格格式中允许你定义小数位数，但是在实际操作中，我们发现，其实数字本身并没有真正的四舍五入，只是显示结果似乎四舍五入了。如果采用这种四舍五入方法的话，在财务运算中常常会出现几分钱的误差，而这是财务运算不允许的。那是否有简单可行的方法来进行真正的四舍五入呢？

其实，Excel已经提供这方面的函数了，这就是ROUND函数，它可以返回某个数字按指定位数舍入后的数字。

在Excel提供的"数学与三角函数"中提供了一个名为ROUND(number,num_digits)的函数，它的功能就是根据指定的位数，将数字四舍五入。这个函数有两个参数，分别是number和num_digits。其中number就是将要进行四舍五入的数字；num_digits则是希望得到的数字的小数点后的位数，如图9-30所示。

单元格B2中为初始数据0.123456，B3的初始数据为0.234567，将要对它们进行四舍五入。在单元格C2中输入"=ROUND(B2,2)"，小数点后保留两位有效数字，得到0.12、0.23。在单元格D2中输入"=ROUND(B2,4)"，则小数点保留四位有效数字，得到0.1235、0.2346，如图9-30所示。

| ✕ | ✓ | fx | =ROUND(B2,2) |

B	C	D
	取小数后两位	取小数后四位
0.123456	0.12	0.1235
0.234567	0.23	0.2346
0.358123	0.36	0.3581

| ✕ | ✓ | fx | =ROUND(B2,4) |

B	C	D
	取小数后两位	取小数后四位
0.123456	0.12	0.1235
0.234567	0.23	0.2346
0.358123	0.36	0.3581

图9-30 四舍五入函数

对于数字进行四舍五入，还可以使用INT（取整函数），但由于这个函数的定义是返回实数舍入后的整数值。因此，用INT函数进行四舍五入还是需要一些技巧的，也就是要加上0.5，才能达到取整的目的。仍然以图9-30为例，如果采用INT函数，则C2公式应写成：

=INT(B2*100+0.5)/100

9.5.3　IF函数

1. 函数说明

IF函数用于执行真假值判断后，根据逻辑测试的真假值返回不同的结果，因此IF函数也称为条件函数。它的应用很广泛，可以使用函数 IF 对数值和公式进行条件检测。

语法：IF(logical_test,value_if_true,value_if_false)

其中，logical_test表示计算结果为 TRUE 或 FALSE 的任意值或表达式。本参数可使用任何比较运算符。

value_if_true显示在logical_test 为 TRUE 时返回的值，value_if_true 也可以是其他公式。value_if_false 显示在logical_test 为 FALSE 时返回的值。value_if_false 也可以是其他公式。

简言之，如果第一个参数logical_test返回的结果为真的话，则执行第二个参数value_if_true的结果，否则执行第三个参数value_if_false的结果。IF函数可以嵌套七层，用 value_if_false 及 value_if_true 参数可以构造复杂的检测条件。

Excel 还提供了可根据某一条件来分析数据的其他函数。例如，如果要计算单元格区域中某个文本串或数字出现的次数，则可使用COUNTIF 工作表函数。如果要根据单元格区域中的某一文本串或数字求和，则可使用 SUMIF工作表函数。

（1）IF函数应用

带有公式的空白表单模板，如图9-31所示。

		销售部	工程部	办公室	财务部	总计
		部门				

SUM		×	✓	f_x	=SUM(C6:F6)		

图9-31　带有公式的空白表单模板

打开素材文件夹中的"人事状况分析表.xlsx"，由于各部门关于人员的组成情况的数据尚未填写，在总计栏（以单元格G5为例）公式为"=SUM(C5:F5)"。

我们看到计算为"0"的结果。如果这样的表格打印出来就页面的美观来看显示是不令人满意的。是否有办法去掉总计栏中的"0"？有人可能会说：不写公式不就行了！当然这是一个办法，但是，如果利用了IF函数的话，也可以在写公式的情况下，同样不显示这些"0"。

如何实现呢？只需将总计栏中的公式（仅以单元格G5为例）改写成：
=IF(SUM(C5:F5),SUM(C5:F5),"")

上述公式的含义：如果SUM(C5:F5)不等于零，则在单元格中显示"SUM(C5:F5)"的结果，否则显示字符串，如图9-32所示。

图9-32　使用IF函数

注意：

SUM(C5:F5)不等于零的正规写法是SUM(C5:F5)<>0，在Excel中可以省略<>0。

""表示字符串的内容为空，因此执行的结果是在单元格中不显示任何字符。

（2）不同的条件返回不同的结果

如果对上述例子有了很好的理解，就很容易将IF函数应用到更广泛的领域。比如，在成绩表中根据不同的成绩划分成绩的等级。下面以"期末考试成绩汇总表.xlsx"为例，如图9-33所示。

=IF(H5>=400,"A等","B等")，当H5>=400为真值时，返回参数"A等"，当H5>=400为假值时，返回参数"B等"。

注意：IF函数允许嵌套使用，在Excel 2016中允许嵌套64层使用。

| SUM | ▼ | ✕ ✓ ƒx | =IF(H5>=400,"A等","B等") |

	A	B	C	D	E	F	G	H	I	J	K
1				××高级中学2011年度第一学期期末考试成绩汇总表							
2											
3											
4	学号	姓名	C语言	数据结构	计算机原理	计算机维护	Office	总分	等级		
5	HB0001	李强	85	79	86	90	87		=IF(H5>=400,"A等","B等")		
6	HB0002	赵哨晃	89	76	70	97	86		IF(logical_test, [value_if_true], [value_if_false])		
7	HB0003	相小燕	96	98	78	90	65	427	A等		
8	HB0004	胡产尖	87	56	98	92	68	401	A等		
9	HB0005	王小功	75	87	69	98	87	416	A等		
10	HB0006	李莉	69	87	65	78	70	369	B等		
11	HB0007	孙琴	76	70	98	87	89	420	A等		
12	HB0008	李砂	85	84	80	93	79	421	A等		
13	HB0009	章须	96	85	70	89	91	431	A等		
14	HB0010	汪涉	75	67	60	82	71	355	B等		
15	HB0011	张峰	75	78	96	70	93	412	A等		
16	HB0012	黄阳	75	46	85	57	64	327	B等		
17	HB0013	许昂	90	78	58	93	56	375	B等		
18	HB0014	胡占极	76	87	98	57	85	403	A等		
19	HB0015	叶纷雪	86	56	76	57	98	373	B等		

图9-33 IF函数判断成绩等级

9.5.4 横向查找函数VLOOKUP

用途：在表格或数值数组的首列查找指定的数值，并由此返回表格或
数组当前行中指定列处的数值。当比较值位于数据表首列时，可以使用函
数VLOOKUP代替函数HLOOKUP。

语法：VLOOKUP(lookup_value,table_array,col_index_num,range_lookup)

参数：lookup_value为需要在数据表第一列中查找的数值，它可以是数
值、引用或文字串。table_array为需要在其中查找数据的数据表，可以使用对区域或区域名
称的引用。col_index_num为table_array中待返回的匹配值的列序号。col_index_num为1时，
返回table_array第一列中的数值；col_index_num为2，返回table_array第二列中的数值，以
此类推。range_lookup为一逻辑值，指明函数VLOOKUP返回时是精确匹配还是近似匹配。
如果为TRUE或省略，则返回近似匹配值，也就是说，如果找不到精确匹配值，则返回小于
lookup_value的最大数值；如果range_value为FALSE，函数VLOOKUP将返回精确匹配值。如
果找不到，则返回错误值#N/A。

例如：如果A1=23、A2=45、A3=50、A4=65，则公式"=VLOOKUP(50,A1:A4,1,TRUE)"
返回"50"。

9.5.5 人事资料分析的相关函数应用

1. 案例说明

在素材文件夹内的"人事资料分析表.xlsx"，反映了某公司人事资料，该表除了编号、
员工姓名、身份证号码以及参加工作时间为手动添加外，其余各项均为用函数计算所得。

在此例中将详细说明如何通过函数求出：

（1）自动从身份证号码中提取出生年月、性别信息。

（2）自动从参加工作时间中提取工龄信息。

2. 身份证号码相关知识

在了解如何实现自动从身份证号码中提取出生年月、性别信息之前，首先需要了解身份证号码所代表的含义。众所周知，现今的身份证号码有15、18位之分。早期签发的身份证号码是15位的，现在签发的身份证由于年份的扩展（由两位变为四位）和末尾加了校验码，成为18位。这两种身份证号码在相当长的一段时间内共存。两种身份证号码的含义如下。

（1）15位的身份证号码：1～6位为地区代码，7～8位为出生年份（2位），9～10位为出生月份，11～12位为出生日期，13～15位为顺序号，并能够判断性别，奇数为男，偶数为女。

（2）18位的身份证号码：1～6位为地区代码，7～10位为出生年份（4位），11～12位为出生月份，13～14位为出生日期，15～17位为顺序号，并能够判断性别，奇数为男，偶数为女。18位为校验位。

3. 应用函数

在上述例子中为了实现数据的自动提取，应用了如下Excel函数。

（1）IF函数：根据逻辑表达式测试的结果，返回相应的值。IF函数允许嵌套。

语法形式：IF(logical_test, value_if_true,value_if_false)

（2）CONCATENATE：将若干个文字项合并至一个文字项中。

语法形式：CONCATENATE(text1,text2,...)

（3）MID：从文本字符串中指定的起始位置起，返回指定长度的字符。

语法形式：MID(text,start_num,num_chars)

（4）TODAY：返回计算机系统内部的当前日期。

语法形式：TODAY（）

（5）DATEDIF：计算两个日期之间的天数、月数或年数。

语法形式：DATEDIF(start_date,end_date,unit)

（6）VALUE：将代表数字的文字串转换成数字。

语法形式：VALUE(text)

（7）RIGHT：根据所指定的字符数返回文本串中最后一个或多个字符。

语法形式：RIGHT(text,num_chars)

（8）INT：返回实数舍入后的整数值。

语法形式：INT(number)

4. 公式写法及解释

下面以人事资料汇总表中员工王晓羽为例，为避免公式中过多的嵌套，该例子中的身份证号码限定为15位的。如果在实际工作过程中需要的情况下，可以进行简单的修改即可适用于18位的身份证号码，甚至可适用于15、18两者并存的情况。

（1）根据身份证号码求性别

=IF(VALUE(RIGHT(E4,3))/2=INT(VALUE(RIGHT(E4,3))/2),"女","男")，如图9-34所示。

C4 =IF(VALUE(RIGHT(E4,3))/2=INT(VALUE(RIGHT(E4,3))/2),"女","男")

	A	B	C	D	E	F	G
1	南京××公司人事资料汇总表						
2						建表日期:	2011-8-21
3	员工编号	姓名	性别	出生年月	身份证号码	参加工作时间	工作年限
4	A0111	王晓羽	女	1979年06月12日	360123790612034	2002-03-04	9年5个月
5	A0112	高小根	女	1975年06月22日	360133750622058	1995-11-05	15年9个月
6	A0113	刘 凯	女	1980年06月09日	360123800609014	2003-12-21	7年8个月
7	A0114	李文帅	女	1974年11月12日	360136741112026	2000-10-07	10年10个月
8	A0115	王家辉	男	1979年01月12日	340123790112011	2001-03-08	10年5个月
9	A0116	张文	女	1973年09月19日	350123730919072	1998-03-19	13年5个月
10	A0117	叶成宇	女	1973年12月12日	310123731212134	1996-06-11	15年2个月
11	A0118	漆家肖	男	1979年05月14日	360123790514037	2002-03-11	9年5个月
12	A0119	陈峰	男	1982年03月22日	360123820322033	2003-09-22	7年10个月

图9-34 从身份证号码提取性别信息

公式解释说明如下。

- RIGHT(E4,3)：用于求出身份证号码中代表性别的数字，实际求得的为代表数字的字符串。
- VALUE(RIGHT(E4,3)：用于将上一步所得的代表数字的字符串转换为数字。
- VALUE(RIGHT(E4,3))/2=INT(VALUE(RIGHT(E4,3))/2：用于判断这个身份证号码是奇数还是偶数，当然你也可以用Mod函数来做出判断。
- =IF(VALUE(RIGHT(E4,3))/2=INT(VALUE(RIGHT(E4,3))/2),"女","男")：如果上述公式判断出这个号码是偶数时，显示“女”，否则，这个号码是奇数的话，则返回“男”。

（2）根据身份证号码求出生日期

=CONCATENATE("19",MID(E4,7,2),"年",MID(E4,9,2),"月",MID(E4,11,2),"日")，如图9-35所示。

D4 =CONCATENATE("19",MID(E4,7,2),"年",MID(E4,9,2),"月",MID(E4,11,2),"日")

	A	B	C	D	E	F	G
1	南京××公司人事资料汇总表						
2						建表日期:	2011-8-21
3	员工编号	姓名	性别	出生年月	身份证号码	参加工作时间	工作年限
4	A0111	王晓羽	女	1979年06月12日	360123790612034	2002-03-04	9年5个月
5	A0112	高小根	女	1975年06月22日	360133750622058	1995-11-05	15年9个月
6	A0113	刘 凯	女	1980年06月09日	360123800609014	2003-12-21	7年8个月
7	A0114	李文帅	女	1974年11月12日	360136741112026	2000-10-07	10年10个月
8	A0115	王家辉	男	1979年01月12日	340123790112011	2001-03-08	10年5个月
9	A0116	张文	女	1973年09月19日	350123730919072	1998-03-19	13年5个月
10	A0117	叶成宇	女	1973年12月12日	310123731212134	1996-06-11	15年2个月
11	A0118	漆家肖	男	1979年05月14日	360123790514037	2002-03-11	9年5个月
12	A0119	陈峰	男	1982年03月22日	360123820322033	2003-09-22	7年10个月

图9-35 从身份证号码提取出生年月信息

公式解释说明如下。

- MID(E4,7,2)：在身份证号码中获取表示年份的数字的字符串。
- MID(E4,9,2)：在身份证号码中获取表示月份的数字的字符串。
- MID(E4,11,2)：在身份证号码中获取表示日期的数字的字符串。
- CONCATENATE("19",MID(E4,7,2),"年",MID(E4,9,2),"月",MID(E4,11,2),"日")：目的就是将多个字符串合并在一起显示。

（3）根据参加工作时间求年资（即工龄）

=CONCATENATE(DATEDIF(F4,TODAY( ),"y"),”年“,DATEDIF(F4,TODAY( ),"ym"),"个月")，如图9-36所示。

C4 =IF(VALUE(RIGHT(E4,3))/2=INT(VALUE(RIGHT(E4,3))/2),"女","男")

	A	B	C	D	E	F	G
1	南京××公司人事资料汇总表						
2						建表日期:	2011-8-21
3	员工编号	姓名	性别	出生年月	身份证号码	参加工作时间	工作年限
4	A0111	王晓羽	女	1979年06月12日	360123790612034	2002-03-04	9年5个月
5	A0112	高小根	女	1975年06月22日	360133750622058	1995-11-05	15年9个月
6	A0113	刘 凯	女	1980年06月09日	360123800609014	2003-12-21	7年8个月
7	A0114	李文帅	女	1974年11月12日	360136741112026	2000-10-07	10年10个月
8	A0115	王家辉	男	1979年01月12日	340123790112011	2001-03-08	10年5个月
9	A0116	张文	女	1973年09月19日	350123730919072	1998-03-19	13年5个月
10	A0117	叶成宇	女	1973年12月12日	310123731212134	1996-06-11	15年2个月
11	A0118	漆家肖	男	1979年05月14日	360123790514037	2002-03-11	9年5个月
12	A0119	陈峰	男	1982年03月22日	360123820322033	2003-09-22	7年10个月

图9-36 从参加工作时间中计算工作年限

公式解释说明如下。

- TODAY( )：用于求出系统当前的时间。
- DATEDIF(F4,TODAY( ),"y")：用于计算当前系统时间与参加工作时间相差的年份。
- DATEDIF(F4,TODAY( ),"ym")：用于计算当前系统时间与参加工作时间相差的月份，忽略日期中的日和年。
- =CONCATENATE(DATEDIF(F4,TODAY( ),"y"),"年",DATEDIF(F4,TODAY( ),"ym"),"个月")：目的就是将多个字符串合并在一起显示。

9.5.6 日常办公管理的函数应用

企业、学校等单位均存在许多管理计算问题，如计算一个学期有几个授课日、企业在多少个工作日之后交货，等等。下面以素材文件夹内“授课日数管理.xlsx”为例，介绍有关该问题的几种解决方法。

1. 授课天数统计

（1）函数分解

NETWORKDAYS函数专门用于计算两个日期值之间完整的工作日数值。这个工作日数值将不包括双休日和专门指定的其他各种假期。

语法：NETWORKDAYS (start_date,end_date,holidays)

其中，start_date表示开始日期，end_date为终止日期，holidays表示作为特定假日的一个或多个日期。这些参数值既可以手工输入，也可以对单元格的值进行引用。

（2）实例分析

假设新学期从2011年9月1日至2012年1月15日结束，希望知道本学期有多少个授课日，即排除双休日和国家法定假日外的授课工作日。这就是计算授课日数或工作日数的问题。

在新工作表中的A6、B6、C6单元格输入“开学时间”“结束时间”“法定节日”，然后在其下面的单元格内输入“2011-9-1”“2012-1-15”“2011-10-1”“2011-10-2”“2011-10-3”“2011-10-4”“2011-10-5”“2011-10-6”“2011-10-7”“2012-1-1”（后四项必须在C列的“法定假日”下）。

接着可以选中D7单元格，输入公式“=NETWORKDAYS(A7,B7,C7:C14)”。公式中A7

引用的是学期(或工作)的开始日期，B7引用的是学期结束的日期，C7:C14区域引用的是作为法定假日的多个日期。输入结束回车即可获得结果92，即2016年9月1日到2017年1月15日，排除八个法定假日后的实际授课日是92天，如图9-37所示。

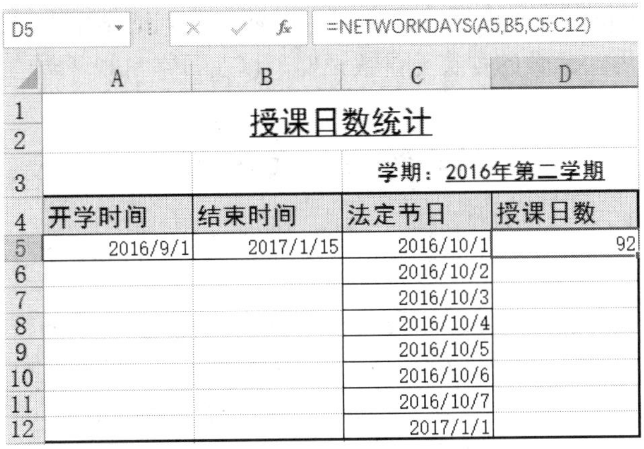

D5 =NETWORKDAYS(A5,B5,C5:C12)

	A	B	C	D
1-2	授课日数统计			
3			学期：2016年第二学期	
4	开学时间	结束时间	法定节日	授课日数
5	2016/9/1	2017/1/15	2016/10/1	92
6			2016/10/2	
7			2016/10/3	
8			2016/10/4	
9			2016/10/5	
10			2016/10/6	
11			2016/10/7	
12			2017/1/1	

图9-37 授课天数统计

2. 折旧值计算

无论单位还是家庭，许多固定资产和耐用消费品都存在折旧问题，随着使用时间的延长，其残值在不断减少。以素材文件夹内的“资产折旧.xlsx”为例，假设某单位有一批2000年购进原价8500元/每台的电脑，预计使用寿命6年，寿命期结束时的资产残值约为1 000元，要求使用第二年内的折旧值。

（1）函数分解

DB函数使用固定余额递减法，计算资产在特定期间内的折旧值。

语法：DB(cost,salvage,life,period,month)

其中，cost为资产原值，salvage为资产在折旧期末的价值(也称为资产残值)，life为折旧期限(有时也称作资产的使用寿命)，period为需要计算折旧值的期间。period必须使用与life相同的单位；month为第一年的月份数，如省略，则假设为12。

（2）实例分析

为了在参数改变以后仍能进行计算，可以打开一个空白工作表，在A1、B1、C1、D1、E1单元格输入“电脑原值”“资产残值”“使用寿命”“折旧时间”和“折旧值”，然后在其下面的单元格内输入“5600”“1000”“6”“2”。然后选中E2单元格在其中输入公式“=DB(A2,B2,C2,D2)”，回车后即可得到结果“￥1,050.00”，就是说使用期第二年的折旧值为1050元。如果你要计算其他设备或财产的折旧值，只需改变A2、B2、C2、D2单元格内的数值即可，如图9-38所示。

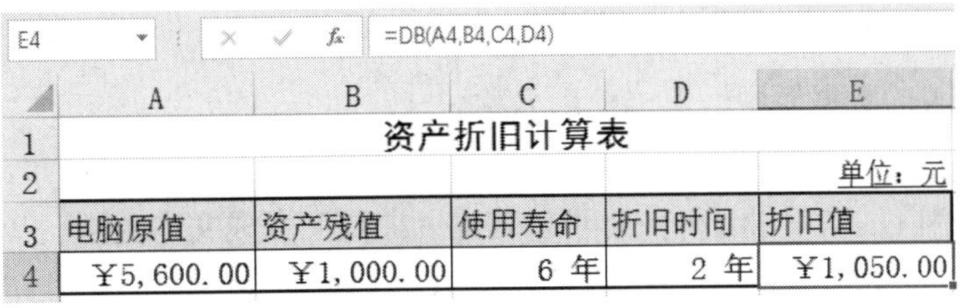

E4 =DB(A4,B4,C4,D4)

	A	B	C	D	E
1	资产折旧计算表				
2					单位：元
3	电脑原值	资产残值	使用寿命	折旧时间	折旧值
4	￥5,600.00	￥1,000.00	6 年	2 年	￥1,050.00

图9-38 资产折旧计算

本章总结

本章是Excel的核心部分，本章主要学习了函数与公式的基础语法规则，单元格的引用方式，名称的灵活应用，函数的种类与参数说明，以及日常常规函数的应用举例。

练习与实践

【单选题】

1. 需要将单元格内的负数显示为红色且不带负号显示两位小数的格式代码是（　　）。

A. 0.00；[红色]0.##
B. 0.00；[红色]0.00
C. 0.##；[红色]0.00
D. 0.##；[红色]0.##

2. 在Excel中运算符被分为四类，分别是（　　）。

A. 算术运算符、连接运算符、关系运算符、逻辑运算符

B. 算术运算符、比较运算符、文本运算符、引用运算符

C. 算术运算符、连接运算符、文本运算符、逻辑运算符

D. 算术运算符、连接运算符、比较运算符、逻辑运算符

3. 选择A1:C1，A3:C3，然后右键复制，这时候（　　）。

A. "不能对多重区域选定使用此命令"警告

B. 无任何警告，粘贴也能成功

C. 无任何警告，但是粘贴不会成功

D. 选定不连续区域，右键根本不能出现复制命令

【多选题】

1. 使用Year函数返回结果相同的有（　　）。

A. "2009-1-2"
B. 2009-1-2
C. 2009年1月2日
D. 39816

2. 下列关于Excel函数的说法正确的是（　　）。

A. 函数就是预定义的内置公式

B. 它使用被称为参数的特定数值

C. 按一定语法的特定顺序排列进行计算

D. 在某些函数中可以包含子函数

【判断题】

1. 在Excel图表的数据源中，不能使用名称。（　　）

A. 正确
B. 错误

2. 在输入数字前，以单引号开头，可以将输入的数字变成文本类型。（　　）

A. 正确
C. 错误

实训任务

Excel函数与公式的应用	
项目 背景 介绍	学期结束，学校要求对各班级本期考试成绩进行汇总并分析。
设计 任务 概述	对成绩汇总并分析，需满足以下要求： 1. 将各班级成绩汇总成一张成绩汇总大表，并求出每位同学的总成绩和各科目的平均成绩。 2. 进行年级成绩排名和班级成绩排名，分别找出前10名的同学。 3. 对成绩进行等级划分，90分上为优秀，60-90为及格，60分以下为不合格。
实训 记录	
教师 考评	评语： 辅导教师签字：

第10章 Excel 2016数据管理与分析

在实际工作中，经常需要在工作中查找满足条件的数据，或者是按某个字段从大到小或从小到大的查看，就需要使用数据筛选排序功能来完成此操作了，Excel 2016提供了许多操作和管理数据的工具，如对数据进行筛选、排序和分类汇总、数据透视表等。

学习目标

- 熟悉Excel 2016数据排序
- 掌握Excel 2016筛选与分类汇总
- 熟悉Excel 2016数据工具来分析数据

技能要点

- Excel 2016排序、筛选与分类汇总
- Excel 2016数据透视表

实训任务

- Excel 2016数据管理与分析工具的应用

本章导读

10.1 Excel数据管理

Excel 2016的数据管理工具主要有数据排序、数据筛选、数据分类汇总等，学会这些常规数据管理工具，有助于日常报表的数据常规管理，提供报表使用者需要的数据信息资料。

10.1.1 对数据进行排序

在Excel中，用户经常需要对数据进行排序，以查找需要的信息，通常情况下排序的规则有数字从最小负数到最大的正数、字母按先后顺序排序、逻辑值FALSE排在TURE之前和全部错误值的优先级相同以及空格始终排在最后。

1. 简单排序

简单的排序是指在排序的时候，设置单一的排序条件，将工作表中的数据按照指定的某种数据类型进行重新排序。具体步骤如下。

步骤1：定位光标到数据表格中需要进行排序的列中。

步骤2：切换至"数据"选项卡，在"排序和筛选"组中单击"升序"或"降序"按钮，如图10-1所示。

图10-1 "升序""降序"按钮

2. 多关键字排序

多关键字排序也可称为复杂的排序，也就是按多个关键字对数据进行排序，打开"排序"对话框，然后在"主要关键字"和"次要关键字"选项组中编辑排序的条件等以实现以数据进行复杂的排序。

Excel 2016排序条件最多允许64个条件，能充分满足日常办公过程中，一切数据排序需求。

Excel 2016排序依据可以是数值、单元格颜色、字体颜色和单元格图标。用户可以根据数据表格排序的需求，选择合适的排序依据，如图10-2所示。

图10-2 "列""排序依据"选项

3. 自定义排序

除了可以按照普通的排序规则进行排序外，还可以自定义排序规则。具体步骤如下。

（1）创建自定义排序依据

步骤1：在Excel 2016的工作簿窗口，选择"文件"｜"选项"命令，弹开"Excel选项"对话框。

步骤2：选择左侧列表中的"高级"选项，在右侧选择"编辑自定义列表"选项，弹出"自定义序列"对话框，如图10-3所示。

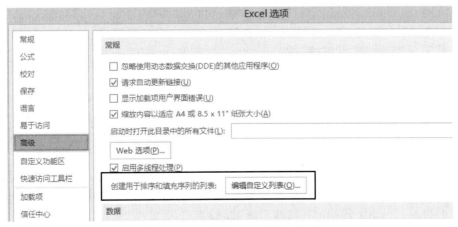

图10-3 "编辑自定义列表"选项

步骤3：在"自定义序列"对话框中的"输入序列"下拉列表框中依次输入自定义序列内容，如图10-4所示。

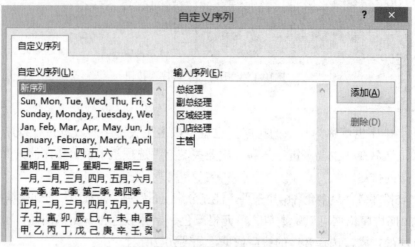

图10-4　"自定义序列"对话框

步骤4：单击"添加"按钮，完成自定义序列的创建。

（2）使用自定义排序

在添加了自定义序列列表后，用户对数据表格的某些列进行特殊排序操作时，例如，"员工信息表"的"职务"列按职务的高低排序，就可以使用"自定义序列"，如图10-5所示。

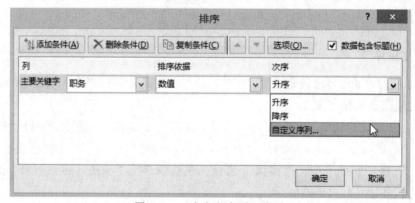

图10-5　"自定义序列"选项

10.1.2　对数据进行筛选

Excel的数据筛选功能可以在工作表中有选择性地显示满足条件的数据，对于不满足条件的数据，Excel工作表会自动将其隐藏，Excel数据筛选功能包括简单筛选、自定义筛选和高级筛选三种方式。

1. 自动筛选

自动筛选一般用于简单的条件筛选，筛选是将不满足的条件数据暂时隐藏起来，只显示符合条件的数据，对员工性别进行筛选，如图10-6所示。

图10-6 员工性别的筛选

2. 自定义筛选

用户在筛选的时候，需要设置多个条件进行筛选，可以通过"自定义自动筛选方式"对话框进行设置，从而得到更为精确的筛选结果，常见的自定义筛选方式有文本筛选、数字筛选、日期和时间筛选、最大或最小值筛选、平均数以上或以下筛选、空值或非空值筛选、填充或字体颜色筛选等。自定义筛选的两种方式，如图10-7所示。

图10-7 自定义筛选的两种方式

（1）文本筛选

对于文本筛选，通常自定义筛选方式："等于""不等于""开头是""结尾是""包含"和"不包含"，用户可以根据实际筛选需求设置筛选条件。

例如：筛选出"员工信息表"中"李"姓员工的信息，如图10-8所示。

5	工号	姓名	性别	籍贯	出生日期	入职日期	月工资	绩效系数	年终奖
11	131313	李勤	男	成都	1975/9/5	2003/6/17	3250	1.00	5,850
22	818181	李克特	男	广州	1988/11/3	2003/6/8	3750	1.30	8,775
32	131313	李勤	男	成都	1975/9/5	2003/6/17	3250	1.00	5,850
40	818181	李克特	男	广州	1988/11/3	2003/6/8	3750	1.30	8,775

自定义自动筛选方式

显示行：

姓名

开头是　李

⦿ 与(A) ○ 或(O)

可用 ? 代表单个字符
用 * 代表任意多个字符

确定　取消

图10-8 自定义筛选"李"姓的员工

（2）筛选前10个最大值或最小值

对于数值型数据，除了可以使用类似于文本的筛选方式外，还可以直接筛选出前n个最大值或最小值。

例如：筛选出"员工信息表"中"工资"最高的前三名，如图10-9所示。

工号	姓名	性别	籍贯	出生日期	入职日期	月工资	绩效系数	年终奖金
616161	艾利	女	厦门	1980/10/22	2003/6/6	5120	1.00	9,216
535353	林达	男	哈尔滨	1978/5/28	2003/6/20	6874	0.50	4,275
424242	师丽莉	男	广州	1977/5/8	2003/6/11	5847	0.60	5,130

图10-9　自定义筛选出"月工资"最高的前三名

（3）筛选出高于或低于平均值的数据

Excel自动筛选功能可以在筛选中自动测算平均值，并对平均值以上或以下的记录进行筛选。

例如：筛选出"员工信息表"中，工资高于平均值的员工信息，如图10-10所示。

图10-10　自定义筛选出"月工资"高于平均值的记录

（4）筛选空或非空值

有时需要筛选出表格的空值或非空值，可以使用"自定义自动筛选方式"的空值或非空值筛选功能来实现。

例如：筛选出"员工信息表"中"工号"为空值的员工信息，如图10-11所示。

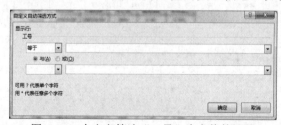

图10-11　自定义筛选"工号"为空值的记录

例如：筛选出"员工信息表"中"工号"为非空值的员工信息，如图10-12所示。

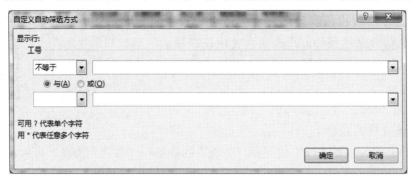

图10-12 自定义筛选"工号"为非空值的记录

若要筛选出"空值"或"非空值"，只需在"自定义筛选"的条件中选择"等于"或"不等于"选项即可。

（5）筛选日期

在Excel 2016中，当对日期或时间的数据列进行筛选时，系统提供了非常丰富的自定义自动筛选方式，用户可以根据筛选需要，选择合适的日期筛选条件，如图10-13所示。

图10-13 "自定义筛选"对日期数据列筛选条件

（6）按单元格颜色和字体颜色筛选

在Excel 2016中，除了可以按数字、文本或日期等方式筛选外，还可以按单元格颜色、和字体颜色等进行筛选，如图10-14所示。

图10-14 "自定义筛选"按颜色设置筛选条件

3. 高级筛选

一般来说，自动筛选和自定义筛选适合于较为简单的条件的筛选操作，如果要执行复杂的条件，那么可以使用高级筛选，高级筛选要求在工作中无数据的地方指定一个区域用于存放筛选条件，这个区域被称为"条件区域"。

（1）"高级筛选"的主要功能

1）设置多个筛选条件

筛选条件之间可以是"与"的关系、"或"的关系，"与或"关系，可以设置一个也可以设置多个，允许使用通配符。

2）筛选结果的存放位置不同

可以数据区域原位置进行筛选，把不需要的记录隐藏，此特点类似于"自动筛选"功能；也可以把筛选结果复制到同一工作表内的其他位置或其他工作表中，在复制时可以选择筛选后的数据列。

3）可筛选不重复记录

"高级筛选"可以在数据表中进行不重复记录的筛选操作。

（2）筛选条件的种类

1）不带通配符的筛选条件，见表10-1。

表10-1　不带通配符的筛选条件

筛选条件	功能
>500	表示筛选出大于500的记录
<3	表示筛选出小于3的记录
0或 =0	表示筛选出等于0的记录，如果该单元格设置的格式是文本，则筛选出所有包含0的记录
>=2016-4-7	表示筛选出大于等于2016年4月7日的记录，即该日期之后的记录

带有通配符的筛选条件，在Excel中的通配符常规："*"代表多个字符，"？"代表单个字符，"~*"代表筛选出"*"，"~?"代表筛选出"？"，见表10-2。

表10-2　带有通配符的筛选条件

筛选条件	功能
王*	表示筛选出以"王"开始的字符串
王?	表示筛选出以"王"开始的仅限两个字符的字符串

文本型条件的设置，如图10-15所示，为"产品信息汇总表"，要求该表中"货号"列进行筛选，该列是文本型数据，见表10-3。

货号	当期结存	期初数	累计进货	累计销售
BR066-1	41	23	362	365
BR1202	51	65	512	265
BR1208	2	84	412	412
BR1210	65	72	623	512
BR1212	521	120	521	362
BR1212-N	52	32	362	51
BR1212-A	8	200	512	251
BR1214-D	65	103	4231	3264

图10-15　"产品信息汇总表"对货号筛选

表10-3　"产品信息汇总表"对货号筛选条件

筛选条件	功能
BR1212	表示筛选出"货号"包含BR1212的记录
="BR1212"	表示筛选出"货号"包含BR1212的记录
'=BR1212	表示筛选出"货号"等于BR1212的记录
="=BR1212"	表示筛选出"货号"等于BR1212的记录

2）包含单元格引用的筛选条件

此类表达式的特点是必须以等号开头，表达式中可以包含各类函数，单元格引用是数据记录的第一条单元格地址，并且是相对引用，因为系统是从第一条记录逐一进行判断筛选的，如果引用了数据区之外的单元格地址，必须使用绝对引用。见表10-4。

表10-4　包含单元格引用的筛选条件

筛选条件	功能
=C2<>D2	表示筛选出同行次的C列与D列不相等的记录
=D2>800	表示筛选出D列数值中大于800的记录
=isnumber(find("8",C2))	表示筛选C列列数据中包含8的记录
C2=" "	表示筛选出C列数据中为空的记录

3）多条件筛选

多条件筛选分为"条件与""条件或"和"条件与或"的综合使用，如图10-16和图10-17所示。

	A	B
1	日期	日期
2	>=2016-4-7	<=2016-7-7

图10-16　表示筛选出日期列大于下限且小于上限记录

	A
1	产品
2	电冰箱
3	洗衣机

图10-17　表示筛选出两类产品的记录

10.1.3　对数据分类汇总

分类汇总是对数据清单中的数据时行管理的重要工具，可以快速汇总各项数据，但在汇总之前，需要对数据进行排序，排序的方法在前面已经介绍过了，本节主要介绍分类汇总的方法。

1. 什么是分类汇总

Excel分类汇总是通过使用 SUBTOTAL 函数与汇总函数（包括 SUM、COUNT 和 AVERAGE）一起计算得到的。可以为每列显示多个汇总函数类型。

如果工作簿设为自动计算公式，则在编辑明细数据时，"分类汇总"命令将自动重新计算分类汇总和总计值。"分类汇总"命令还会分级显示列表，以便可以显示和隐藏每个分类汇总的明细行。

2. 创建分类汇总

首先，确保数据区域中要对其进行分类汇总计算的每个列的第一行都具有一个标签，每个列中都包含类似的数据，并且该区域不包含任何空白行或空白列。

分类汇总前，先需要对分类的字段进行排序操作。首先选择该列，然后切换至"数据"选项卡，在"排序和筛选"组中单击"升序"或"降序"按钮，即可进行排序操作。

3. 分类汇总编辑

"汇总方式"：计算分类汇总的汇总函数。如求和、求平均等。

"选定汇总项"：对于包含要计算分类汇总的值的每个列，选中其复选框。

如果想按每个分类汇总自动分页，请选中"每组数据分页"复选框。若要指定汇总行位于明细行的上面，请清除"汇总结果显示在数据下方"复选框。若要指定汇总行位于明细行的下面，请选中"汇总结果显示在数据下方"复选框。

4. 分类汇总级别显示

对数据清单进行分类汇总后，Excel会自动按汇总时的分类对数据清单进行分级显示，若要只显示分类汇总和总计的汇总，请单击行编号旁边的分级显示符号"1""2""3"。使用"+"和"-"符号来显示或隐藏各个分类汇总的明细数据行，如图10-18所示。

	A	B	C	D	E	F	G
1	部门	产品	一月份	二月份	三月份	四月份	五月份
10	百货二店 汇总		367846	441964	303252	492961	364484
23	百货三店 汇总		596830	620736	758876	693060	913984
30	百货一店 汇总		408872	429117	402622	459345	406403
31	总计		1373548	1491817	1464750	1645366	1684871

图10-18　"分类汇总"分级显示

5. 嵌套分类汇总

嵌套分类汇总是指使用了多个条件进行多层分类汇总。例如，图10-18中，在对部门汇总之后，再对每个部门的产品进行再次汇总，这种汇总称之为嵌套分类汇总。

在进行嵌套分类汇总之前，特别要注意多层分类汇总的数据列的排序问题，应当以一级汇总字段为排序主关键字，以二级汇总字段为次关键字排序。

例如：对素材文件"分类汇总.xlsx"中的"部门"列进行一级分类汇总，对"产品"列进行二级分类汇总。具体步骤如下。

步骤1：定位光标到数据清单的任意的单元格中，切换至"数据"选项卡，在"排序和筛选"组中单击"排序"按钮，在弹出的"排序"对话框中，对数据进行以"部门"为主要关键字，以"产品"为次要关键字的排序操作，如图10-19所示。

图10-19　"排序"对话框

步骤2：切换至"数据"选项卡，在"分级显示"组中单击"分类汇总"按钮，弹出"分类汇总"对话框，在该对话框内设置"分类字段"即为上一步主关键字排序字段，设置"汇总方式"为"求和"，在"选定汇总项"下根据需要选择汇总字段，如图10-20所示。单击"确定"完成一级汇总。

步骤3：再次打开"分类汇总"对话框，在该对话框内设置"分类字段"即为上一步次关键字排序字段，设置"汇总方式"为"求和"，在"选定汇总项"下根据需要选择汇总字段，取消"替换当前分类汇总"复选框，如图10-21所示，

图10-20　一级汇总设置　　　　图10-21　二级汇总设置

10.2 数据透视表

Excel为用户提供了一种简单形象、实用的数据分析工具——数据透视表，使用数据透视表，可以全面对数据清单进行重新组织以统计数据。数据透视表是一种大量数据进行快速汇总和建立交叉列表的交互式表格。它不仅可以转换行和列以显示源数据的不同汇总结果，而且可以显示不同页面以筛选数据，还可以根据用户的需要显示数据区域中的明细数据。数据透视图是另一种数据表现形式，与数据透视表不同之处在于，它可以选择适当的图表，并使用多种颜色来描述数据的特性。

10.2.1　创建数据透视表

数据透视表是一种交互式、交叉制表的Excel报表，用来创建数据透视表的源数据区域可以是工作表中的数据清单，也可以是导入外部数据。使用数据透视表的优点如下。

（1）完全并面向结果化，按用户设计的格式来完成数据透视表的建立。

（2）当原始数据更新后，只需要单击"更新数据"按钮，数据透视表就会自动更新数据。

（3）当用户对创建的数据透视表不满意时，方便修改数据透视表。

1. 从工作簿中的数据区域创建透视表

当在工作簿中创建好数据清单后，可以根据这些数据清单中的数据直接创建数据透视表。具体步骤如下。

步骤1：定位光标到数据清单的任意单元格内。

步骤2：切换至"插入"选项卡，在"表格"组中单击"数据透视表"按钮或"推荐的数据透视表"按钮，如图10-22所示。弹出"创建数据透视表"对话框。

图10-22　选择需要创建数据透视表的选项

步骤3：在"创建数据透视表"对话框中，单击选中"选择一个表或区域"单选按钮，单击"表/区域"右侧的单元格引用按钮，在工作表内选择创建数据透视表的数据区域。

步骤4：在"选择放置数据透视表的位置"选项组单击选中"新工作表"单选按钮，单击"确定"按钮。此时Excel会在用户指定的工作表中创建一个数据透视表模板，并且在Excel窗口右侧显示"数据透视表字段"任务窗格，如图10-23所示。

步骤5：从"选择要添加到报表的字段"选项组选择相应的字段，拖放到相应的数据透视表布局中即可完成透视表创建，如图10-24所示。

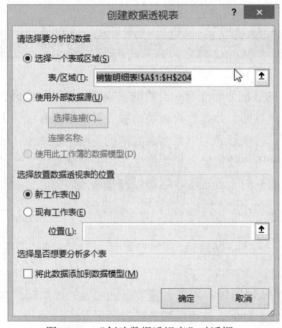

图10-23　"创建数据透视表"对话框

图10-24　拖放透视表字段到相应位置

2. 通过导入外部数据库来创建透视表

在Excel 2016中，用户可以从Windows系统的数据源中导入外部数据以创建数据透视表，常见的可用于数据透视表的外部数据格式有数据库文件。

在创建数据透视表之前，用户需要将源文件保存在"我的文档\我的数据源"目录下，如图10-25所示。

图10-25　保存数据源文件到该文件夹

10.2.2　设置数据透视表的字段

创建了数据透视表后，用户还可以根据需要修改数据透视表中的字段布局，以不同的方式汇总数据，起到从不同角度对数据进行分析的作用。

1. 更改数据透视表字段列表视图

默认情况下，用户在创建数据透视表时，Excel窗口会以"字段节和区域节层叠"的默认视图方式显示"数据透视表字段"任务窗格，用户可以根据实际显示需要，选择合适的字段列表显示视图，如图10-26所示。

图10-26　"数据透视表字段"任务窗格

2. 向数据透视表中添加字段

除了可以直接拖动字段到区域中外，向数据透视表添加字段的方法如下。

（1）选中字段前面的复选框

在"选择要添加到报表的字段"选项中选中要添加的字段前面的复选框，如"用户名称"字段，数据透视表会根据字段的特点自动将该字段添加到"行"中，如图10-27所示。

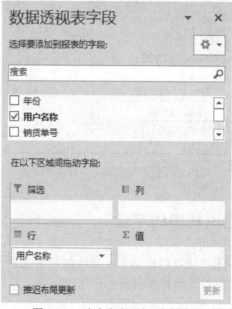

图10-27　选中字段添加到透视表

（2）在报表区域间移动字段

在"选择要添加到报表的字段"选项中选中要添加的字段前面的复选框后，字段自动添加到"行"中，用户需要根据报表分析实际情况，改变字段所在标签的位置。

移动字段的方法有两种：一种是直接使用鼠标拖动；另一种是使用菜单命令移动，如图10-28所示。

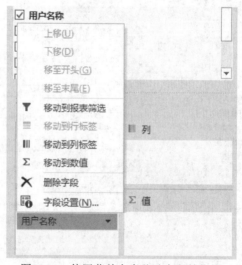

图10-28　使用菜单命令移动字段的位置

（3）调整字段的顺序

当同一个报表区域中有多个字段时，系统默认按添加的先后顺序排列各字段，用户可以重新调整字段的先后顺序，以获得更合适的数据透视效果。

用户可以直接拖动调整其顺序，也可以使用菜单调整字段的顺序，如图10-29所示。

（4）删除字段

如果想要将字段从报表区域中删除，通常也有两种方法：一种是单击选中要删除的字段，直接将它拖到"字段列表"窗格外；另一种是单击要删除字段的右侧倒三角按钮，从菜单中单击"删除字段"命令，如图10-30所示。

图10-29　使用菜单调整字段顺序

图10-30　使用菜单删除字段

（5）修改字段设置

在数据透视表，用户可以根据数据分析的需要，使用不同的字段汇总方式，以便得到更丰富的数据透视分析结果。

修改字段设置有两种方法：一种是通过右键字段的菜单设置字段；另一种是通过功能区设置字段，如图10-31所示。

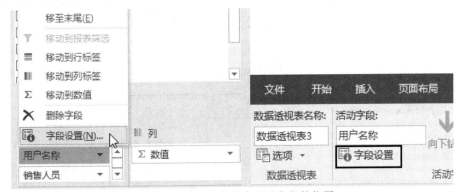

图10-31　使用菜单命令移动字段的位置

"字段设置"与"值字段设置"

对于被添加到报表的"值"区域的字段称为"值字段"，而其他三个区域的字段称为"字段"。因此，当对它们进行字段设置时，对话框会分别显示为"值字段设置"和"字段设置"。

通常，字段设置除了可以更改字段的名称外，还可以设置字段的分类汇总和筛选、布局和打印等选项；而对于值字段，还可以设置值的汇总方式和显示方式，以及它们的数字格式。

10.2.3 编辑数据透视表

在完成了对数据透视表的字段设置后，用户还可以对数据透视表进行一系列的编辑操作，如选择和移动数据透视表、重命名数据透视表、更改数据透视表的数据源等操作。

1. 选择数据透视表

在"数据透视表工具—分析"选项卡，在"操作"组中单击"选择"下拉按钮，在列表中可以选择"值""标签"或"整个数据透视表"等选项，如图10-32所示。

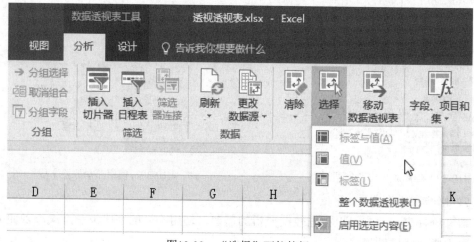

图10-32　"选择"下拉按钮

2. 移动数据透视表

对于已经创建好的数据透视表，有时还需要将它移动到其他工作中内。在"数据透视表工具—分析"选项卡，在"操作"组中单击"移动数据透视表"按钮，弹出"移动数据透视表"对话框，可以指定移动目标"新工作表"或"现有工作表"，如图10-33所示。

图10-33　"移动数据透视表"对话框

3. 重命名数据透视表

在Excel中创建的数据透视表是以默认的名称"数据透视表1""数据透视表2"等来命名的，可以将数据透视表名称更改为更直观的名称，方便引用运算。

最直接的重命名方法是，切换至"数据透视表工具—分析"选项卡，在"数据透视表"组中的"数据透视表名称"输入框内直接输入新名称即可，如图10-34所示。

用户也可以在"数据透视表"组中，单击"选项"按钮，弹出"数据透视表选项"对话框，在该对话框的"数据透视表名称"框输入数据透视表的新名称，如图10-34所示。

图10-34　重命名数据透视表

4.更改数据透视表的数据源

如果在数据透视表的数据源区域新增了数据，并且将这些数据参与到数据透视表的数据分析中，可以通过更改数据透视表的数据源区域来实现。

切换至"数据透视表工具—分析"选项卡，在"数据"组中单击"更改数据源"按钮，弹出"更改数据透视表数据源"对话框，如图10-35所示，可以根据需要修改数据源区域。

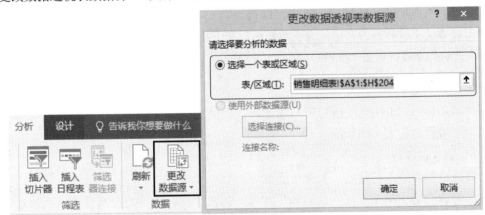

图10-35　更改数据透视表数据源

10.2.4　在数据透视表中分析和处理数据

数据透视表的主要作用是对数据进行汇总与分析，在数据透视表中，还可以通过对数据排序、筛选、使用切片器分段数据等分析方法进一步分析数据。

1.排序数据和筛选数据

可以对数据透视表中的数据进行排序，如果仅仅是要对某个字段的数据进行排序，请先选择该字段的任意数据，然后在"数据"选项卡中，在"排序和筛选"组中单击"升序"或"降序"按钮即可。如果要对排序的方向进行设置，则可以参照以下操作进行。

在"排序和筛选"组中单击"排序"按钮，在"按值排序"对话框中"排序选项"选项选中"升序"或"降序"单选按钮，在"排序方向"选项中选择合适的排序方向，如图10-36所示。

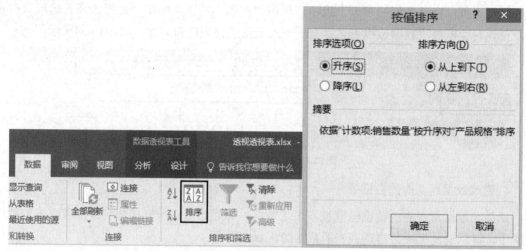

图10-36　修改数据透视表排序方向

在数据透视表中，还可以对数据进行筛选操作，既可以按数据透视表中的页字段进行筛选，也可以对行区域和列区域的字段进行筛选。

单击要筛选字段标签的右侧的倒三角按钮，在下拉筛选项勾选或取消要筛选的项目。筛选操作可以针对数据透视表的"报表页字段""行字段""列字段"等进行筛选操作。

2. 切片器

切片器是Excel 2016数据透视表一项非常实用的功能，它提供了一种可视性极强的筛选方式以筛选数据透视表中的数据。

（1）插入切片器

为数据透视表插入切片器，具体步骤如下。

在"筛选"组中单击"插入切片器"按钮，弹出"插入切片器"对话框，在该对话框内选择切片的选项即可，如图10-37所示。

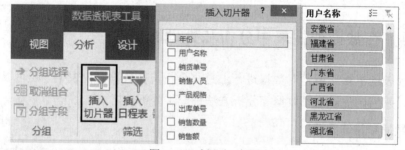

图10-37　插入切片器

注意："切片器"与以往版本中的"页字段"是有区别的。

从功能上看，两者都可以对数据透视表中的数据进行筛选，但是切片器可以轻松链接多个透视表并同步集中控制，实现动态可视化交互式演示；而页字段只能是针对固定的一个数据透视表，如果要实现链接多个数据透视表，需要借助于窗体组合框，与函数结合，还需要录制宏来实现，非常麻烦。就位置而言，切片器是显示在工作表中的浮动窗口，可任意移动位置，而页字段是内置于单元格中的。还有一个重要的区别是切片器支持多选，而Excel 2007以前的版本中的页字段只能支持单选。

（2）修改切片器尺寸及显示列数

切片器在插入后，默认情况下，是以单列的方式显示的，为了更方便切片器的筛选，用户可以为切片器设置其显示列数及切片器的尺寸。具体步骤如下。

选中已插入的切片器，切换至"切片器工具—选项"选项卡，在"按钮"组中单击"列"后面的输入框，直接输入切片器将要显示的列数，或调整列数；在"高度"和"宽度"参数框内输入切片器的高度值及宽度值，如图10-38所示。

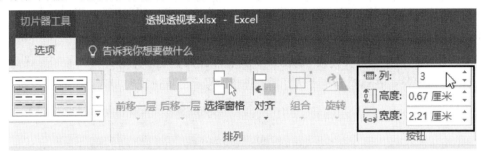

图10-38 修改切片器的列数及大小

（3）使用切片器筛选数据

在数据透视表中添加切片器后，用户可以直接使用切片器来筛选数据，而且用来筛选的多个项目以按钮的形式显示在切片器中，比使用报表筛选更加直观。

例如：在"用户名称"切片器中，单击"安徽省"按钮，数据透视表中将显示"安徽省"信息，如图10-39所示。单击其他按钮可以显示其他月份的数据，如果要显示全部数据，则可单击切片器中的"清除筛选器"按钮，当显示全部数据后，切片器的所有按钮均显示为选中状态。

图10-39 切片器单项筛选数据

若要多选切片项目，进行多项条件筛选，需要先启用切片器多选功能，如图10-40所示。

图10-40 切片器多项筛选数据

（4）使用切片器链接同步控制的多个数据透视表

通常情况下，切片器的筛选功能只能对一个数据透视表进行筛选控制操作，如何将切片器链接到多张数据透视表中，对多张数据透视表进行筛选控制操作。

右击切片器，选择"报表连接"或在"切片器"组中单击"报表连接"按钮，弹出"数据透视表连接"对话框，在该对话框中选择需要连接的多个数据透视表即可，如图10-41所示。

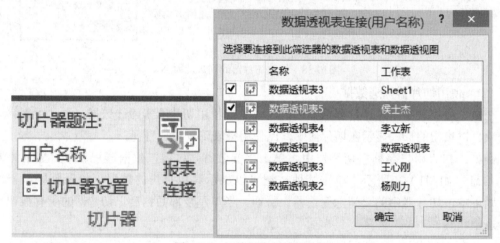

图10-41 切片器多项筛选数据

10.3 创建数据透视图

数据透视图是另一种数据表现形式，与数据透视表不同的地方在于它可以选择适当的图形，多种色彩描述数据的特性，能够更加形象地体现出数据的情况，用户可以直接根据数据表创建数据透视图，也可以根据已经创建好的数据透视表来创建数据透视图。

1. 根据数据透视表创建数据透视图

（1）根据数据透视表创建数据透视图的方法很简单，切换至"数据透视表工具—分析"选项卡，在"工具"组中单击"数据透视图"按钮，如图10-42所示。弹出"插入图表"对话框，可以根据需要在"插入图表"对话框中选择合适的图表调整。

图10-42　数据透视表生成透视图

（2）用户也可以直接根据数据清单创建数据透视图。将光标定位到数据清单的任意位置，切换至"插入"选项卡，在"图表"组中单击"数据透视图"按钮，Excel会在创建数据透视表的同时生成相应的数据透视图，如图10-43所示。

图10-43　数据清单生成透视图

2. 编辑数据透视图

在工作表中创建的数据透视图与创建的图表类似，用户同样可以对其进行图表效果的设置，如设置数据透视图的布局、更改其图表类型、设置图表的数据标签等，但是与普通图表不一样的是，数据透视图中有字段按钮，可以透视图进行交互式筛选查看。

（1）隐藏数据透视图中的字段按钮

默认情况下，创建的数据透视图中会显示字段按钮。用户可以隐藏这些按钮。

单击选中数据透视图，切换至"数据透视表工具—分析"选项卡，在"显示/隐藏"组中单击"字段按钮"下拉按钮。

用户可以整体隐藏所有标签的字段按钮，如图10-44所示。也可以针对部分字段进行隐藏与显示操作，如图10-45所示。

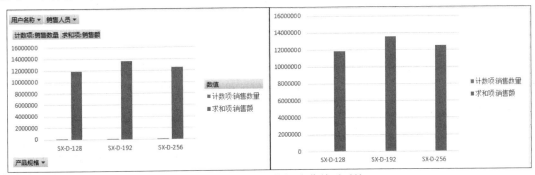

图10-44　使用字段按钮隐藏前后对比

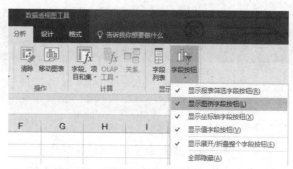

图10-45　使用字段按钮隐藏与显示

（2）使用字段按钮在数据透视图中筛选

数据透视图作为一种动态交互式图表，用户可以根据数据分析的需要，使用"字段按钮"筛选查看图表分析效果。

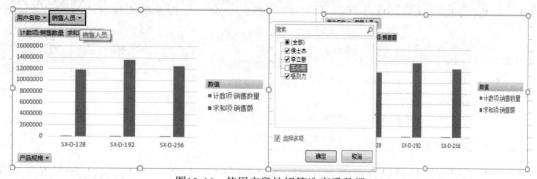

图10-46　使用字段按钮筛选查看数据

（3）数据透视图与常规图表的区别

对于常规图表，当用户要以不同的方式查看数据时，就需要另外创建新的图表，而对于数据透视图，只要创建单张图表就可通过更改报表布局或明细数据以不同的方式查看数据，如果用户熟悉常规图表，就会发现数据透视图里的大多数操作和常规图表中的一样，但是二者之间也存在以下差别。

1）移动或调整项的大小

在数据透视图中，即使可为图例选择一个预设位置并可更改标题的字体大小，但也无法移动或重新调整绘图区、图例、图表标题或坐标轴标题的大小，而在常规图表中，可以移动或重新调整这些元素的大小。

2）源数据

常规图表可以直接链接到工作表的单元格中，而数据透视图可以基于多种类型的数据，包括Excel列表和数据库、要合并计算的多个数据区域以及外部源数据，如Microsoft Access数据库和OLAP数据库。

3）图表数据查看

常规图表与源数据清单间存在数据链接关系，即源数据清单变化，图表也会相应发生更新，但如果需要对图表分析进行有选择性的查看，则需要进行系列的增加与删除操作才能实现，而数据透视图则可以直接通过"字段按钮"的筛选功能实现，因此数据透视图是一种交互性非常强的图表分析工具。

本章总结

本章主要学习Excel的数据管理的排序、筛选与分类汇总，数据透视表的创建、编辑与修改，数据透视表的应用，数据透视图的创建与美化。

练习与实践

【单选题】

1. 下列对Excel 2016中的筛选功能描述正确的是（　　　）。

A. 按要求对工作表数据进行排序

B. 隐藏符合条件的数据

C. 只显示符合设定条件的数据，而隐藏其他

D. 按要求对工作表数据进行分类

2. 下列不属于Excel单元格引用方式的是（　　　）。

A. 区域引用　　　　　B. 相对引用　　　　　C. 绝对引用　　　　　D. 混合引用

3. 在Excel2016中对数据列进行排序，最多允许存在（　　　）关键字。

A. 2　　　　　　　　B. 3　　　　　　　　C. 64　　　　　　　　D. 128

4. 对工作表进行分类汇总的前提条件是（　　　）。

A. 不应对工作表排序　　　　　　　　B. 使用数据记录单

C. 应对工作表的分类字段进行排序　　D. 设置筛选条件

【多选题】

1. 下列关于Excel的高级筛选功能，正确的是（　　　）。

A. 同行不同列的条件是并且关系　　　B. 同列不同行的条件是或者关系

C. 条件区域需要有标题行　　　　　　D. 一定要先在结果区域设置标题

2. 下列关于Excel数据透视表的说法，正确的是（　　　）。

A. 数据透视表是一种对数据快速汇总和建立交叉列表的交互式表格

B. 数据透视表可以转换行和列以查看源数据的不同汇总结果

C. 数据透视表可以显示不同页面以筛选数据

D. 数据透视表一般由八个部分组成，分别是页字段、页眉页脚字段、数据字段、数据段、行字段、列字段

【判断题】

1. 切片器是Excel 2016的新增功能，是易于使用的筛选组件，它包含一组按钮，能够快速地筛选数据透视表中的数据，而无须打开列表以查找要筛选的项目。（　　　）

A. 正确　　　　　　　　　　　　　　B. 错误

2. Excel 2016可以实现对选定区域进行缩放控制。（　　　）

A. 正确　　　　　　　　　　　　　　B. 错误

实训任务

Excel 2016数据管理与分析工具的应用	
项目 背景 介绍	某集团需要对公司下属各地区销售部，在本季度销售数据进行分析，找出各区域销售中的优势与不足，并进行图表分析。
设计 任务 概述	管理与分析，需满足如下要求： 1. 对各区域销售进行排序操作，找出销售前三名的区域。 2. 对各区域销售按产品进行分类汇总，找出龙头优势产品。 3. 使用数据透视表，对各区域销售数据进行汇总分析。 4. 将生成的数据透视表转换为数据透视图，并在图表中筛选出前三名的地区。
设计 参考图	无
实训 记录	
教师 考评	评语： 辅导教师签字：

在Excel 2016中，新增和改进的数据可视化功能使用户可以获取重要的关键信息，并采用便于他人理解的醒目方式突出这些关键信息，使得可以直接在单元格中创建图形等。

本章将重点介绍如何在工作表中创建图表分析、如何在单元格中创建图形分析数据的条件格式和迷你图。迷你图是指用于单元格的微型图表。用户可以使用迷你图以可视化方式汇总趋势和数据。

学习目标

- 熟悉Excel 2016条件格式的使用
- 掌握Excel 2016迷你图单元格分析
- 掌握Excel 2016图表数据分析

技能要点

- Excel 2016条件格式应用
- Excel 2016图表数据分析

实训任务

- 工作表的条件格式与图表分析

11.1 Excel使用条件格式分析数据

条件格式，从字面上可以理解为基于条件更改单元格区域的外观。使用条件格式可以帮助用户直观地查看和分析数据，发现关键问题以及数据的变化趋势等。

在Excel 2016中，条件格式的功能进一步得到了加强，使用条件格式可以突出显示所关注的单元格区域，强调异常值、使用数据条、颜色刻度和图标集来直观地显示数据等。

11.1.1 使用条件格式突出显示数据

在Excel2016中，可以使用条件格式突出显示数据，如突出显示大小、小于或等于某个值的数据，或者是突出显示文本中包含某个值的数据，或者是突出显示重复值的数据等。用户可以根据报表分析需要，选择相应的突出显示规则，如图11-1所示。

图11-1 "突出显示单元格规则"选项

例如：以素材文件"条件格式.xlsx"工作簿中的"产品销售汇总表"为例，突出显示出"一月份"销售额在55000到60000之间的记录。具体步骤如下。

步骤1：选中需要设置"突出显示单元格规则"的单元格区域C4:C12。

步骤2：切换至"开始"选项卡，在"格式"组中单击"条件格式"下拉按钮，在展开的列表中选择"突出显示单元格规则"选项。

步骤3：在展开的列表中选择"介于"选项，弹出"介于"对话框，设置介于值的最小值和最大值，再设置相应的突出显示效果，如图11-2所示。

	A	B	C	D	E	F	G
1			产品销售汇总表				
3	部门	产品	一月份	二月份	三月份	四月份	五月份
4	百货三店	洗衣机	19042	20910	29055	37012	60450
5	百货二店	洗衣机	36589	36584	15248	30012	65842
6	百货二店	彩电	23091	31001	19801	36584	25327
7	百货三店	彩电	53000	80765	91742	76892	94271
8	百货二店	电冰箱	56902	71035	40912	76901	48123
9	百货一店	洗衣机	56845	35684	56932	69584	57430
10	百货三店	电冰箱	66890	50987	65895	63901	54875
11	百货一店	彩电	65842	56984	79170	56984	80843
12	百货一店	电冰箱	80451	91270	59844	93601	59844
13							

介于

为介于以下值之间的单元格设置格式：

55000 到 60000 设置为 浅红填充色深红色文本

确定 取消

图11-2 "介于"对话框

11.1.2 使用"最前/最后规则"突出显示数据

对于数值型数据,可以根据数值的大小选择指定的单元格或区域,如区域中的最高10项或最低10项;平均值以上或平均值以上的数据等。

例如:如果要快速选定"产品销售汇总表"中"二月份"销售额高于平均值的单元格。

步骤1:选定"二月份"销售数据列D4:D12。

步骤2:切换至"开始"选项卡,在"格式"组中单击"条件格式"下拉按钮,在展开的列表中选择"最前/最后规则"选项。

步骤3:在展开的列表中选择"高于平均值"选项,弹出"高于平均值"对话框,用户可以根据需要在"针对选定区域,设置为"选项选择一种格式即可,如图11-3所示。

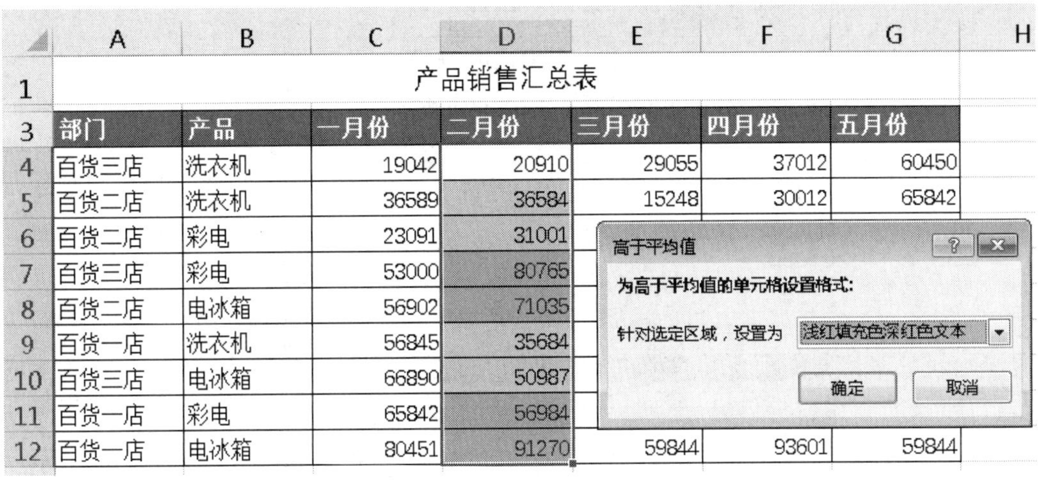

图11-3 "高于平均值"对话框

11.1.3 使用数据条分析行或列数据

数据条可以帮助用户查看某个单元格相对于其他单元格的值,数据条的长度代表单元数据的值,数据条越长,代表数值越高,反之数据条越短,代表值越低,当要观察大量数据的较高值和较低值时,使用数据条会使数据管理显得非常简单。

例如:使用"数据条"功能,分析"二月份"列数据。具体步骤如下。

步骤1:选定"二月份"销售数据列D4:D12。

步骤2:切换至"开始"选项卡,在"格式"组中单击"条件格式"下拉按钮,在展开的列表中选择"数据条"选项。

步骤3:在展开的列表中选择"渐变填充"或"实心填充"选项即可,如图11-4所示。

图11-4 数据条分析数据列

数据条也可以对数据行进行直观分析，如图11-5所示。

图11-5 数据条分析数据行

11.1.4 使用色阶分析行或列数据

颜色刻度作为一种直观的提示，可以帮助用户了解数据的分布和数据变化，双色刻度使用两种颜色的深浅程度来帮助用户比较某个区域的单元格，通常颜色的深浅表示值的高低，三色颜色用三种颜色程度来表示值的高、中、低。

例如：使用色阶显示，分析"三月份"数据。具体步骤如下。

步骤1：选定"二月份"销售数据列E4:E12。

步骤2：切换至"开始"选项卡，在"格式"组中单击"条件格式"下拉按钮，在展开的列表中选择"色阶"选项。

步骤3：在展开的列表中选择一种色阶规则即可，如图11-6所示。

部门	产品	一月份	二月份	三月份	四月份	五月份
百货三店	洗衣机	19042	20910	29055	37012	60450
百货二店	洗衣机	36589	36584	15248	30012	65842
百货二店	彩电	23091	31001	19801	36584	25327
百货三店	彩电	53000	80765	91742	76892	94271
百货二店	电冰箱	56902	71035	40912	76901	48123
百货一店	洗衣机	56845	35684	56932	69584	57430
百货三店	电冰箱	66890	50987	65895	63901	54875
百货一店	彩电	65842	56984	79170	56984	80843
百货一店	电冰箱	80451	91270	59844	93601	59844

图11-6 使用色阶分析数据列

11.1.5 使用图标集分析行或列数据

使用图标集可以对数据进行注释，并可以按阈值将数据分为三到五个类别，每个图标代表一个值的范围。

图标集类别包含方向、形状、标记、等级等，用户可以根据分析需要进行选择。

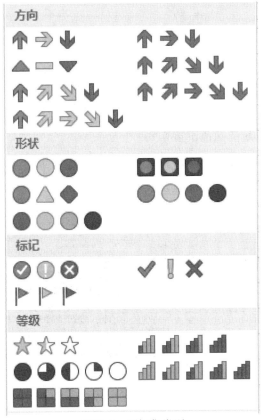

图11-7 图标集类别

11.1.6　新建规则

用户除了可以使用前面介绍的方式来分析数据外，还可以根据需要自定义条件格式。在自定义条件格式时，可供选择的规则类型，如图11-8所示。

选择规则类型(S)：

▶ 基于各自值设置所有单元格的格式
▶ 只为包含以下内容的单元格设置格式
▶ 仅对排名靠前或靠后的数值设置格式
▶ 仅对高于或低于平均值的数值设置格式
▶ 仅对唯一值或重复值设置格式
▶ 使用公式确定要设置格式的单元格

图11-8　"选择规则类型"选项

1. 只为包含以下内容的单元格设置格式

该条件格式选项可以针对不同的数据类型进行自定义规则，如图11-9所示。

只为满足以下条件的单元格设置格式(O)：

| 单元格值 | ▼ | 介于 | ▼ | |

单元格值
特定文本
发生日期
空值
无空值
错误
无错误

未设定格式

图11-9　设置条件格式

例如，用户可以使用该选项设置"空值"与"非空值"条件格式，也可以对特定范围的日期的条件格式设定，如昨天、今天、明天；上周、本周、下周；上月、本月和下月等项。

2. 仅对排名靠前或靠后的数值设置格式

要使用条件格式分析数据，可以设置某一列或一行中排名靠前或靠后的几个数值的条件格式。例如，已知某一组数据，要突出显示其中最大的前3项，都可以使用该规则。

例如：对"三月份"数据表，设置值最高的2项，如图11-10所示。

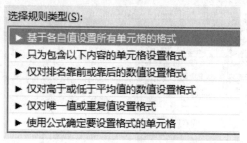

图11-10　排名靠前/靠后规则

11.1.7 管理规则

当为单元格区域创建多个条件格式规则时，用户可以通过"条件格式规则管理器"对话框，完成新建规则、选择编辑规则、删除规则以及设置规则的优先顺序等操作。

如图11-11所示，选择"显示其格式规则"选项，在下拉列表中可以选择规则所在的选项；选中需要修改的规则后，选择"编辑规则"选项，可以实现规则的修改；单击"删除规则"按钮，可以实现规则的删除操作；单击"上移"或"下移"按钮，可以改变规则的优先次序。

图11-11 "条件格式规则管理器"对话框

11.1.8 清除规则

当不再需要某个单元格区域或整个工作表中的条件格式规则时，可以将它们清除。如果清除的是其中某一个规则，则可以在选择"条件格式规则管理器"对话框中进行，如果想清除某个区域或工作表中所有规则，则可以直接选择"清除规则"命令。

1. 清除某一条规则

清除某一条规则，可以使用"条件格式规则管理器"对话框，具体步骤如下。

步骤1：选择要清除规则的单元格区域，如单元格H2:H13。

步骤2：切换至"开始"选项卡，在"样式"组中单击"条件格式"下拉按钮，在展开的列表中选择"管理规则"选项。

步骤3：弹出"条件格式规则管理器"对话框，在该对话框中选中需要删除的某个规则后，单击"删除规则"按钮。

用户也可以单击"清除规则"下拉按钮，在展开的列表中选择"清除所选单元格的规则"选项，即可清除，如图11-12所示。

图11-12 "清除所选单元格的规则"选项

从上面的操作步骤中可能看出，当在"条件格式规则管理器"对话框中选择某一个规则并执行了"删除规则"按钮后，该对话框中就不再显示该规则了，如果此时发现清除规则选择错了，用户可以单击"撤销"按钮取消此次操作，然后再次弹出"条件格式规则管理器"对话框，选择要删除的规则即可。

2. 清除整个工作表的规则

当完成了工作表的条件格式的分析后，如果不想再继续在工作表中显示这些条件格式规则，可以将它们全部删除。直接单击图11-12中"清除整个工作表规则"按钮即可。

11.2 迷你图

迷你图是指适用于单元格的微型图表，它是Excel 2010中加入一项图表制作分析工具，它经单元格为绘图区域，为用户创建出简明数据小图表，把数据以小图的形式呈现在用户面前，它是存在于单元格中的小图表。

11.2.1 创建迷你图

迷你图作为一个将数据形象化的呈现的图表分析工具，创建方法非常简便，Excel 2016中，在"插入"选项卡的"迷你图"组，选择一种迷你图类型即可。

例如：以"规则和迷你图.xlsx"工作簿中的"产品出库信息"工作表为例，使用迷你图分析"销售额"列。

步骤1：切换至"插入"选项卡，在"迷你图"组中单击"柱形图"按钮，弹出"创建迷你图"对话框。

步骤2：在该对话框中，确定所需的数据"数据范围"和图表"位置范围"，如图11-13所示。

步骤3：单击"确定"后，迷你图创建完成，如图11-14所示。

图11-13 "创建迷你图"对话框

D	E	F	G	H	I
销售人员	产品规格	出库单号	销售数量	销售额	图表分析
王心刚	SX-D-256	0586	1	260000	
侯士杰	SX-D-256	0585	1	340000	
李立新	SX-D-256	0590	1	200000	
杨则力	SX-D-192	1907	1	150000	
王心刚	SX-D-256	0010	1	460000	
侯士杰	SX-D-128	0596	1	120000	
李立新	SX-D-256	0597	1	190000	
杨则力	SX-D-256	0016	1	190000	
王心刚	SX-D-128	0598	1	95000	
侯士杰	SX-D-128	0588	1	145000	
李立新	SX-D-128	0599	1	260000	
杨则力	SX-D-128	0600	1	260000	

图11-14 迷你图创建完成

11.2.2　迷你图坐标轴

在完成上述操作后，从图11-14效果中看出，该图表还没有真正反映数据列数据值的大小比较关系，若要使图表真正反映数据值大小比较，必须修改迷你图的坐标轴选项。

坐标轴修改包括"输入垂直轴的最小值"和"输入垂直轴的最大值"，该值的修改原则是修改值比数据分析列中最小值小，比数据分析列中最大值大，如图11-15所示。

图11-15　"迷你图垂直轴设置"设置

完成自定义垂直轴最小值和最大值后，迷你图就能比较真实地反映分析数据列的数据的大小关系，如图11-16所示。

	A	B	C	D	E	F	G	H	I
1	年份	用户名称	销货单号	销售人员	产品规格	出库单号	销售数量	销售额	图表分析
2	2013	山西省	X3708-001	王心刚	SX-D-256	0586	1	260000	▬▬▬
3	2013	天津市	X3708-002	侯士杰	SX-D-256	0585	1	340000	▬▬▬
4	2013	广东省	X3708-003	李立新	SX-D-256	0590	1	200000	▬▬▬
5	2013	云南省	X3708-004	杨则力	SX-D-192	1907	1	150000	▬▬▬
6	2013	内蒙古	X3708-005	王心刚	SX-D-256	0010	1	460000	▬▬▬
7	2013	四川省	X3708-006	侯士杰	SX-D-128	0596	1	120000	▬▬▬
8	2013	四川省	X3708-007	李立新	SX-D-256	0597	1	190000	▬▬▬
9	2013	四川省	X3708-007更换	杨则力	SX-D-256	0016	1	190000	▬▬▬
10	2013	四川省	X3708-008	王心刚	SX-D-128	0598	1	95000	▬▬▬
11	2013	宁夏	X3708-009	侯士杰	SX-D-128	0588	1	145000	▬▬▬
12	2013	新疆	X3708-010	李立新	SX-D-128	0599	1	260000	▬▬▬
13	2013	内蒙古	X3708-011	杨则力	SX-D-128	0600	1	260000	▬▬▬

图11-16　自定义垂直轴值

11.2.3　迷你图类型

Excel 2016的迷你图包含三种图表类型：柱形图、折线图和盈亏图。在工作表中迷你图创建完成后，当用户单击选中迷你图，Excel窗口会出现"迷你图工具—设计"功能区，如图11-17所示。

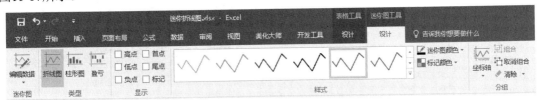

图11-17　"迷你图工具—设计"功能区

在该功能区中共包含五个组，各级功能分别如下。

- "迷你图"：用来编辑迷你图的源数据区域。
- "类型"：用来更改迷你图的图表类型。
- "显示"：用来标识在迷你图中显示的特殊数据。
- "样式"：用来更改和设置迷你图的样式、迷你图的颜色以及标记颜色。
- "分组"：用来设置坐标轴、组合和取消组合以及清除迷你图。

关于迷你图类型，应当根据不同数据分析的需要选择合适的迷你图类型。如折线图反映数据值在一定时间的变化趋势。如基金或股票数据分析，折线图最为合适，如图11-18所示的"基金数据指数"清单，若需要反映"最新价""昨收""今开""最高""最低"数据列的数据变化关系，应当采用折线图来表现。

	A	B	C	D	E	F	G	H	I	J
	名称	涨跌额	涨跌幅	成交量(手)	成交额(万)	最新价	昨收	今开	最高	最低
2	上证50	24.19	0.0093	18115609	2150639	2615.64	2591.45	2593.07	2623.08	2592.92
3	央视50	43.64	0.0071	12211931	2210466	6199.27	6155.63	6167.17	6216.67	6167.17
4	上证指数	20.8	0.0064	110308198	12317562	3258.16	3237.36	3235.23	3263.59	3235.1
5	A股指数	21.84	0.0064	110153203	12307834	3412.19	3390.35	3388.12	3417.9	3387.99
6	沪深300	17.44	0.0047	66701384	7809239	3712.12	3694.68	3695.78	3719.29	3694.9
7	中小板指	28.67	0.004	48059149	6604732	7108.59	7079.92	7090.84	7131.71	7090.84
8	深证综指	4.27	0.0023	114459233	15100512	1884.04	1879.77	1881.1	1886.24	1881.07
9	深成指R	26.84	0.0021	39303776	4157456	12582.32	12555.48	12564.71	12601.36	12564.68
10	深证成指	22.49	0.0021	114471734	15100693	10542.29	10519.8	10527.54	10558.24	10527.52
11	B股指数	0.22	0.0007	154994	9728	335.15	334.93	334.83	335.32	334.43
12	成份B指	2.06	0.0003	113833	6147	6233.37	6231.31	6225.65	6236.03	6218.38
13	创业板指	-2.07	-0.0012	26994975	4332359	1791.41	1793.48	1796.24	1803.19	2000

图11-18　基金数据指数

将图11-18中后5列数据使用迷你图中的折线图来反映变化趋势，具体步骤如下。

步骤1：切换至"插入"选项卡，在"迷你图"组中单击"折线图"按钮，弹出"创建迷你图"对话框。

步骤2：在"创建迷你图"对话框中，在"数据范围"输入框中输入图表分析的数据范围F2:J13，在"位置范围"输入框中输入迷你图放置的单元格区域K2:K13，单击"确定"完成迷你图创建，如图11-19所示。

	A	B	C	D	E	F	G	H	I	J	K
	名称	涨跌额	涨跌幅	成交量(手)	成交额(万)	最新价	昨收	今开	最高	最低	图表分析
2	上证50	24.19	0.0093	18115609	2150639	2615.64	2591.45	2593.07	2623.08	2592.92	
3	央视50	43.64	0.0071	12211931	2210466	6199.27	6155.63	6167.17	6216.67	6167.17	
4	上证指数	20.8	0.0064	110308198	12317562	3258.16	3237.36	3235.23	3263.59	3235.1	
5	A股指数	21.84	0.0064	110153203	12307834	3412.19	3390.35	3388.12	3417.9	3387.99	
6	沪深300	17.44	0.0047	66701384	7809239	3712.12	3694.68	3695.78	3719.29	3694.9	
7	中小板指	28.67	0.004	48059149	6604732	7108.59	7079.92	7090.84	7131.71	7090.84	
8	深证综指	4.27	0.0023	114459233	15100512	1884.04	1879.77	1881.1	1886.24	1881.07	
9	深成指R	26.84	0.0021	39303776	4157456	12582.32	12555.48	12564.71	12601.36	12564.68	
10	深证成指	22.49	0.0021	114471734	15100693	10542.29	10519.8	10527.54	10558.24	10527.52	
11	B股指数	0.22	0.0007	154994	9728	335.15	334.93	334.83	335.32	334.43	
12	成份B指	2.06	0.0003	113833	6147	6233.37	6231.31	6225.65	6236.03	6218.38	
13	创业板指	-2.07	-0.0012	26994975	4332359	1791.41	1793.48	1796.24	1803.19	2000	

图11-19　迷你折线图创建完成

11.2.4　迷你图编辑

迷你图创建完成后，用户可以根据数据分析需求，对其编辑美化，包括源数据区域修改、更改和编辑组的位置和数据、迷你图样式以及迷你图标记显示等。

1. 更改单个迷你图的数据

对于已经创建好的迷你图，如果源数据区域发生了变化，只需要适当更改迷你图的数据区域，而不需要创建迷你图。

例如：在上一节11.2.3节图11-19中，删除"涨跌额""涨跌幅""成交量""成产额"数据列，增加"14点监测值"列，要求将增加的数据列反映到迷你折线图中。具体步骤如下。

步骤1：单击迷你图所在的单元格区域，如单元格H2，此时，其余的迷你图单元格选择区域也会显示一个蓝色的边框，如图11-20所示。

步骤2：在"迷你图"组中单击"编辑数据"下拉按钮，在展开的列表中选择"编辑单个迷你图的数据"选项，如图11-21所示。

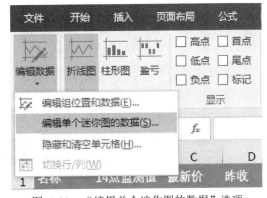

图11-20　选中单元格后的蓝色边框　　　　图11-21　　"编辑单个迷你图的数据"选项

步骤3：在弹出的"编辑迷你图数据"对话框中单击"选择迷你图的源数据区域"按钮，拖动鼠标选择单元格区域B2:G2，单击"确定"完成。

2. 编辑组位置和数据

除了"编辑单个迷你图的数据"外，还可以"编辑组位置和数据"。具体步骤如下。

步骤1：单击迷你图所在的单元格区域，如单元格H2，此时，其余的迷你图单元格选择区域也会显示一个蓝色的边框。

步骤2：在"迷你图"组中单击"编辑数据"下拉按钮，在展开的列表中选择"编辑组位置和数据"选项。

步骤3：在弹出的"创建迷你图"对话框中，确定"数据范围"单元格区域引用B2:G13，单击"确定"完成数据的修改。

3. 空单元格设置

如果在工作表中存在空值，折线迷你图中间有空距。在Excel 2016中，对于如何处理空值问题，系统给出了三个可供选择的选项，分别是空距、零值和用直线连接数据点，用户可以根据实际工作的需要进行选择。

如图11-22所示的工作表，存在有空值单元格，此时，迷你图采用的是"空距"方式处理空值单元格的。

	A	B	C	D	E	F	G	H
1	名称	14点监测值	最新价	昨收	今开	最高	最低	图表分析
2	上证50	2564.26	2615.64	2591.45	2593.07	2623.08	2592.92	
3	央视50	6100.00	6199.27	6155.63	6167.17	6216.67	6167.17	
4	上证指数	3156.58	3258.16	3237.36		3263.59	3235.1	
5	A股指数	3021.56	3412.19	3390.35	3388.12	3417.9	3387.99	
6	沪深300	3800.56	3712.12	3694.68	3695.78	3719.29	3694.9	
7	中小板指	6924.65	7108.59	7079.92		7131.71	7090.84	
8	深证综指	2100.26	1884.04	1879.77	1881.1	1886.24	1881.07	
9	深成指R	11265.26	12582.32	12555.48	12564.71	12601.36	12564.68	
10	深证成指	9542.68	10542.29	10519.8	10527.54	10558.24	10527.52	
11	B股指数	310.56	335.15	334.93		335.32	334.43	
12	成份B指	6200.26	6233.37	6231.31	6225.65	6236.03	6218.38	
13	创业板指	1822.26	1791.41	1793.48	1796.24	1803.19	2000	

图11-22　存在有空值的迷你图

如果需要改变空值的处理方式，可以单击"迷你图"组中的"编辑数据"下拉按钮，在展开的列表中选择"隐藏和清空单元格"选项，弹出"隐藏和空单元格设置"对话框，可以根据图表分析需要设置空单元格的显示方式，如图11-23所示。

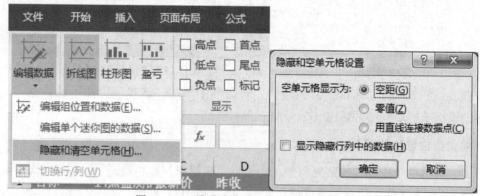

图11-23　"隐藏和空单元格设置"对话框

4. 隐藏迷你图的源数据区域

用户可以隐藏迷你图的源数据区域，而只显示迷你图。以前述工作表为例，隐藏该表所在源数据区域，具体操作如下。

步骤1：选中迷你图源数据所在区域的数据列B列到G列。

步骤2：切换至"开始"选项卡，在"单元格"组中单击"格式"下拉按钮，在展开的列表中选择"隐藏列"选项，或选择"隐藏"选项，如图11-24所示。

名称	14点监测值	最新价			最高	最低	图表分析
上证50	2564.26	2615.			2623.08	2592.92	
央视50	6100.00	6199.			6216.67	6167.17	
上证指数	3156.58	3258.			3263.59	3235.1	
A股指数	3021.56	3412.			3417.9	3387.99	
沪深300	3800.56	3712.			3719.29	3694.9	
中小板指	6924.65	7108.			7131.71	7090.84	
深证综指	2100.26	1884.			1886.24	1881.07	
深成指R	11265.26	12582.			12601.36	12564.68	
深证成指	9542.68	10542.			10558.24	10527.52	
B股指数	310.56	335.			335.32	334.43	
成份B指	6200.26	6233.			6236.03	6218.38	
创业板指	1822.26	1791.			1803.19	2000.	

右键菜单：剪切(T)、复制(C)、粘贴选项、选择性粘贴(S)...、插入(I)、删除(D)、清除内容(N)、设置单元格格式(F)...、列宽(W)...、隐藏(H)、取消隐藏(U)

图11-24　隐藏源数据所在列

步骤3：在执行"隐藏列"命令后，工作表的相应数据列被隐藏，此时，迷你图也被隐藏，如图11-25所示。

步骤4：单击迷你图所在列的任意单元格，切换至"迷你图工具—设计"选项卡，在"迷你图"组中单击"编辑数据"下拉按钮，在展开的列表中，选择"隐藏和清空单元格"选项。

步骤5：在弹出的"隐藏和空单元格设置"对话框中，选中"显示隐藏行列中的数据"复选框，此时迷你图又会重新显示出来，如图11-25所示。

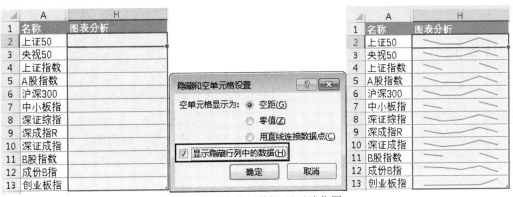

图11-25　隐藏源数据/显示迷你图

5.设置迷你图的显示属性

迷你图的显示属性是指选择要在迷你图中显示的特殊数据标记，如"高点""低点""负点"，以及"标记"等。用户可以根据数据分析进行合理的选择。

打开之前的创建的迷你图，在"迷你图工具—设计"选项卡中，选中"标记"组内单击相应的标记复选框即可，如图11-26所示，显示了迷你图的"高点"和选中"低点"的效果。

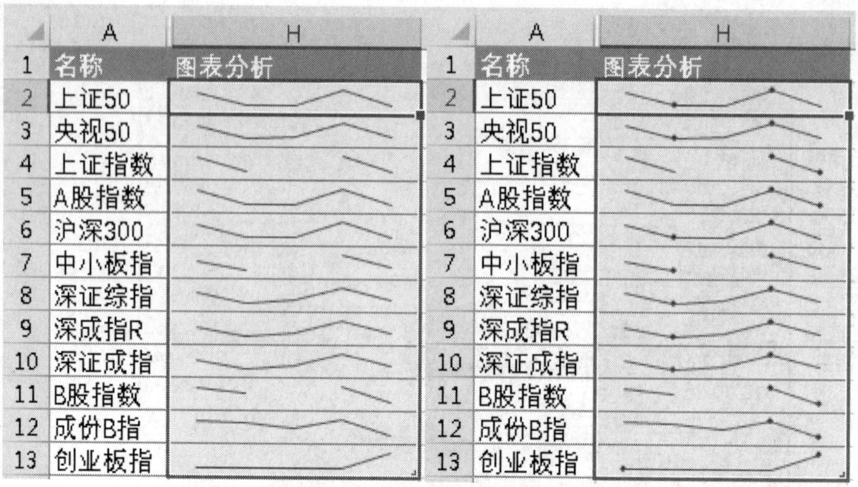

图11-26　显示标记前后比较

11.3 使用图表直观图解数据

图表是Excel中不可或缺的一种数据分析工具，它直观、简洁、明了的特点深受广大用户的青睐，在实际工作中，仅有表格形式的数据清单是不能满足数据分析和管理需求的，以图表的方式显示数据，具有很好的视觉效果，方便用户查看数据差异或预测趋势。

11.3.1　认识图表

要全面学习和掌握图表的知识，首先需要从认识图表的类型和图表的组成开始，一步一步地熟练掌握图表并灵活运用图表来分析实际工作中的数据。

为了方便用户对数据分析的不同需要，Excel 2016提供了除常规的图表类型外，新增了树状图、旭日图、直方图、箱形图、瀑布图五种类型，删除了一些使用频率非常低、实用性不强的图表类型，如气泡图、圆环图等。

1. 柱形图

排列在工作表的列或行中的数据可以绘制到柱形图中，柱形图用于显示一段时间内数据值的大小变化或比较各项在垂直方向上的高低关系，在柱形图中，通常沿水平轴组织类别，而沿垂直轴组织数值。

2. 折线图

排列在工作表中列或行中的数据可以绘制到折线图中，折线图可以显示承受时间（根据常用比例设置）而变化的连续数据，因此非常适用于显示在相等时间间隔下数据的趋势，在折线图中，类别数据沿水平轴均匀分布，所有值数据沿垂直轴均匀分布。

3. 饼图

仅排列在工作表的一列或一行中的数据可以绘制到饼图中，反映某数据占该列或该行总数值的百分比。

4. 条形图

排列在工作表的列或行中的数据可以绘制到条形图中，条形图类似柱形图，只是比较的方向上有差异，比较各项目在水平方向上的大小关系。

5. 面积图

排列在工作表的列或行中的数据可以绘制到面积图中，面积图强调数量随时间而变化的程度，面积图也可用于引起人们对总值趋势的注意。

6. 散点图

排列在工作表的列或行中的数据可以绘制到散点图中，散点图显示若干数据系列中各数值之间的关系或者将两组数绘制为x、y坐标的一个系统。

7. 股价图

以特定的顺序排列在工作表的列或行中的数据可以绘制到股价图中，顾名思义，股价图经常用来显示股价的波动，然而，这种图表也可用于科学数据。例如，可以使用股价图来显示每天或每年温度的波动。注意，必须按正确的顺序组织数据才能创建股价图。

8. 曲面图

排列在工作表的列或行中的数据可以绘制到曲面图中，如果用户要找两组数据之间的最佳组合，可以使用曲面图，就像在地形图中一样，颜色和图案表示具有相同数值范围的区域。

9. 雷达图

排列在工作表的列或行中的数据可以绘制到雷达图中，使用雷达图可以比较若干数据系列的聚合值。

10. 树状图

树状图提供数据的分层视图，按颜色和距离显示类别，可以轻松显示其他图表类型很难显示的大量数据，一般用于展示数据之间的层级和占比关系，矩形的面积代表数据大小。

11. 旭日图

旭日图用于展示多层级数据之间的占比及对比关系，每一个圆环代表同一级别的比例数据，离原点越近的圆环级别越高，最内层的圆表示层次结构的顶级。

12. 直方图

直方图是数据统计常用的一种图表，它可以清晰的展示一组数据的分布情况，让用户一目了然的查看到数据的分类情况和各类别之间的差异，为分析和判断数据提供依据。

13. 箱形图

箱形图是一种用作显示一组数据分布情况的统计图。图形由柱形、线段和数据点组成，这些线条指示超出四分位点上限和下限的变化程度，处于这些线条或须线之外的任何点都被视为离群值。

箱形图常用于统计分析，比如，可以使用箱形图来比较医疗试用结果或测试分数。箱型图也可用来展示最常见的股票涨跌k线图。

14. 瀑布图

瀑布图用于表现一系列数据的增减变化情况以及数据之间的差异对比，通过显示各阶段的增值或者负值来显示值的变化过程。在表达一系列正值和负值对初始值（如净收入）的影响时，这种图表非常有用。

采用彩色编码，可以快速地将正数与负数区分开来。初始值和最终值列通常从水平轴开始，而中间值则为浮动列。由于拥有这样的"外观"，瀑布图也称为桥梁图。

11.3.2　创建图表

在Excel 2016中，可以很轻松地创建具有专业外观的图表，用户只需选择图表类型、图表布局和图表样式，便可以创建符合需要专业图表效果。具体步骤如下。

步骤1：光标定位到数据清单中或选择用来创建图表的原始数据区域。

步骤2：切换至"插入"选项卡，在"图表"组中单击"插入柱形图或条形图"下拉按钮，在展开的列表中，可以根据需要选择二维柱形图、三维柱形图、二维条形图或三维条形图，如图11-27所示。

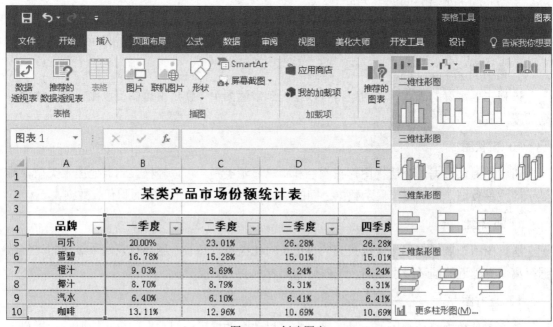

图11-27　创建图表

选择合适的图表类型后，图表创建完成，如图11-28所示。

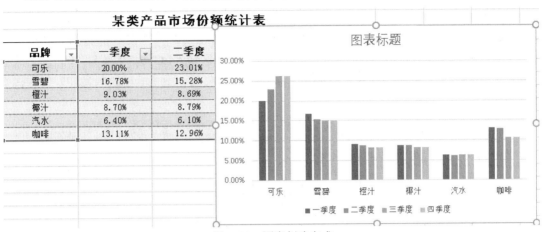

图11-28　图表创建完成

创建图表时，也可以在"图表"组单击"查看所有图表"右下角按钮，弹出"插入图表"对话框，在该对话框中根据需要选择合适的图表类型。

11.3.3　编辑图表

在图表创建完成后，还可以对图表进行一系列的操作，如修改图表类型、添加和删除图表的数据区域、更改图表布局、调整图表位置以及修改图表系列等。

1. 更改图表类型

使用图表作数据分析时，为了能多方位地分析数据，会涉及对图表类型的修改操作。只需要单击选定修改的图表，切换至"图表工具—设计"选项卡，在"类型"组中单击"更改图表类型"按钮，如图11-29所示。弹出"更改图表类型"对话框，在该对话框选择需要修改的目标类型即可。

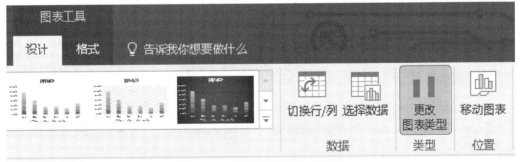

图11-29　"更改图表类型"按钮

2. 更改图表的数据区域

对于已经创建好的图表，还可以添加或删除图表中的数据以满足用户分析的要求。

例如：在图11-28中反映四个季度的柱形图分析，现需要将三季度和四季度删除，只对一、二季度进行图表分析，此时就需要修改图表的源数据区域。具体步骤如下。

步骤1：单击选中图表，切换至"图表工具—设计"选项卡。

步骤2：在"数据"组中单击"选择数据"按钮，弹出"选择数据源"对话框。

步骤3：在"选择数据源"对话框中，选中"图表数据区域"输入框内的单元格区域引用，重新在工作表中拖动选择一、二季度所在的数据区域A4:C10，如图11-30所示；或在"图例项（系列）"列表，选中"三季度"和"四季度"后，单击"删除"按钮。改变源数据区域前后比较，如图11-31所示。

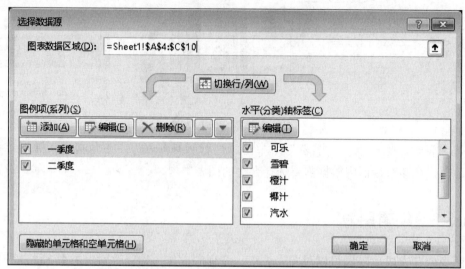

图11-30　在"图表数据区域"框内重新选择源数据范围

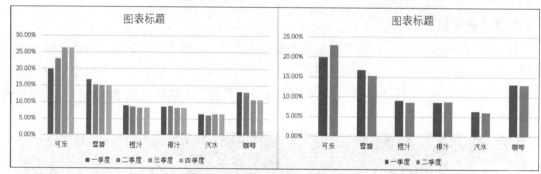

图11-31　改变源数据区域前后比较

3. 更改图表布局

图表布局是指图表及组成元素（如图表标题、图例、坐标轴、数据系列等）的显示方式。在Excel中，默认方式下创建的图表都是系统默认的布局样式，但用户可以根据实际需要修改图表布局。具体步骤如下。

步骤1：单击选择图表，切换至"图表工具—设计"选项卡。

步骤2：在"图表布局"组中单击"快速布局"下拉按钮，在展开的列表中根据需要选择一种合适的布局，如图11-32所示。

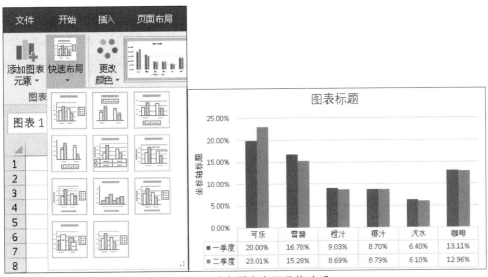

图11-32 改变图表布局及修改后

4. 调整图表的大小与位置

在Excel中调整图表的大小非常方便，可以鼠标直接拖拉调整图表的大小，也可以使用"格式"选项卡"大小"组中的"高度""宽度"来调整。

图表的位置是指图表是以图形对象的方式放在数据清单同一工作表内，还是以单独图形表格的方式放在单独的某一工作表内。具体步骤如下。

步骤1：单击选中需要移动位置的图表，切换至"图表工具—设计"选项卡。

步骤2：在"位置"组中单击"移动图表"按钮，弹出"移动图表"对话框。

步骤3：在"移动图表"对话框中，用户根据图表分析的需要，选择"新工作表"或"对象位于"单选项，将图表放置于相应的位置，如图11-33所示。

图11-33 "移动图表"对话框

11.3.4 添加图表元素

图表元素包括坐标轴、坐标轴标题、图表标题、数据标签、数据表、误差线、网格线、图例、趋势线以及涨跌柱线等。用户可以根据图表数据分析需要，为图表进行相应元素的添加与删除。

1. 坐标轴与坐标轴标题

创建图表时，可以将坐标轴标题添加到图表中的任何水平坐标轴、垂直坐标轴或竖坐标轴。标题可以帮助查看图表的用户了解数据。但是，无法向不含坐标轴的图表添加坐标轴标题，如饼图。具体步骤如下。

步骤1：单击选中要添加坐标轴标题的图表。

步骤2：单击图表边框上的"图表元素"按钮，如图11-34所示。

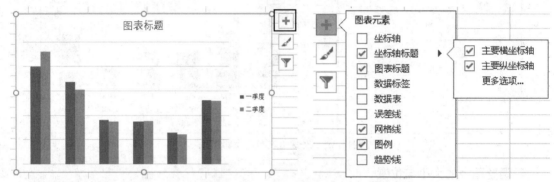

图11-34　"图表元素"按钮

步骤3：若要添加主要水平轴和垂直轴标题，则选中"坐标轴标题"复选框。

步骤4：若要添加纵坐标轴或次要坐标轴标题，则单击"坐标轴标题"右侧按钮，然后选择"更多选项"。

步骤5：选中相应的标题选项后，在图表中，单击图表中的每个"坐标轴标题"按钮，然后键入所需文本。若要在标题中另起一行，可以按快捷键Shift+Enter。

2. 误差线

在Excel图表中，误差线表示图形上相对于数据系列中每个数据点或数据标记的潜在误差量，其通常用于统计或科学记数法数据中，显示相对序列中的每个数据标记的潜在误差或不确定程度。具体步骤如下。

步骤1：在工作表中选择图表。单击图表边框上的"图表元素"按钮，在展开的列表中选中"误差线"复选框，然后单击右侧按钮，在列表中选择需要添加的误差线类型，如选择"百分比"选项，此时图表中将添加误差线，如图11-35所示。

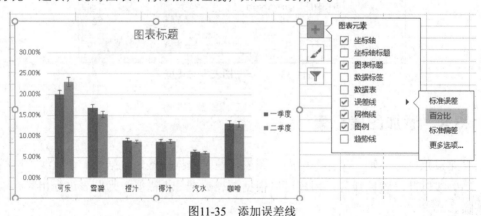

图11-35　添加误差线

如果只需对某个数据系列添加误差线，可以通过单击选择某个数据系列后再为其添加误差线。另外，误差线的方向取决于图表的类型，如果是散点图，默认情况下将会同时显示水平误差线和垂直误差线。

步骤2：在图表中双击某个数据系列的误差线打开"设置误差线格式"窗格，窗格的"垂直误差线"栏用于对误差线进行设置。例如：在"方向"和"末端样式"选项中单击相应的单选按钮设置误差线的方向和末端样式；在"误差量"选项中单击相应的单选按钮设置误差线的误差量类型，如单击"标准偏差"单选按钮，在其后的文本框中输入数值设置误差量，如图11-36所示。

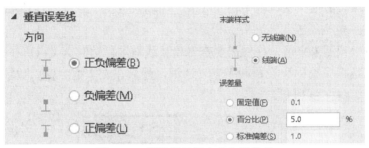

图11-36　设置误差线方向与误差量

3. 趋势线

趋势线可以反映某个系列在一定时期的变化趋势或方向。在"设置趋势线格式"窗格中，"趋势线"选项中可以对趋势线的类型、名称和预测周期等进行设置。通过这些设置能够解决使用趋势线过程中遇到的很多问题"趋势线"选项。

Excel 2016提供了六种不同趋势线用于预测数据系列的未来值，这些趋势线的类型可以在"设置趋势线格式"窗格"趋势线"选项中进行设置。

- 线性趋势线：适用于简单线性数据集的最佳拟合直线，如果数据点构成的图案类似于一条直线，则表明数据是线性的，即事物以恒定的速率增加或减少。

- 对数趋势线：是数据变化率快速增加或减少，然后达到稳定状态下使用的最佳拟合曲线，其可以同时使用正值和负值。

- 多项式趋势线：是一种数据波动情况下使用的曲线，多项式的次数可以由数据波动次数或曲线中出现弯曲的数目（即峰值数和峰谷数）确定，如二次多项式只有一个波峰和波谷，三次多项式有一个或两个峰值或峰谷。

- 乘幂趋势线：常用于对以比转速增加的测量值进行比较的数据集（如物体的加速度），其不可用于数据中含有零值或负值的数据系列。

- 指数趋势线：是一种当数据值以不断增加的速率上升或下降时使用的曲线，其同样不能用于数据中含有零值或负值的数据系列。

- 移动平均趋势线：常用于平滑处理数据的波动以更清楚地显示趋势，其以特定数目的数据点(由"周期"选项设置)来取平均值作为趋势线中点，如将"周期"设置为2时，将以数据系列每两个点的值的平均值作为点来绘制趋势线。

在"趋势线名称"选项中单击"自定义"单选按钮，在其后的文本框中输入文字即可更改趋势线的名称，如图11-37所示。

图11-37 "趋势线名称"设置

默认情况下，趋势线只能预测一个周期的数值，如果需要预测多个周期的数值，可以在"趋势预测"选项"前推"文本框中输入数值。如输入数字"3"，则趋势线将预测3个周期数据的变化情况。

通过趋势线来预测未来值，往往需要查看趋势线与坐标轴的交叉点所在的位置。此时可以在"趋势线"选项中选中"设置截距"复选框，然后在文本框中输入数字"1"。趋势预测与截距设置，如图11-38所示。

图11-38 趋势预测与截距设置

 "设置截距"复选框只对指数趋势线、线性趋势线和多项式趋势线可用。

对于趋势线来说，公式可以帮助用户了解和计算趋势线的走向和位置。在"趋势线"选项中选中"显示公式"复选框可以在趋势线旁显示其公式。

对于趋势线来说，R平方值也称为决定系数，其是一个介于0到1之间的数值，表示趋势线的估计值与对应的实际值之间的拟合程度。在图表中显示趋势线的R平方值，可以让用户更好地了解趋势线的类型是否符合该系列的数据。在"趋势线"选项中选中"显示R平方值"复选框，在趋势线上将显示该值。

 如果趋势线的类型是"移动平均"，则无法显示其R平方值。

4. 预定义线条分析数据

Excel除了可以向图表添加趋势线和误差线之外，还提供了系列线、垂直线、高低点线和涨/跌柱线等类型的预定义线条，使用它们可以对图表中的数据系列进行分析比较。

（1）条形图或柱形图图表

在"图表工具—设计"选项卡"图表布局"组中单击"添加图表元素"下拉按钮，在展开的列表中选择"线条"选项，选择下级列表中的"系列线"选项为数据系列添加系列线，如图11-39所示。

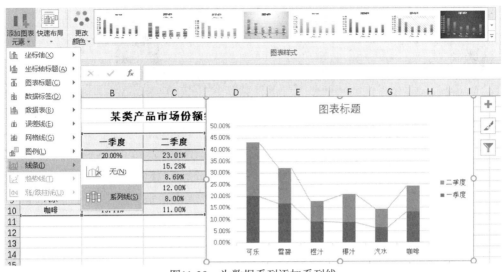

图11-39 为数据系列添加系列线

注意：系列线连接二维堆积条形图和柱形图的数据系列，用以突出每个数据系列之间的度量差异。默认情况下，复合饼图和复合条饼图会显示系列线，以便将主饼图与次饼图或条形图连接起来。

（2）折线图图表

在"图表工具—设计"选项卡"图表布局"组中单击"添加图表元素"下拉按钮，在展开的列表中选择"线条"选项，选择下级列表中的"垂直线"选项为折线图添加垂直线，如图11-40所示。

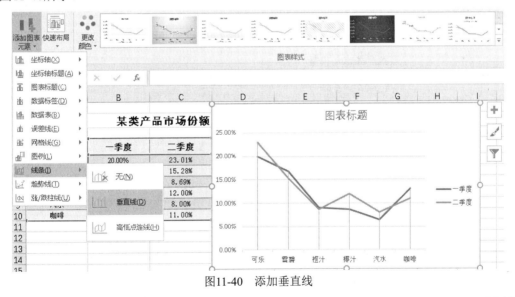

图11-40 添加垂直线

提示 垂直线出现在二维或三维面积图或折线图中，线条从数据点延伸至水平轴，其作用在于帮助识别一个数据标记的终点以及下一个数据标记的起点。

选择折线图图表，在"图表工具—设计"选项卡"图表布局"组中单击"添加图表元素"下拉按钮，在展开的列表中选择"线条"选项，选择下级列表中的"高低点连线"选项为折线图添加高低点连线，如图11-41所示。

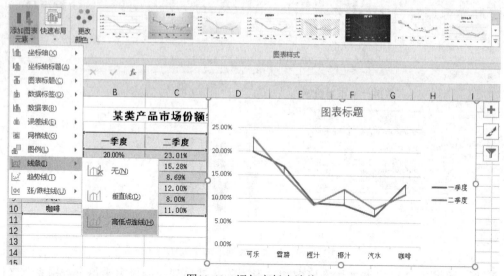

图11-41　添加高低点连线

选择折线图图表，在"图表工具—设计"选项卡"图表布局"组中单击"添加图表元素"下拉按钮，在展开的列表中选择"涨/跌柱线"选项，然后在右侧列表中选择"涨/跌柱线"选项为折线图添加涨/跌柱线，如图11-42所示。

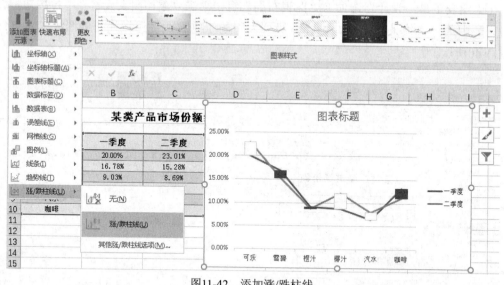

图11-42　添加涨/跌柱线

　　在图表中，高低点连线出现在二维折线图中，默认情况下会显示在股价图中。高低点连线从每个分类的最高值延伸到最低值。

　　在图表中，涨/跌柱线用于具有多个数据系列的折线图，其可以指示第一个数据系列和最后一个数据系列的数据点之间的差异。默认情况下，这些柱线将会出现在股价图中。

在图表中双击添加的涨/跌柱线打开"设置涨柱线格式"窗格，对图形的颜色、线型和阴影效果等进行设置。如在"边框"选项中对图形的宽度和短划线类型进行设置。

5. 主要坐标轴和次要坐标轴

通常情况下，Excel图表只会在其下方显示一个横坐标轴，在左侧显示一个纵坐标轴。有时候，需要在Excel图表数据区上方再显示一个次横坐标轴，在右侧选项中单击显示一个次纵坐标轴，这样可以方便查看数据的变化。具体方法如下。

在工作表中双击数据系列打开"设置数据系列格式"窗格，在"系列选项"选项中单击"次坐标轴"单选按钮，此时在图表右侧将出现次坐标轴，如图11-43所示。

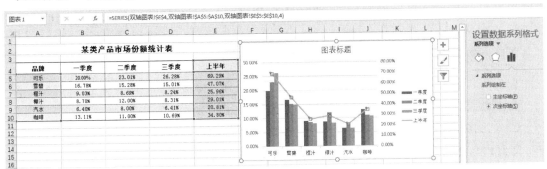

图11-43　显示次坐标轴

选择图表，在"图表工具—设计"选项卡"图表布局"组中单击"添加图表元素"下拉按钮，在展开的列表中选择"坐标轴"选项，然后在右侧列表中选择"次要横坐标轴"选项。此时在图表上方将显示横坐标轴，坐标轴标签从左向右增大，如图11-44所示。

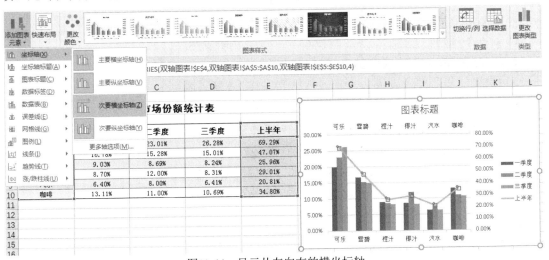

图11-44　显示从左向右的横坐标轴

6. 隐藏坐标轴上的"0"刻度值

默认情况下，Excel图表中的坐标轴上将会显示"0"刻度值。如果不需要这个"0"刻度值显示，可以使用本文讲述的方法来进行设置。

鼠标双击图表中的纵坐标轴打开"设置坐标轴格式"窗格。单击"坐标轴"按钮，在展开"数字"列表中的"类别"下拉列表中选择"自定义"选项，在"格式代码"文本框中将格式代码设置为"#,##0;-#,##0;"，即在原格式代码后添加一个分号";"，单击"添加"按钮即可完成。

本章总结

本章主要学习了Excel的形象化分析工具：条件格式的创建、编辑及修改，以及条件格式规则的管理，迷你图分析工具的使用，图表的创建、美化与编辑等知识。

练习与实践

【单选题】

1. 若要利用图表突出一段时间内几组数据间的差异，应该选择的图表类型是（　　）。

A. 折线图 　　　　　　　　　　　　B. 饼图

C. 条形图 　　　　　　　　　　　　D. 面积图

2. 在Excel中，若删除工作表中与图表链接的数据时，图表将（　　）。

A. 被删除 　　　　　　　　　　　　B. 不会发生变化

C. 自动删除相应的数据点 　　　　　D. 必须用编辑器删除相应的数据点

【多选题】

1. 在Excel 2016中，关于条件格式的规则有（　　）。

A. 项目选取规则 　　　　　　　　　B. 突出显示单元格规则

C. 数据条规则 　　　　　　　　　　D. 色阶规则

2. 下列属于Excel图表类型的有（　　）。

A. 饼图 　　　　　　　　　　　　　B. XY散点图

C. 曲面图 　　　　　　　　　　　　D. 圆环图

3. 若要修改已创建图表的图表类型，下列操作正确的有（　　）。

A. 执行"图表工具—设计"选项卡下的"图表类型"命令

B. 执行"图表工具—布局"选项卡下的"图表类型"命令

C. 执行"图表工具—格式"选项卡下的"图表类型"命令

D. 右击图表，执行"更改图表类型"命令

【判断题】

1. 在输入数字前，以单引号开头，可以将输入的数字变成文本类型。（　　）

A. 正确 　　　　　　　　　　　　　B. 错误

2. Excel 2016可以直接对功能区进行自定义设置。（　　）

A. 正确 　　　　　　　　　　　　　B. 错误

3. 对于Excel 2016的图表，可以为其设置不同颜色的横向网格线。（　　）

A. 正确 　　　　　　　　　　　　　B. 错误

实训任务

工作表的条件格式与图表分析	
项目背景介绍	年末将至，公司各部门都将全年的销售数据上交到统计部门，现在统计部门要求对提交的数据表进行图表分析，为下年做出科学决策提供依据。
设计任务概述	统计部门需要进行以下工作： 1. 对各部门提供的数据表进行单独的图表分析。 2. 对各部门提供的数据表进行汇总后，再进行图表分析。 3. 使用迷你图对某些关键数据所在列进行图表分析。 4. 使用条件格式，按照公司考核标准为依据，对数据表进行规则定义。
设计参考图	无
实训记录	
教师考评	评语： 辅导教师签字：

在普遍使用电子文档的现代商业社会，文档的安全性一直是商业竞争中的一个热门话题，如何使企业的文档更加安全，一直是相关企业管理者最为关注的问题之一。在Excel 2016中，用户可以采用多种方式保护个人文档，既可以方便文档的传阅，又不用担心文件的安全性。

学习目标

- 熟悉Excel 2016文档保护功能
- 掌握Excel 2016工作表与工作簿的保护
- 熟悉Excel 2016文档隐私性的检查功能
- 学会如何在局域网内共享工作簿文档
- 掌握工作表的输出设置

技能要点

- Excel 2016文档安全
- Excel 2016输出的页面设置

实训任务

- 工作表页面设置与输出

本章导读

12.1 Excel 2016数据安全

Excel文档通常采用的安全策略有文档级别安全策略、内容级别安全策略、集成Active Directory和.NET Passport的最新身份验证方法策略。

通过使用以上安全策略中的任何一种，都可以限制未授权的用户对文件进行任何读写操作，以此保护文件内容的安全。

12.1.1 设置密码保护文档

在Excel中，通常通过设置密码来保护文档的安全，在使用设置有密码保护的文件时就会要求使用者输入密码，只有许可的用户才能对文件进行操作，未授权的用户将不能对文件进行任何的读写操作。

1. 设置密码

在Excel 2016的工作簿窗口，选择"文件"命令，然后选择"另存为"选项，在弹出

"另存为"对话框中，单击"工具"下拉按钮，在展开的列表中选择"常规选项"选项，在弹出的"常规选项"对话框中，用户可以根据文档保护需要设置"打开权限密码"或"修改权限密码"，如图12-1所示。

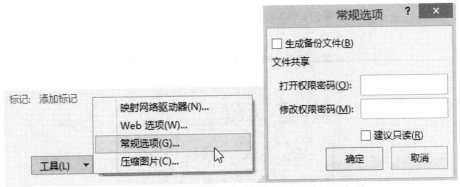

图12-1 在"常规选项"对话框中设置两种权限密码

注意：用户在输入打开权限密码和修改权限密码的时候，输入的密码可以不一样，为了工作簿的安全起见，建议设置不同的密码。

2. 以只读方式打开工作簿

对于已经设置了修改密码保护的工作簿文档，如果用户想要查看该工作簿中的内容，可以以只读的方式打开工作簿，此时不允许对工作簿进行修改，但可以将其保存为工作簿副本并对其进行编辑和修改。

只读方式只是不允许用户对当前工作簿进行编辑，但只要另存为工作簿的副本，即可随意进行修改和编辑，因此，在文档的安全性方面，更应该设置好文档的打开权限密码，不能轻易泄露此密码。

12.1.2 利用数字签名保护文档

数字签名是利用专业技术生成一个128位的散列值，然后利用专业密钥对这个数列值加密以形成数字签名。使用数字签名的标识一个文档后，任何内容的更改都会使用数字签名换效，因此，如果文档数字签名失效，则认为文档已被他人修改，使用数字签名的判断是否修改比依靠检查文档日期或文档大小更为可靠。

1. 为文档创建数字签名

为文档创建数字签名，具体步骤如下。

步骤1：在文档或工作表中，将指针置于要创建签名行的位置。

步骤2：切换至"插入"选项卡，在"文本"组中选择"签名行"选项，然后单击"Microsoft Office 签名行"。

步骤3：在"签名设置"对话框中，键入信息，将显示在签名行下面，如图12-2所示。

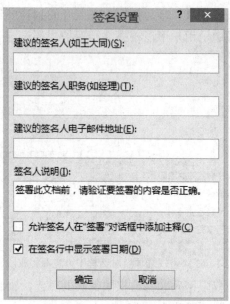

图12-2　"签名设置"对话框

- 建议的签名人：签名人的全名。
- 建议的签名人职务：签名人的职务（如果有）。
- 建议的签名人电子邮件地址：签名人的电子邮件地址（如果需要）。
- 签名人说明：添加给签名人的说明。
- 允许签名人在"签署"对话框中添加注释：允许签名人键入签名目的。
- 在签名行中显示签署日期：签名日期将与签名一起显示。

　　若要添加其他签名行，请重复这些步骤。如果文档未经签名，则会显示"签名"消息栏。单击"查看签名"以完成签名过程。

2. 签署 Excel 中的签名行

签署签名行时，将添加用户的签名的可见形式和一个数字签名。

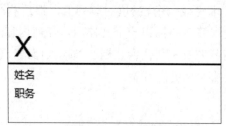

图12-3　签名设置

12.1.3　保护工作簿

　　工作簿保护主要限制其他用户无法在工作簿内进行添加工作表、移动或复制工作表、删除工作表等操作，也就能完全保护工作簿不让他人编辑。

1. 使用功能区保护工作簿结构

首先打开要保护的工作簿，切换至"审阅"选项卡，单击"更改"组中的"保护工作簿"按钮，如图12-4所示，在弹出的"保护结构和窗口"对话框中选中"结构"复选框，在"密码"框中可以根据需要设置密码，单击"确定"完成保护设置。

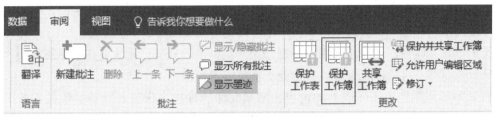

图12-4 "保护工作簿"按钮

设置完成后，返回工作簿中，右击工作表标签，会发现弹出的快捷菜单中的更改工作簿结构的命令此时都不可用。

2. 使用"保护工作簿"列表保护工作簿结构

用户还可以在Excel 2016的工作簿窗口选择"文件"｜"信息"命令，设置保护工作簿的结构。单击"保护工作簿"下拉按钮，在展开的列表中选择"保护工作簿结构"选项，弹出"保护结构和窗口"对话框，随后操作参照前述操作即可。

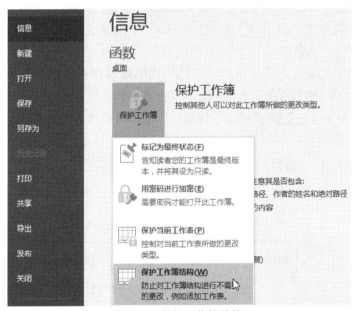

图12-5 保护工作簿结构

12.1.4 保护工作表和单元格

Excel除了可以对工作簿进行保护，防止非法用户查看和修改工作簿的结构，还可以对工作表和单元格进行保护，该功能可以对工作表中的各个元素进行保护，禁止未授权用户访问，可允许部分用户对某些区域进行单独访问。

1. 保护工作表与撤销保护

用户可以设置保护工作簿中的某个工作表，防止别人对该工作表中的数据进行编辑和修改。但可以编辑其他工作表中的数据。

首先打开要保护的工作表，切换至需要保护的工作表内，在"审阅"选项卡的"更改"组中单击"保护工作表"按钮，如图12-4所示。在"保护工作表"对话框中的"取消工作表保护时使用密码"框中设置保护密码，单击"确定"完成工作表保护设置。

保护设置完成后，返回工作表中，右击某一列，会发现弹出的快捷菜单中的"插入"或"删除"按钮都不可用，双击单元格也处于不可编辑状态。

如果用户需要修改工作表中的内容，需要先撤销保护工作表。撤销操作只需单击"更改"组中的"撤销工作表保护"按钮，输入保护密码即可撤销工作表保护。

2. 设置允许用户编辑区域

设置用户编辑区域。为了避免多个用户同时编辑工作表的同一个区域，可以在工作中设置用户编辑区域，避免修订冲突的发生。

（1）设置允许用户编辑区域

设置允许用户编辑区域，具体步骤如下。

步骤1：首先打开需要设置保护的工作簿文档，切换至相应的工作表中。

步骤2：在"更改"组中单击"允许用户编辑区域"按钮，在"允许用户编辑区域"对话框中勾选"将权限信息粘贴到一个新的工作簿中"，单击右侧的"新建"按钮，弹出"新区域"对话框，如图12-6所示。

步骤3：在"新区域"对话框中的"标题"框中输入保护区域的名称，在"引用单元格"框中输入保护单元格区域的引用地址，在"区域密码"框中输入保护区域的密码。

步骤4：单击对话框左下角"保护工作表"，再进行工作表的保护，只有在进行工作表保护后，区域保护才生效。

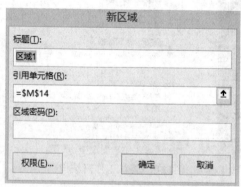

图12-6 "新区域"对话框

（2）更改允许用户编辑区域

对于已经设置好的允许用户编辑区域，还可以进行修改，更改区域的标题、引用单元格以及密码。

步骤1：在"允许用户编辑区域"对话框中单击"修改"按钮，弹出"修改区域"对话框，如图12-7所示。

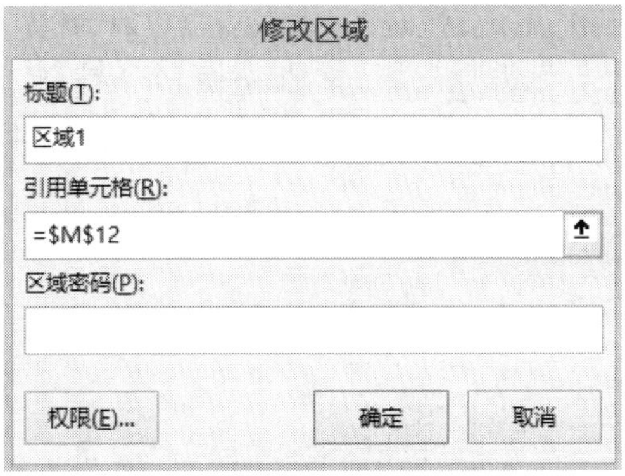

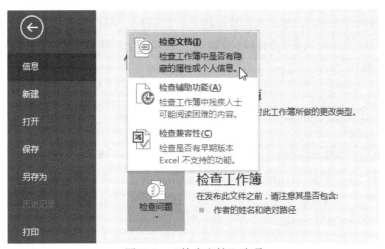

图12-7 "修改区域"对话框

步骤2：如果要修改标题和引用单元格直接修改即可，如果要修改密码，则在"区域密码"框中直接输入新的密码即可。

12.1.5 检查文档的隐私性

在Excel2016中，通过"检查问题"功能可以检查文档的属性、个人信息、是否有隐藏的工作表等隐私性。具体步骤如下。

步骤1：选择"文件" | "信息"命令，单击"检查问题"下拉按钮，在展开的列表中选择"检查文档"选项。

图12-8 "检查文档"选项

如果此时工作簿中包含尚未保存的数据，则屏幕上会弹出如图12-9所示的信息提示对话框，单击"是"按钮。

图12-9 信息提示对话框

239

用户对文档进行保存操作后，会弹出"文档检查器"对话框，如果要检查工作簿的属性和个人信息以及隐藏工作表，则需要选中"文档属性和个人信息"复选框，再选中"隐藏工作表"复选框，然后单击"检查"按钮，即可检查文档，得到审阅检查结果，如图12-10所示。

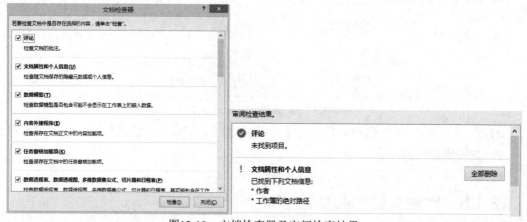

图12-10　文档检查器及审阅检查结果

12.2　网络共享工作簿

共享工作簿放置在网络上的一个服务器上，允许同一时间多个工作人员打开或编辑文档，共享工作簿对于多个或多部门同时编辑同一个文件是非常有用的，它可以使工作组成员了解其他人的工作情况。

12.2.1　创建共享工作簿

工作簿的创建者可以将普通工作簿设置成共享工作簿，然后放置在网络服务器上，这样就可以提供给整个工作组成员使用和编辑了。创建共享工作簿，具体步骤如下。

步骤1：单击工作簿文档的右上角"共享"按钮，弹出"共享"对话框，然后单击"保存到云"按钮，如图12-11所示。

图12-11　"共享"按钮及"共享"对话框

步骤2：在"另存为"对话框中，用户根据需要为文档命名保存，如图12-12所示。

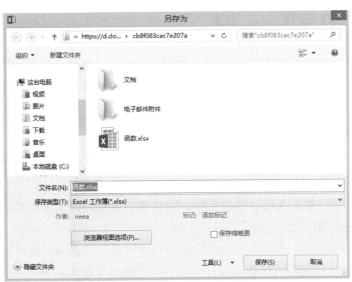

图12-12 保存共享工作簿

步骤3：单击"浏览器视图选项"按钮，弹出"浏览器视图选项"对话框，在该对话框中，可以设置当在浏览器中查看工作簿时显示的工作表和已命名的项目，如图12-13所示。

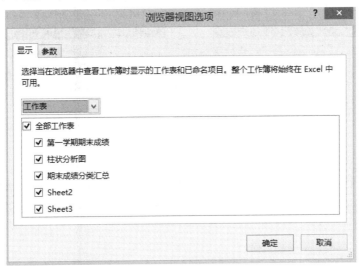

图12-13 "浏览器视图选项"对话框

步骤4：完成保存到"OneDrive"之后，弹出如图12-14所示界面，此时用户可以发送邀请并获取共享链接。

图12-14 邀请共享人员

12.2.2　批注与修订工作表

在多人协同办公时，使用批注和修订，既可以显示用户的修改信息，同时又不会影响到其他用户的意见及原来工作表的数据，使用户在最终确定工作表时可以参考来自多个审阅考的意见。

1. 在单元格中插入和编辑批注

当用户在审阅其他用户创建的工作表时，如果想表达个人意见，但又不希望直接修改作者的数据，可以在单元格中插入批注。具体步骤如下。

步骤1：单击选择要插入批注的单元格，切换至"审阅"选项卡，单击"批注"组中的"新建批注"按钮，如图12-15所示。

步骤2：此时系统会自动插入一个批注框指向当前单元格，用户此时可以批注框内输入批注内容，内容输入完成后，单击批注框外部任意位置结束输入。当用户改变当前活动单元格，批注框会自动隐藏，单元格右上角会显示一个红色的小三角标记，若用户单击"显示/隐藏批注"按钮，如图12-15所示，系统会一直显示该批注；当单击"显示所有批注"，系统会显示当前工作表中的所有批注内容框。

图12-15　"新建批注"按钮

注意："显示/隐藏批注"只能用来显示或隐藏当前单元格中的批注，它只针对当前单元格，在显示与隐藏之间切换。如果当前单元格中没有批注，"显示/隐藏批注"按钮会显示为灰色。而"显示所有批注"是用来显示或隐藏当前工作表所有单元格的批注，在显示与隐藏之间切换。

2. 电子邮件发送数据

以电子邮件的形式发送数据，将工作簿文件发送到Internet实现与远程用户共享数据，在Office组件中，有一个专门用于收发电子邮件的程序Outlook，可以与其他的办公软件协作，不通过网页就可以直接完成电子邮件的收发工作。

在Excel 2016中，如果用户第一次使用Outlook，则需要设置自己的电子邮件账户，这个操作也非常简单和人性化，用户只需按照向导提示，一步一步地设置即可，在发送电子邮件时，也有多种方式，用户可以直接将要发送的文件作为附件发送，也可以使用链接发送数据，还可以使用PDF、XPS、Internet传真等发送数据。

（1）以附件形式发送数据

以附件的形式发送邮件，是最为常见的发送电子邮件的方式之一，可以将工作簿文件作

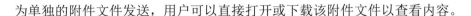

为单独的附件文件发送，用户可以直接打开或下载该附件文件以查看内容。

（2）以链接形式发送数据

每个人都能使用此工作簿的相同副本，都可以看到最新更改，使用链接发送数据要求工作簿文档保存到共享位置，否则无法操作。

（3）以PDF形式发送

以PDF的形式发送电子表格文件，可以保持文档具有一致的外观，用户不能轻易对表格中的数据进行修改。

（4）以XPS形式发送数据

与以PDF的形式发送电子表格文件类似，还可以以XPS的形式发送数据，将工作簿的XPS副本附加到电子邮件中，从而使文档在大多数计算机上的外观都相同，而且可以保留工作表中的字体、格式和图像。接收的用户也不能轻易更改XPS文件的内容。

（5）以Internet传真形式发送数据

Office 2016用户可以在Office应用程序直接通过Internet收发传真，常见的传真服务为Interfax传真服务，它可以使用户发送电子邮件一样简单，无须安装传真调制解调器、传真服务器或电话线。用户所有的信息将被存储在特定区域，同时传真号码永远不会占线，它与传统的传真相比，有很多的优点。

12.3 打印输出报表

虽然越来越多的企业提倡无纸化办公，但是在很多时候，还是需要将创建的电子表格打印出来的，对于要打印的文档，可以选择打印文档的全部内容，也可以选择打印文档的部分内容，根据表格的行列情况，可以设置最适当的纸张方向、页边距等打印选项，在打印之前还可以使用打印预览功能进行预览。使用Excel强大的打印功能可以帮助用户打印出美观的文档。

12.3.1 页面设置

页面设置是打印文档前很重要的操作，通过页面设置可以设置打印的页面、选择输出数据到打印机及打印机中的打印格式、文件格式等。

在Excel 2016中，用户可以直接在"页面布局"选项卡中"页面设置"组中进行页面设置。还可以单击"页面设置"组中的对话框启动器，弹出如图12-16所示的"页面设置"对话框以进行页面设置。

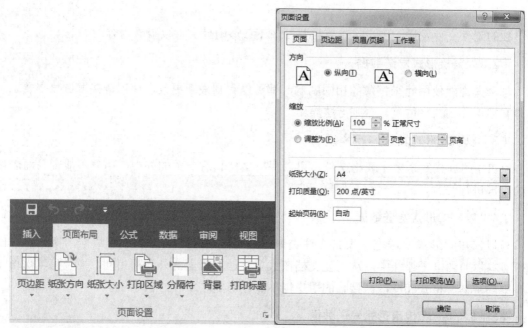

图12-16 "页面设置"对话框

1. 设置纸张方向

在实际工作中，多数文件的打印是按默认的"纵向"方向打印输出的，在"页面布局"选项卡中的"页面设置"组中的"方向"选项中提供了"纵向"和"横向"两个选项，可以根据实际需要选择纸张方向。此外，还可以打开"页面设置"对话框，在该对话框中完成纸张方向的设置。

（1）直接在功能中更改纸张方向

在"页面设置"组中单击"纸张方向"下拉按钮，在展开的列表中单击"横向"或"纵向"单选按钮，此时工作表纸张方向将相应发生变化。

（2）使用"页面设置"对话框设置方向

打开"页面设置"对话框，在"页面"选项卡中的"方向"选项中根据需要选中"纵向"或"横向"单选按钮。

通常"横向"打印可以允许更多的列，因此在表格列比较多的时候，也就是表格比较宽的情况下，选择"横向"打印就比较好，反之，则使用"纵向"打印更为适合。

2. 设置纸张大小

在实际工作中，打印纸的规格有很多种，用户可以根据电子表格的实际大小选择最适合大小的纸张，同样的设置纸张大小也有两种方法：使用功能区设置和使用对话框设置。

3. 设置页边距

页边距即页面边框距离打印内容的距离，用户可以根据文档的装订需求、视觉效果来设置适当的页边距，可以直接在"页面设置"组中的"页边距"下拉列表框中选择适当的页边距，也可以自定义页边距。

在"页边距"下拉列表框中为用户提供了系统预定义的三种页边距，分别是"普通""宽"和"窄"，同时系统会在该下拉列表底部保留用户最近一次自定义的页边距设置。

4. 设置页眉与页脚

页眉是自动出现在打印页顶部的文本，页脚是自动出现在打印页底部的文本，页眉和页脚通常在编辑状态下是不可见的，用户如果要查看页眉和页脚和设置，可以通过打印预览功能查看，使用页眉和页脚可以使打印文件更便于管理。添加页眉和页脚的具体步骤如下。

步骤1：切换至"插入"选项卡，单击"文本"组中的"页眉和页脚"按钮。

步骤2：此时，Excel自动进入"页面布局"视图的页眉和页脚的编辑状态，系统将页面顶部分成左、中和右三块区域，分别在其中设置页眉页脚的内容，如图12-17所示。

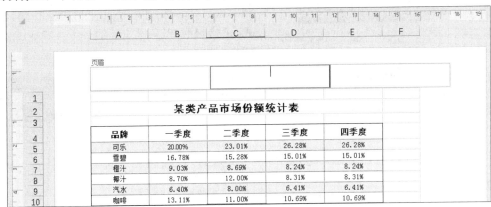

图12-17　页眉设置的三个区域

步骤3：可以根据报表打印输出的需要，使用"页眉和页脚工具"选项卡添加相应的页眉和页脚元素，如图12-18所示。

图12-18　"页眉和页脚工具"选项卡

除了使用上述的方法自定义页眉和页脚外，还可以使用内置预定义的页眉页脚样式来添加页眉和页脚，如图12-19所示。

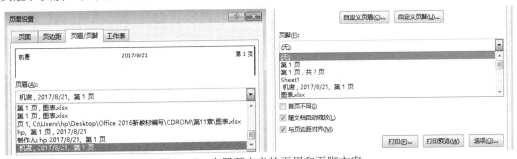

图12-19　内置预定义的页眉和页脚方案

5. 设置打印区域与顺序

并不是报表的所有内容都需要打印输出，用户可以根据需要设置打印区域和顺序。

（1）使用功能区设置打印区域

步骤1：选择要打印的单元格区域。

步骤2：在"页面设置"组中单击"打印区域"下拉按钮，在展开的列表中单击"设置打印区域"按钮，即可设置打印区域。

（2）使用"页面设置"对话框设置打印区域

步骤1：打开"页面设置"对话框，选择"工作表"选项。

步骤2：单击"打印区域"右侧的单元格引用按钮，在工作表中选择要打印的区域范围。

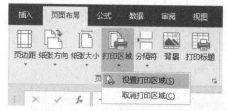
图12-20　"打印区域"下拉按钮

图12-21　"页面设置"对话框设置

（3）设置打印顺序

用户还可以设置在打印文档时是先打印列还是先打印行。

6. 打印标题

在打印Excel电子表格时，经常会遇到这样的情况，一个表格无法在一页中完全打印出来，后面的几页就无法显示表格的标题和列的名称，使得后面的几页表格的可读性较差。在Excel 2016中，用户可以通过设置打印标题解决这一问题。

在"页面设置"组中单击"打印标题"按钮，弹出"页面设置"对话框，在该对话框中单击"顶端标题行"的输入框，此时光标变成右向箭头，在需要打印的标题行上单击即可，如图12-22所示。

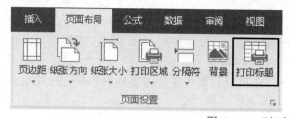
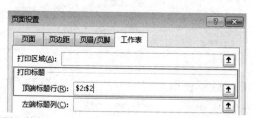
图12-22　"打印标题"按钮

7. 使用分页符

在打印工作表的时候，主要是通过分页符来将比较长的工作表分成几页，默认情况下，分页符是根据用户设置的纸张大小来自动分页的，如果用户希望在指定的位置分页，则需要通过手动插入分页符来实现。

（1）插入分页符

手动插入分页符，具体步骤如下。

步骤1：单击选择要插入分页符的位置。

步骤2：切换至"页面布局"选项卡，单击"页面设置"组中"分隔符"下拉按钮，在展开的列表中选择"插入分页符"选项，此时Excel会在选定单元格的开始位置插入一个分页符，显示为一条虚框线。在预览视图中可以看到，从该位置开始，前面的显示为一页，后面的显示为另一页。

（2）删除分页符

如果要取消从指定位置开始分页，只需要删除分页符即可，在"页面布局"选项卡中的"页面设置"组中单击"分隔符"下拉按钮，在展开的列表中选择"删除分页符"选项即可完成。

12.3.2　打印预览及打印设置

在Excel 2016的打印预览视图中，如果觉得预览效果不满意，还可以在打印预览视图中即时修改打印设置。具体步骤如下。

步骤1：在"页面设置"对话框中单击"打印预览"按钮，或选择"文件"|"打印"命令。

步骤2：在"打印"面板中显示打印预览效果，即打印预览视图，如图12-23所示，右侧显示了表格的预览效果，左侧为一些打印设置选项。

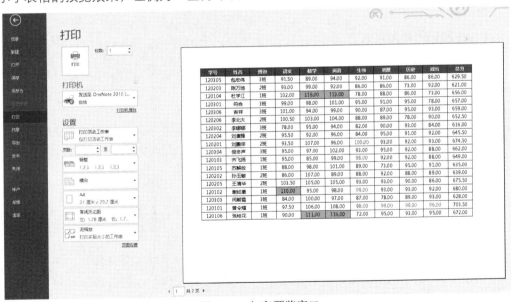

图12-23　打印预览窗口

步骤3：单击"份数"调节按钮，可以设置文档的份数；单击"打印机"下拉按钮，在展开的列表中可以选择用于打印的打印机；单击"打印活动工作表"右侧的下拉按钮，在展开的列表中选择要打印的区域：活动工作表、整个工作簿或选定区域；也可以使用"页数"调节按钮来确定打印的页码范围；用户还可以根据需要设置打印的纸张、方向、页边距等选项。

本章总结

本章主要学习Excel 2016工作簿的保护、数据签名、文档隐私检查和工作簿的共享，以及工作簿的页面设置与打印输出。

练习与实践

【单选题】

1. 在同一个工作簿中要引用其他工作表某个单元格的数据（如Sheet3中D2单元格中的数据），下列表达方式中正确的是（　　　）。

A. =Sheet3!D2

B. =D2(Sheet3)

C. =Sheet3$D2

D. =Sheet3&D2

2. 关于Excel窗口的拆分，正确的是（　　　）。

A. 可以水平拆分和垂直拆分

B. 只能进行水平拆分

C. 只能进行垂直拆分

D. 拆分命令在"页面布局"选项卡中

【多选题】

1. Excel 2016的视图模式有（　　　）。

A. 普通视图

B. 页面视图

C. 分页预览视图

D. 全屏显示

2. 关于Excel 2016页眉页脚的说法，正确的是（　　　）。

A. 可以设置首页不同的页眉页脚

B. 可以设置奇偶页不同的页眉页脚

C. 不能随文档一起缩放

D. 可以与页边距对齐

3. Excel中可作为Web页发布的对象有（　　　）。

A. 工作表

B. 图表

C. 数据透视表

D. 上述三种数据都能发布

4. 关于Excel 2016的打印功能，正确的是（　　　）。

A. 在打印的时候可以对工作表进行缩放

B. 可以将内容打印至文件

C. 可以用1、3、5的形式指定页码范围

D. 可以将文件一次性打印出多份

【判断题】

1. Excel 2016的行号与列标不可以打印输出。（　　　）

A. 正确

B. 错误

2. 在Excel 2016中，可以给工作表的第一页设置单独的页眉/页脚。（　　　）

A. 正确

B. 错误

3. Excel网格线可以打印输出。（　　　）

A. 正确

B. 错误

实训任务

	工作表页面设置与输出
项目 背景 介绍	公司财务需要设计一份标准化的现金流量表模板，并打印输出。
设计 任务 概述	现金流量表设计，需满足以下要求： 1. 结构符合标准现金流量表要求。 2. 使用工作表保护功能，将所有的公式计算的单元格进行保护，不允许编辑，其他单元格或区域可以输入数值。 3. 并为公式所在的单元格添加批注，对公式的功能进行说明。 4. 页面设置工作表，要求在一张纸上打印输出整个现金流量表。
设计 参考图	无
实训 记录	
教师 考评	评语： 辅导教师签字：

Microsoft Office PowerPoint，是微软公司的演示文稿软件，简称为PPT。用户可以在投影仪或计算机上进行演示，也可以将演示文稿打印出来。利用PowerPoint不仅可以创建演示文稿，还可以在互联网上进行面对面会议，或在网上给观众展示演示文稿。演示文稿中的每一页叫作幻灯片，每张幻灯片都是演示文稿中既相互独立又相互联系的内容。

学习目标

- 熟悉PowerPoint 2016演示文稿的基本操作
- 掌握PowerPoint 2016幻灯片的基本操作
- 熟悉PowerPoint 2016的视图方式

技能要点

- PowerPoint 2016幻灯片的常规操作
- 灵活运用PowerPoint 2016的各种视图

实训任务

- 演示文稿的制作

本章导读

13.1 认识PowerPoint 2016

PowerPoint 2016，具有一个全新直观用户界面。用户可以使用PowerPoint 2016中新的对齐、色彩搭配，以及其他设计工具，把心中所要表达的信息组织在每一张图文并茂的幻灯片中，从而使演示文稿别具一格，精彩纷呈。

13.1.1 演示文稿的基本操作

演示文稿是把静态文件制作成动态文件浏览，给人留下深刻印象。

一套完整的演示文稿文件，一般包含片头动画、PPT封面、前言、目录、过渡页、图表页、图片页、文字页、封底、片尾动画等。

演示文稿的基本操作主要包括创建演示文稿、保存演示文稿以及加密演示文稿等。

1. 新建演示文稿

用户既可以新建空白的演示文稿，也可以使用模板创建演示文稿。

（1）新建空白演示文稿

通常情况下，启动PowerPoint 2016之后就会自动创建一个空白演示文稿，如图13-1所示，用户只需要单击"空白演示文稿"即可新建一份空白的演示文稿。

图13-1　新建空白演示文稿

（2）根据模板或主题创建演示文稿

用户还可以根据系统自带的模板和主题创建演示文稿。只需要单击除了如图13-2中所示的第一项"空白演示文稿"以外的其他项目，这些模板和主题均是PowerPoint 2016预置的，用户均可以根据需要自由选择。

图13-2　根据模板或主题创建演示文稿

如果系统当前提供的模板或主题不能满足使用要求时，用户也可以在线搜索模板或主题，只需要在如图13-3所示的搜索栏内输入模板或主题的关键字，确保计算机联网的情况下，即可在线搜索，如输入"教育"关键字，搜索结果如图13-4所示。

图13-3　搜索栏

下图的右侧显示了PowerPoint模板的类别以及各类别的模板数，这些丰富的模板和主题极大地方便了用户创建演示文稿的操作。

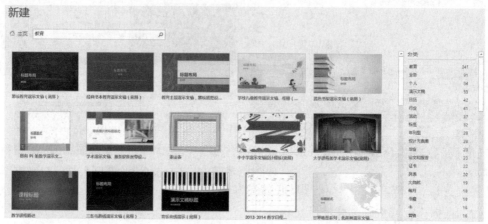

图13-4　搜索结果

2. 保存演示文稿

当保存制作好的演示文稿时，关键应当考虑选择合适的保存类型，演示文稿的保存类型很丰富，如图13-5所示，用户可以根据实际需要进行选择。

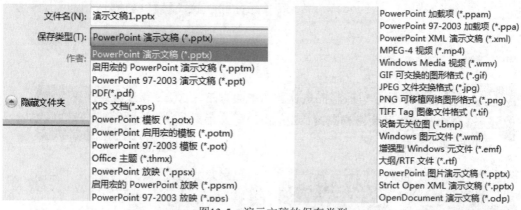

图13-5　演示文稿的保存类型

3. 加密演示文稿

为了防止别人查看演示文稿的内容，可以对其进行加密操作。

在制作好的演示文稿中，选择"文件"|"信息"命令，在"信息"选项中，单击"保护演示文稿"下拉按钮，在展开的列表中选择"用密码进行加密"选项，即可加密演示文稿文件，如图13-6所示。

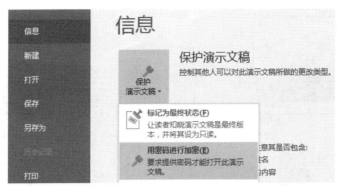

图13-6　"用密码进行加密"选项

13.1.2　幻灯片的基本操作

幻灯片的基本操作主要包括插入和删除幻灯片、编辑幻灯片、移动和复制幻灯片以及隐藏幻灯片等内容。

1. 插入和删除幻灯片

用户在制作演示文稿的过程中经常需要添加幻灯片，或者删除不需要的幻灯片。

插入幻灯片，用户可以使用右键菜单中的"新建幻灯片"命令，也可以单击"幻灯片"组中的"新建幻灯片"按钮，或者使用快捷键Ctrl+M。执行上述操作后，新插入的幻灯片会出现在当前幻灯片之后。

删除幻灯片操作也与插入新幻灯片相同，比较方便的做法，还是直接使用右键菜单中的"删除幻灯片"命令，如图13-7所示。

图13-7　"新建幻灯片"和"删除幻灯片"命令

2. 幻灯片的移动或复制

在演示文稿创建完成后，如果需要进行文稿内容或结构调整时，则用户需要对幻灯片的位置进行改变或复制幻灯片的操作。

打开文稿后，在左侧的任务窗格中选中需要复制的幻灯片，并单击鼠标右键，在弹出的快捷菜单中，选择"复制幻灯片"命令，如图13-8所示。

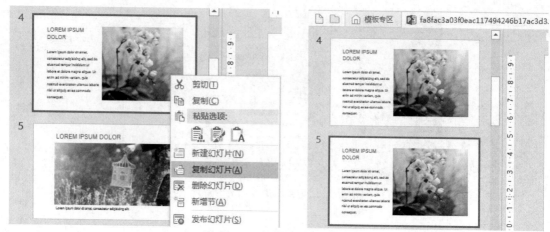

图13-8 "复制幻灯片"命令

移动幻灯片操作，只需要在左侧窗格内，拖动需要移动的幻灯片到目标位置后，松开鼠标即可实现幻灯片的移动操作。

3. 幻灯片的节操作

在PowerPoint 2016中，用户可以使用"新增节"功能组织幻灯片，在普通视图的"幻灯片/大纲"窗格中右击，在展开的列表中选择"新增节"选项，也可以单击"幻灯片"组中的"节"下拉按钮，在展开的列表中选择"新增节"选项，如图13-9所示，将在此幻灯片的上端新增一个节，新节包含当前幻灯片到最后一张幻灯片范围。

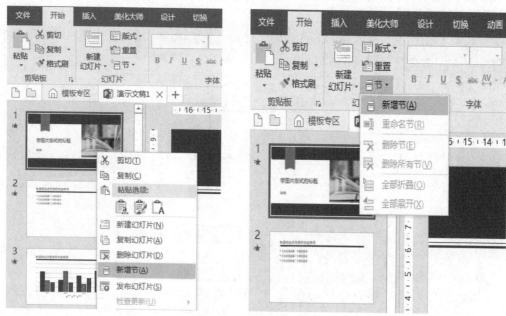

图13-9 "新增节"选项

执行操作后，系统会自动弹出"重命名节"对话框，用户可以根据需要，对节进行名称定义，也可以在节上右击，在展开的列表中选择"重命名节"选项，可对新增的节进行重命名，如图13-10所示。

图13-10　"重命名节"对话框

插入节之后，切换至幻灯片浏览视图查看节，如图13-11所示。

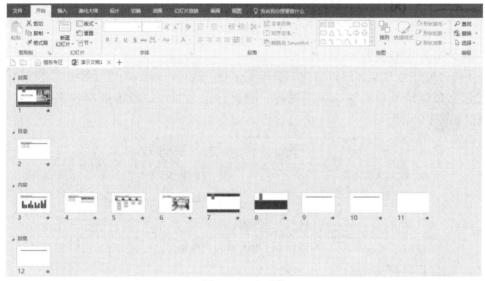

图13-11　查看节

如果要快速把文档的内容结构，使用节是非常合适的，用户可以使用节的折叠与展开功能，纵观文档结构，如图13-12所示。用户也可以使用节功能调整文档内容顺序，即进行节的上移或下移。

图13-12　节的折叠与展开

4. 编辑幻灯片

幻灯片主要构成要素，包括文本、图片、形状和表格。接下来对幻灯片的各个要素进行编辑。

（1）幻灯片文本格式

幻灯片文本编辑操作主要是对文本的字体、字号、字形、颜色等进行编辑或修饰。对文本的常规编辑操作，通常使用文本的浮动面板，当选中需要编辑的文本区域时，系统会自动显示浮动面板；用户也可以在选中编辑的文本对象，使用"开始"选项卡中的"字体"组进行文本常规编辑操作。幻灯片文本编辑，如图13-13所示。

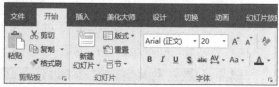

图13-13　幻灯片文本编辑

（2）幻灯片段落格式

除了可以对幻灯片文本进行格式编辑与美化外，还可以对幻灯片段落格式进行调整，段落格式包括段落编号与符号、段落对齐、段落行距与间距、段落级别等操作。幻灯片段落编辑，如图13-14所示。

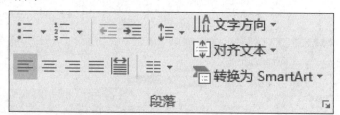

图13-14　幻灯片段落编辑

（3）幻灯片图形、表格或形状编辑

幻灯片的形状、图形或表格编辑操作与Word的形状、图形或表格的编辑操作类似，当用户选中这些对象时，PowerPoint会自动弹出相应的即时菜单，如"图片工具""表格工具"或"绘图工具"，如图13-15所示，用户可以使用这些对象工具进行图形、表格或形状的相应编辑与美化操作。

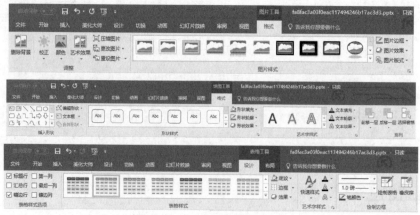

图13-15　幻灯片对象编辑工具

13.2 演示文稿视图模式

PowerPoint 2016的视图方式主要包括普通视图、幻灯片浏览视图、备注页视图、阅读视图、幻灯片放映视图、大纲视图和母版视图。

13.2.1 普通视图

普通视图是PowerPoint 2016的默认视图方式，是主要的编辑视图，可用于撰写和设计演示文稿，普通视图包括"幻灯片"形式的普通视图和"大纲"形式的普通视图两种，如图13-16所示。

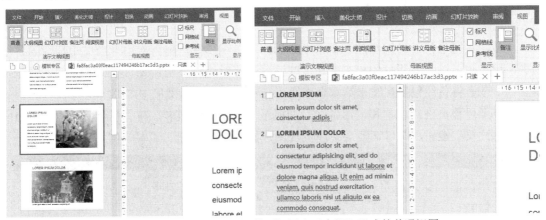

图13-16 "幻灯片"形式的普通视图和"大纲"形式的普通视图

"幻灯片"形式的普通视图，以缩略图的形式在窗口左侧窗格中查看幻灯片，可以方便重新排列、添加或删除幻灯片。

"大纲"形式的普通视图，用户可以撰写捕获灵感，计划写作内容，并能移动幻灯片和文本。可以轻松了解幻灯片文本层级结构。

13.2.2 幻灯片浏览视图

幻灯片浏览视图是一种可以帮助用户查看缩略图形式的幻灯片，通过此视图，用户在创建演示文稿以及准备打印演示文稿时，可以轻松地对演示文稿的顺序进行组织和排列。

切换至"视图"选项卡，在"演示文稿视图"组中单击"幻灯片浏览"按钮，即可启动浏览视图，如图13-17所示。

在浏览视图下，只能对幻灯片进行编辑，而不能对幻灯片中的对象，包括文本、图形等进行编辑。如果需要对某张幻灯片中的对象进行编辑与美化，则需要进入幻灯片普通视图模式，在浏览视图下进行普通视图的操作，双击幻灯片，可直接进入该张幻灯片对应的普通视图模式。

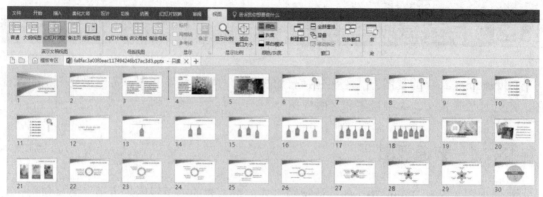

图13-17　幻灯片浏览视图

13.2.3　备注页视图

　　"备注"窗格位于"幻灯片"窗格下，用户可以在备注区输入应用于当前幻灯片的备注内容，用户也可以将备注打印出来并在放映演示文稿时进行参考，还可以将打印的备注分发给观众，或者将备注包括在发送给观众或发布在网页上的演示文稿中。

　　如果要以整页格式查看和使用备注，切换至"视图"选项卡，在"演示文稿视图"组中单击"备注页"按钮，即可切换至备注页视图，如图13-18所示。

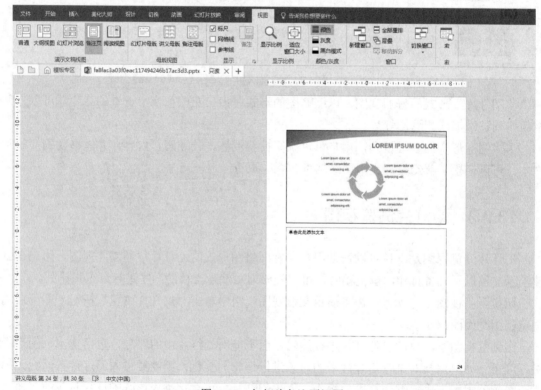

图13-18　幻灯片备注页视图

13.2.4　阅读视图

阅读视图是一种特殊查看模式，使用户在屏幕上阅读文档更为方便，如果用户希望在一个设有简单控件以方便审阅的窗口中查看演示文稿，则也可以在个人计算机上使用阅读视图。

切换至"视图"选项卡，在"演示文稿视图"组中单击"阅读视图"按钮，此时，即可切换至阅读视图，在当前阅读的幻灯片中单击鼠标左键，此时，即可切换至下一张幻灯片。

如果要退出阅读视图，在右下角的状态栏中单击其他视图按钮，或右击"结束放映"按钮即可。

13.2.5　母版视图

在PowerPoint 2016中有三种母版：幻灯片母版、讲义母版和备注母版。

1.幻灯片母版

使用幻灯片母版，用户可以根据需要设置演示文稿样式，包括项目符号和字体的类型和大小、占位符大小和位置、背景设计和填充、主题方案以及幻灯片母版和可选的标题母版。

选中除标题幻灯片以外的其他任意幻灯片，切换至"视图"选项卡，单击"母版视图"组中的"幻灯片母版"按钮，即可进入幻灯片母版，如图13-19所示。在该母版中可以编辑幻灯片标题格式、幻灯片文本框格式、日期区、页脚区和页码区格式等。

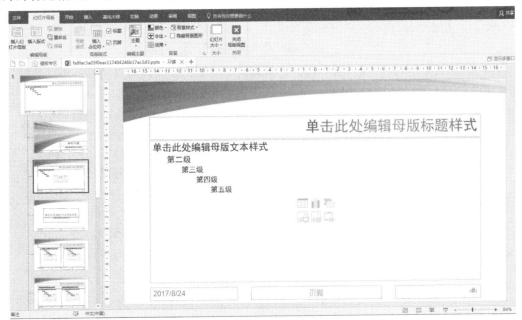

图13-19　幻灯片母版视图

在该母版中所有编辑操作将影响到除第一张幻灯片以外其他所有使用该版式的幻灯片的外观格式，因此幻灯片母版可以进行演示文稿统一外观的控制。

如果要进入可选的标题母版，则在执行命令进入母版之前，必须选中标题幻灯片，可选的标题母版的控制对象仅仅是标题幻灯片，也即演示文稿的第一张幻灯片。在可选的标题母版中，可以控制主标题、副标题、日期区、页脚区和页码区等格式。

2. 讲义母版

讲义母版提供在一张打印纸上同时打印多张幻灯片的讲义版面布局和"页眉与页脚"的设置样式。

切换至"视图"选项卡，在"母版视图"组中单击"讲义母版"按钮，此时，即可进入讲义母版视图状态，如图13-20所示。

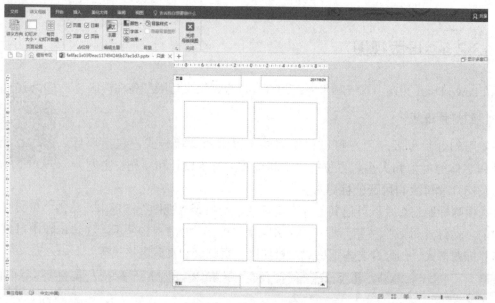

图13-20　讲义母版视图

在讲义母版视图中，可以设置页眉区、页脚区、日期区、页码区以及每页幻灯片数量。设置每页幻灯片数量，如图13-20所示。

图13-21　设置每页幻灯片数量

3. 备注母版

通常情况下，用户会把不需要展示给观众的内容写在备注里，对于提倡无纸化办公的单位，集体备课的学校，编写备注是保存交流资料的一种方法。

13.2.6　幻灯片放映视图

幻灯片放映视图可全屏显示幻灯片，这与观众观看演示文稿时在屏幕上显示的演示文稿完全一样。因此，放映视图是一种预览演示文稿播放效果的一种视图模式。

1. 从头开始放映

即从第一张幻灯片开始放映，切换至"幻灯片放映"选项卡，在"开始放映幻灯片"组中单击"从头开始"按钮，如图13-22所示。

图13-22　"从头开始"按钮

此时，即可进入幻灯片放映状态，并从第一张幻灯片开始放映，用户可以看到图形、计时、电影、动画效果和切换效果在实际放映中的具体效果。

2. 从当前幻灯片放映

在幻灯片播放过程中，很多时候会中断幻灯片播放，在进行一段时间中断播放后，若要再重新从先前中断的位置继续播放，则需要使用"从当前幻灯片开始"功能来实现。

用户可以单击"从当前幻灯片开始"按钮或按快捷键Shift+F5，均可实现从当前幻灯片开始播放。

本章总结

本章主要学习演示文稿的基本操作、幻灯片的基本操作、演示文稿的各种视图模式的功能以及各种视图模式的特点、应用。

练习与实践

【单选题】

1. 在PowerPoint 2016中按住Shift键，单击状态栏上的"幻灯片放映"按钮，其功能是（   ）。

A. 切换至幻灯片母版视图   B. 切换至讲义母版视图

C. 切换至备注母版视图   D. 打开"设置放映方式"对话框

2. 下列关于幻灯片和演示文稿的说法不正确的是（   ）。

A. 一个演示文稿文件可以不包含任何幻灯片

B. 一个演示文稿文件可以包含一张或多张幻灯片

C. 幻灯片可以单独以文件的形式存盘

D. 幻灯片是PowerPoint中包含文字、图形、图表、声音等多媒体信息的图片

3. 讲义母版包含（   ）占位符控制区。

A. 3个   B. 4个

C. 5个   D. 6个

【多选题】

1. 关于PowerPoint 2016文档新建的方法，正确的是（   ）。

A. 新建"空白演示文稿"   B. 根据"模板"新建

C. 根据主题新建   D. 根据现有内容新建

2. PowerPoint的普通视图下包括（   ）。

A. 大纲、幻灯片切换窗格   B. 幻灯片窗格

C. 任务窗格

3. PowerPoint可以用于（   ）。

A. 学术交流   B. 产品展示

C. 制作授课材料   D. 制作商业宣传广告

【判断题】

1. 将某一张幻灯片上的内容全部选定的快捷键是Ctrl+A。（   ）

A. 正确   B. 错误

2. 在幻灯片浏览视图中复制某张幻灯片，可按Ctrl键的同时用鼠标拖放幻灯片到目标位置。（   ）

A. 正确   B. 错误

实训任务

演示文稿的制作	
项目 背景 介绍	很多同学即将毕业，面对激烈的市场竞争，要求全方面展示自我，使用PowerPoint演示文稿制作自我介绍。
设计 任务 概述	使用PowerPoint演示文稿制作自我介绍，需满足以下要求： 1. 使用超链接或动作实现交互放映。 2. 使用切换动画不少于三种。 3. 使用自定义动画。 4. 使用母版为每张幻灯片的右上角加上个人格言。 5. 为每张幻灯片加上页码编号。
设计 参考图	无
实训 记录	
教师 考评	评语： 辅导教师签字：

第14章 PowerPoint演示文稿的设计与美化

演示文稿编辑完成后，用户可以通过设置文本或段落格式、图片对象、多媒体对象等多种方式对幻灯片进行美化和修饰，使其更精彩，本章主要进解如何对幻灯片进行美化与修饰。

本章导读

📖 **学习目标**

- 熟悉PowerPoint 2016演示文稿的常用对象操作
- 掌握PowerPoint 2016幻灯片的外观设计
- 熟悉PowerPoint 2016的动画设计

📖 **技能要点**

- PowerPoint 2016图形对象的编辑与处理
- 灵活运用PowerPoint 2016外观与动画设计

📖 **实训任务**

- 演示文稿的设计与美化

14.1 幻灯片文本信息的操作

文本是传播信息的重要形式，也是演示文稿的主体。在幻灯片中，文本不仅可以传播信息，还可以传播美感，本节将重点介绍幻灯片中文本信息的操作方法以及美化文本的技巧。

14.1.1 幻灯片文本信息的表现形式

幻灯片中的主要内容是通达文本的方式来表达的，那么在PowerPoint 2016中是如何展示文本内容的呢？它们的表达方式有哪些？在不同的场合该如何编排呢？这些都是本节需要解决的问题。

1. 幻灯片文本应用分类解析

幻灯片中文本应用必须符合演示文稿的类型、风格和场合，文本应用的原则为简洁、美观、达意。

（1）商务类演示文稿的文本应用要领

文本的应用要与内容相适应，如图14-1（a）所示，公司简介应该是比较严肃、正式的信息，适合大方稳重的风格，如果使用过于活泼的卡通字体，不仅没有达到美观的效果，反而影响文本内容的传达意图。

而如图14-1（b）所示则是修改后的效果，在视觉上比图14-1（a）更符合文本信息的主题和幻灯片的风格，实际上只是修改了文体内容的字体。就能让整个幻灯片看上去更加大方稳重、沉稳。

一般情况下，商务类演示文稿常用的字体：微软雅黑、方正大黑简体、方正粗倩简体、汉仪中等线、华文中宋等。

（a）　　　　　　　　　　　　　　　　　（b）

图14-1　公司简介类演示文稿文本应用

（2）生活娱乐类演示文稿文本应用

生活娱乐类演示文稿的文本应用比较灵活，可以根据演示文稿的整体风格来选择文本的表达方式，如图14-2（a）所示，以"宋体、横排、居中"的方式展示古诗，这种方式比较常规，不过让古诗少了几番韵味，如果对其进行简单的修改，如图14-2（b）所示，将文本竖排，使用一种毛笔书法字体，取消标点符号，并将标题的首字换为比较醒目的红色，让整个文本内容不仅与古典的背景相吻合，而且更具观赏性。

（a）　　　　　　　　　　　　　　　　　（b）

图14-2　古诗欣赏类演示文稿文本应用

（3）艺术类演示文稿的文本应用

艺术类演示文稿的文本应用可严肃、可轻松也可夸张，采取的文本表达方式需要依据演示文稿的主题内容而定。

（4）儿童类、教育类演示文稿的文本应用

儿童类、教育类演示文稿在文本应用上要尽量避免单调，将文本转化为图形的方式或采用卡通字体等，更适合儿童接受信息的需要。

2. 常见的文本排版方式

文本的排版是根据具体的需要，有目的地改变文字在版面上的摆放位置、排列顺序，以及文字的组合方式与层次关系。文本的编排由文本的内容和文字的设计风格而定，常见的方法：横排法、竖排法、斜排法、弧线法和渐变法，以及一些特殊的图形编排方法。

（1）横排文本是最常见，最普遍的文本排版方式。

（2）竖排的文本常出现在标题中或较为传统、古典的文本中，一般不宜多用。

（3）斜排的文本在较为正式和严肃的场合出现并不多，这种排列方式通常会使文本按照一定的角度放置在版面中，当然角度不宜过大，以45度为最佳，从而吸引观众的注意。

（4）弧线排列的文本一般出现在生活、娱乐、艺术类的文档排版中，其个性化和创意较强，从视觉空间上给人一种灵活、丰富的感觉。

14.1.2 在幻灯片中输入文本信息的方式

对幻灯片中的文本进行编辑和处理，首先需要将文本插入到幻灯片中，在幻灯片中插入文本的方式如下。

1. 在文本占位符中输入文本

在PowerPoint 2016中新建一张幻灯片，或者直接选用系统所提供的幻灯片版式，都会在版面的空白位置上出现虚线矩形框，称之为占位符。

用户可以在占位符中插入文本、图片、表格、声音或影片等对象，其中文本占位符的使用最为普遍，它用于在幻灯片中直接输入文字内容。

利用文本占位符插入文本的方式比较简单，在占位符内单击，其中的提示文字消失，此时会在占位符中显示文本插入点，在其中输入相应内容即可，如图14-3所示。

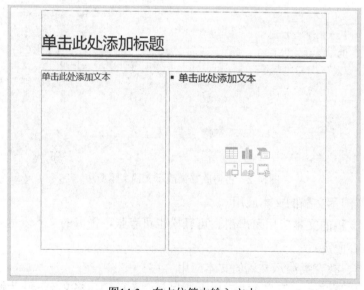

图14-3　在占位符中输入文本

2. 在大纲中输入文本

除了利用占位符输入文本内容以外，用户还可以在"大纲"窗格中直接输入文本，选用此种方式，弱化了对幻灯片整体效果的查看，但是有利于用户对输入的文本内容的结构层次进行更好地掌握。

对于结构复杂，层次较多的文本内容，利用在"大纲"窗格中输入文本的方法更为简便，如图14-4所示。

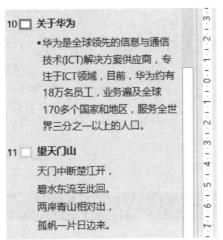

图14-4　在大纲视图中输入文本

3. 使用文本框输入文本

前面介绍的文本占位符输入文本，文本占位符其实就是一种带有默认位置、默认字体格式的文本框，如果想要在幻灯片中的任意位置灵活地插入文本内容，则可以通过手动绘制的文本框来实现。

在幻灯片中单击"插入"选项卡中的"文本"组的"文本框"下拉按钮，在展开的列表中选择文本框的类型。

4. 将Word文本转化为演示文稿

Office各组件之间有较好的协同作用，在PowerPoint 2016中可以很方便地将Word文档中的内容插入进来，从而快速生成演示文稿。具体步骤如下。

步骤1：调整Word文本的大纲级别，将Word按照文档结构层次设置大纲级别，否则将不能成功转化为符合要求的演示文稿。

步骤2：切换至"开始"选项卡，在"幻灯片"组中单击"新建幻灯片"按钮，在展开的列表中选择"幻灯片（从大纲）"选项，弹出"插入大纲"对话框，如图14-5所示。

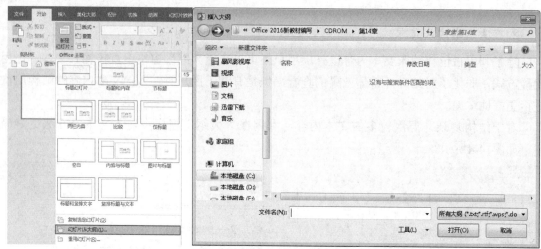

图14-5 "插入大纲"对话框

步骤3：在"插入大纲"对话框中，选择已准备好级别层次的Word文档，打开该文档，即可将文档快速导入到PowerPoint中，快速生成幻灯片。

14.2 演示文稿的版式布局和主题

一份演示文稿通常需要保持统一的外观样式，演示文稿的外观样式是通过版式布局和整体配色来确定的。本节将介绍版式布局和配色的基本常识和技巧，从而帮助用户在母版幻灯片上设计和制作外观样式协调、统一的演示文稿。

14.2.1 幻灯片页面布局设计

演示文稿的版式是指在幻灯片的页面中所有对象的排列与布局，它包括文字、图片、色彩的搭配，一份版式效果良好的演示文稿在传递信息的同时也会产生一种美感。

1. 幻灯片版式布局的原则

制作演示文稿时，为了使演示效果更好，必须合理安排幻灯片的版式布局，这就需要遵循一定的版式布局原则。

幻灯片版式布局的原则主要有四种原则，下面将逐一进行介绍。

（1）统一和谐的原则

演示文稿中多张幻灯片的版式布局应遵循统一和谐的原则，是指幻灯片大的框架结构以及背景，与内容的布局效果和各幻灯片的本色方案等形成统一的外观效果，使展示的过程更加容易被观众接受，给人整体的感觉更为和谐，如图14-6所示。

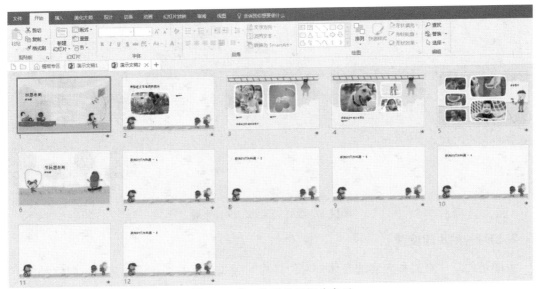

图14-6　统一和谐的幻灯片布局

（2）突出重点的原则

幻灯片要展示的主题思想是需要观众重点关注的，因此通过版式的布局和色彩样式的运用，可有效突出重点，常用的方法是增加重点内容的外观效果，设置字体大小和颜色或将内容放置于重点位置，如图14-7所示。

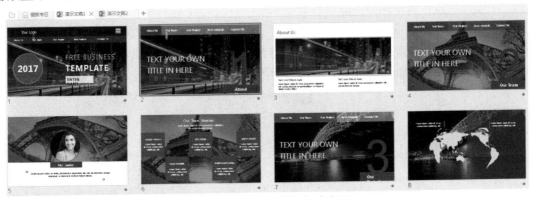

图14-7　重点突出的幻灯片布局

（3）布局简单的原则

为了让观众从一张幻灯片中更为直观地、准确地了解展示者所要表达的信息，其中的内容就不能过于烦琐，应尽量做到言简意赅、中心明确，另外，整个版面也不能过于繁杂或凌乱，这样不便于突出主题。

（4）画面优美的原则

演示文稿主要是通过视觉向观众展示内容的，因此幻灯片的色彩搭配、布局设置都关系着整个放映画面是否优美漂亮。美好的事物总是更容易被别人接受，幻灯片展示也是如此，因此用户还需要锻炼提高整个版面美观度的能力，如图14-8所示。

当然并非所有演示文稿都要求画面色彩艳丽，具体制作时还需要根据展示的特点和主题而定。

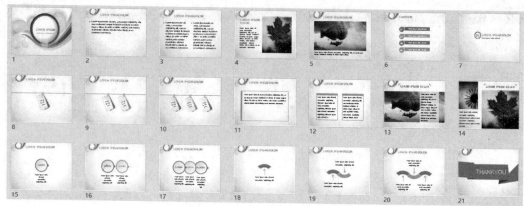

图14-8　画质优美的幻灯片布局

2. 幻灯片的页面设置

页面是幻灯片版式和内容的载体，对幻灯片的版式进行布局和设计，首先需要对页面进行设置，幻灯片的页面设置包括页面大小和方向的设置、页面主题的选择以及页面背景的设置等。下面将逐一进行介绍。

（1）页面大小和方向

在新建一份演示文稿时，首先需要确定页面的大小和方向，页面的大小和方向取决于幻灯片放映和演示的方式，默认情况下，幻灯片页面大小为宽25.4厘米，高19.5厘米，方向为横向，不过用户可以根据具体需要对其进行设置。

切换至"设计"选项卡，选项单击"自定义"组中的"幻灯片大小"下拉按钮，在展开的列表中选择"自定义幻灯片大小"选项，弹出"幻灯片大小"对话框，如图14-9所示，用户可以根据幻灯片的页面设置需要，选择合适的幻灯片大小尺寸。

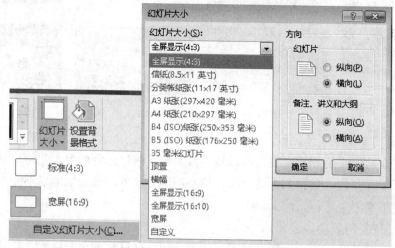

图14-9　"幻灯片大小"对话框

（2）页面主题

幻灯片的页面主题包含了幻灯片的颜色、字体和效果，对于创建统一演示文稿的外观有着举足轻重的作用，在新建演示文稿的时候，用户可以选择不同的主题，另外，在幻灯片中单击"设计"选项卡"主题"组中"其他"下拉按钮，展开如图14-10所示的列表，用户可以根据制作幻灯片的实际需求，选择相应的内置主题。

图14-10　幻灯片主题列表

另外，若在列表中选择"浏览主题"选项，将打开"选择主题或主题文档"对话框，在其中可将电脑中保存的主题应用到当前幻灯片中。

在应用了某个主题设置后，用户还可以对主题进行"变体"设置。具体方法如下。

切换至"设计"选项卡，单击"变体"组中"其他"下拉按钮，展开如图14-11所示的列表。

图14-11　幻灯片主题的"变体"设置

"变体"设置，包括颜色、字体、效果及背景样式设置。

1）"变体"的颜色设置

其中"颜色"选项，如图14-12（a）所示，用户可以根据需要在列表选择合适的颜色设置，也可以单击"自定义颜色"按钮，在"新建主题颜色"对话框中对颜色进行自定义设置，如图14-12（b）所示。

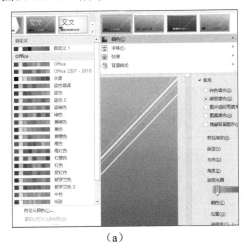

（a）　　　　　　　　　　　　　（b）

图14-12　"变体"的颜色设置

　　用户若是对自定义颜色进行保存，则在"新建主题颜色"对话框中"名称"输入框中输入自定义颜色的名称，单击"保存"按钮后，如图14-13（a）所示。新建的自定义主题颜色方案则会出现在"颜色"选项的"自定义"列表中，如图14-13（b）所示。

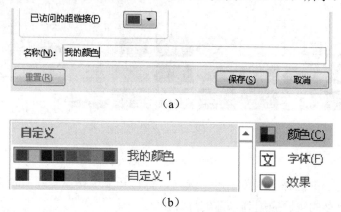

（a）

（b）

图14-13　自定义主题颜色方案

2）"变体"的字体设置

　　其中的"字体"选项，如图14-14（a）所示，用户可以根据需要在列表选择合适的字体设置，也可以单击"自定义字体"按钮，在"新建主题字体"对话框中对字体进行自定义设置，如图14-14（b）所示。

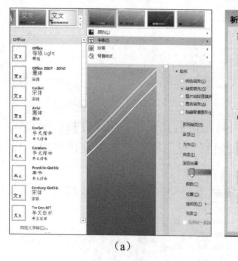

（a）

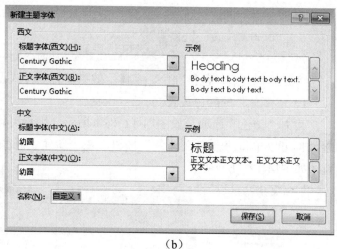

（b）

图14-14　"变体"的字体设置

　　同样，用户若是对自定义的主题字体进行保存，则在"新建主题字体"对话框的"名称"输入框中输入自定义主题字体的名称，单击"保存"按钮后，新建的自定义主题字体方案则会出现在"字体"选项的"自定义"列表中，如图14-15所示。

图14-15　自定义主题字体方案

3）"变体"的效果设置

在其他"变体"设置中，还包括有"效果"设置，用户也可以根据需要选择合适的效果选项，如图14-16所示。

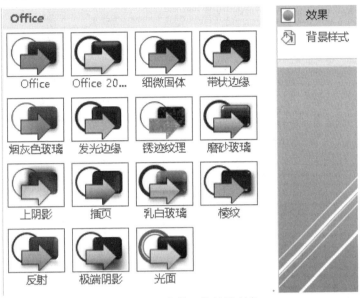

图14-16　"变体"的效果列表

4）"变体"的背景格式设置

在PowerPoint 2016中，用户不仅可以选择系统内置的背景样式，还可以自定义幻灯片背景。在展开的"背景"列表中有12种内置背景样式可供选择，当幻灯片应用了不同的模板或主题时，12种内置的背景样式也会随之变化，用户也可以自定义设置幻灯片背景，选择"设置背景格式"选项，在打开的"设置背景格式"窗格中设置背景的颜色、透明度、渐变、图片或纹理、图案填充等，如图14-17所示。

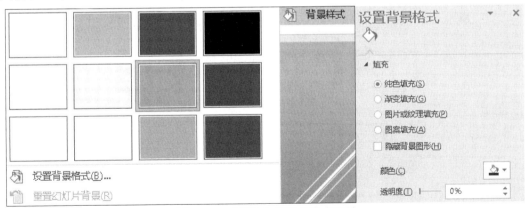

图14-17　"变体"的背景格式设置

若用户对自定义的背景设置不满意时，可以选择"重置幻灯片背景"选项，返回未设置之前的背景效果。

3.版式布局的分类

默认情况下，幻灯片的版式布局分为11种类型，如图14-18所示。如标题幻灯片版式、标题与内容版式、节标题版式、两栏内容版式等。单击"开始"选项卡"幻灯片"组中的"版式"按钮，或单击"新建幻灯片"按钮，都可弹出版式选择列表。

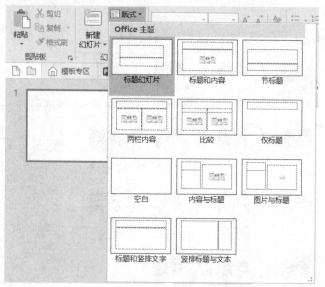

图14-18　11种默认版式选项

在默认版式列表中，有一种特殊的版式，即为"空白"版式，当选择了该版式后，幻灯片中不会出现任何占位符，用户即可根据需要，在幻灯片通过插入文本框、图形、图表或其他各种对象的方式进行自由的版面控制。

需要注意的是，当用户应用不同的主题或模板时，幻灯片版式列表也将随之发生变化，例如：应用"家庭相册"模板新建一份演示文稿时，在"版式"列表中就出现了19种版式可供选择，如图14-19所示。

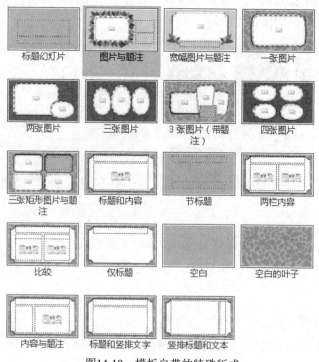

图14-19　模板自带的特殊版式

14.2.2　幻灯片的颜色设计

幻灯片的配色追求色彩的和谐与色彩的美感，因此，色彩的应用和搭配要符合幻灯片的主题，下面将介绍如何在幻灯片颜色的选择与搭配。

1. 幻灯片的本色要领

幻灯片颜色搭配并不是随心所欲的，用户既要保持个性化与创造力，又要遵循幻灯片的配色要领，幻灯片的配色要领主要有四种，下面逐一讲解。

（1）根据幻灯片类型选择颜色

演示文稿应用于各行各业，而不同的领域通常有其代表的主体颜色，例如绿色代表邮政、蓝色代表航空，在为幻灯片选择颜色时也需要注意幻灯片的类型。

（2）使用对比色区分内容

在幻灯片中使用对比色是区分不同内容的最好方法。

（3）使用邻近色搭配

在演示文稿中，尽量使用邻近色进行搭配，若颜色差别太大，就容易产生视觉冲突。

（4）使用尽量少的颜色搭配

如果页面中大块配色超过三种，则会使幻灯片显得格外花哨，这样不仅降低了演示文稿的观赏性，还容易分散观众的注意力，因此，在同一幻灯片中大块的配色不宜超过三种。

2. 色彩的分类与搭配

色彩的分类方式有很多种，总体上可以分为原色（红、黄、蓝）和混合色（红、黄、蓝所调和的颜色），在图像设计中又可以分为RGB模式和CMYK模式。

色彩学上根据心理感受，把颜色分为暖色调（红、橙、黄）、冷色调（青、蓝）和中性色调（紫、绿、黑、灰、白）。

在演示文稿设计中，暖色调给人以亲密、温暖之感；冷色调给人距离、凉爽之感。成分复杂的颜色要根据具体组成和外观来决定色性。另外，人对色性的感受也强烈受光线和邻近色的影响。色彩的冷暖感觉是人们在长期生活实践中联想而形成的。红、橙、黄色常使人联想起东方旭日和燃烧的火焰，因此有温暖的感觉，所以称为"暖色"；蓝色常使人联想起阴冷的冰雪，因此有寒冷的感觉，所以称为"冷色"；绿、紫等颜色给人的感觉是不冷不暖，故称为"中性色"。色彩的冷暖是相对的。在同类色彩中，含暖意成分多的较暖，反之较冷。

（1）蓝色

蓝色是博大的色彩，天空和大海的景色都呈蔚蓝色。纯净的蓝色表现出一种美丽、文静、理智、安详与洁净。蓝色是商务专用颜色，它是灵性和知性兼具的色彩，对于职业人士，如果希望表现专业与严谨，不妨选用蓝色。

例如，参加商务会议或记者会需要制作提案演示材料，到企业文化保守的公司面试需要制作严肃或传统主题等。

由于蓝色沉稳的特性，在商业设计中，强调科技，效率的商品或企业形象，大多选用蓝色当标准色或企业色，如电脑、汽车、影印机、摄影器材等，另外蓝色也代表忧郁，这是受了西方文化的影响，大多运用在文学作品或感性诉求的商业设计中。

蓝色的用途很广，蓝色可以安定情绪，天蓝色可用作医院、卫生设备的装饰，或者夏日的服饰、窗帘等。在一般的绘画及各类饰品中，也离不开蓝色。

不同的蓝色与白色相配，表现出明朗、清爽与洁净；蓝色与黄色相配，对比度大，较为明快；大块的蓝色一般不与绿色相配，它们只能互相渗入，变成蓝绿色、湖蓝色或青色，这也是令人陶醉的颜色；浅蓝色与黑色相配，显得大方稳重。

（2）褐色

褐色给人情绪稳定、容易相处的感觉，在表现安静、友善、诚意的时候可以选择褐色，例如，参加部门会议或季度汇报、商务聚会、做问卷调查等。

（3）红色

红色象征喜庆、吉祥、热情、性感、权威、自信，是个能量充沛的色彩；但有时候会给人血腥、暴力、忌妒、控制的感觉，容易造成心理压力，因此最好避免使用它，当想要在大场合中展现自信与权威，或是表现喜庆与祥和时，可以让红色助你一臂之力。

（4）黄色

黄色被称为"膨胀色"，它的明度极高，是所有色彩中较耀眼的颜色，能刺激大脑中与焦虑有关的区域，具有警告的效果，艳黄色象征信心、聪明、希望；淡黄色显得天真、浪漫。但是，该颜色具有不稳定、招摇，甚至挑衅的味道，不适合社交场合，而适合于快乐轻松的场合中，如聚会等。

在工业用色上，黄色常用来警告危险或提醒注意，如交通标志上的黄灯，工程用的大型机器，学生用雨衣，雨鞋等，都使用黄色。黄色在黑色和紫色的衬托下可以达到力量的无限扩大，淡淡的粉红色也可以像少女一样将黄色这骄傲的王子征服。黄色与绿色相配，显得很有朝气，有活力；黄色与蓝色相配，显得美丽、清新；淡黄色与深黄色相配显得高贵优雅。

淡黄色几乎能与所有的颜色相配，但如果要醒目，不能放在其他的浅色上，尤其是白色，因为它将使你什么也看不见。

（5）黑色

黑色象征着权威、高贵、低调、创意；有时候又意味着执着、冷漠、防御。人们对黑色的接纳和拒绝根据身份和场景的变化而改变，例如，在公开场合演讲时，黑色就常常出现在人们的视线中。

黑色也具有科技的意象，许多科技产品的用色大多采用黑色。在其他方面，黑色也常用在一些特殊场合的空间设计，生活用品和服饰设计大多利用黑色来塑造高贵的形象，也是一种永远流行的主要颜色。

（6）灰色

灰色具有柔和，高雅的意象，而且属于中间性格，男女皆能接受，所以灰色也是永远流行的主要颜色，在许多的科技产品，尤其是和金属材料有关的，几乎都采用灰色来传达科技的形象，使用灰色时，大多利用不同的层次变化组合或他配其他色彩，才不会过单一，沉闷，而有呆板，僵硬的感觉。

在色彩体系中灰色恐怕是最被动的色彩了，它是彻底的中性色，依靠邻近的色彩获得生命。灰色意味着一切色彩对比的消失，是视觉最安稳的休息点。然而，人眼不能长久地注视着灰色，因为无休止的休息意味着死亡。

（7）绿色

绿色给人无限的安全感，在人际关系的协调上可扮演重要的角色。绿色象征自由和平、新鲜舒适；黄绿色给人清新、有活力、快乐的感受；明度较低的草绿、墨绿、橄榄绿则给人沉稳、知性的印象。绿色的负面意义，暗示了隐藏、被动，不小心就会表现出守旧没有创意、自私、失信的感觉，在团体中容易失去参与感，所以在搭配上需要其他色彩来调和。绿色是环保、动物保护、休闲活动时很合适的颜色。

14.3 演示文稿图形与多媒体对象编辑

除文字以外，图形及多媒体对象也是演示文稿的另一个主角，它们能够超越文字传达更多的信息，合理地使用这些对象，在很大程度上影响到演示文稿的整体风格和视觉效果。

14.3.1 使用图形对象美化演示文稿

PowerPoint 2016的图形对象主要包括图片、形状、图表、SmartArt以及屏幕截图等对象，这些功能主要集中在"插入"选项卡"图像"组和"插图"组中，如图14-20所示。

图14-20 图形对象功能组

PowerPoint 2016与以往版本不同的是，取消了"剪贴板"功能，主要考虑到该功能对于演示文稿的版面美化作用不大，用户的使用频率也不高。增加了"联机图片"功能，使用它用户可以很方便地联机搜索图片。

这些图形对象的编辑与美化操作与Word组件操作类似，本节不再赘述。

14.3.2 使用多媒体对象

在演示文稿中使用声音、视频、Flash动画等多媒体元素，能将演示文稿变为丰富多彩的多媒体文件，使得幻灯片中展示的信息更多元化，让展示效果更具感染力。

1. 认识幻灯片中的多媒体元素

要在幻灯片中应用多媒体元素，首先需要了解使用这些媒体元素的注意事项，以及它们的类型、格式、获取方式等。

（1）使用多媒体元素的注意事项

将多元化的媒体元素应用到幻灯片中，会比以简单的文字和图片制作的幻灯片效果更胜一筹，不过所插入的媒体元素要使用恰当，例如，什么时候需要插入声音和视频？声音和视频能否在幻灯片中正常播放等。应当注意以下几点。

1）根据需要插入媒体元素

并不是任何幻灯片都适合插入声音和视频等媒体元素的，应用媒体元素符合幻灯片，包括符合需要的位置、时间、插入与幻灯片内容相关的声音视频说明，以及使用能够烘托演示气氛的音效。

2）注意媒体元素的格式与大小

在幻灯片中插入声音或视频等媒体元素时，常常会遇到声音或视频不能正常插入的尴尬，或者插入迟缓的现象，这可能与素材的大小和格式有关，所以在选择需要插入的素材时，要注意PowerPoint是否能够很好地识别这些格式。另外，媒体素材的体积不宜过大，否则会影响PowerPoint的播放速度。

3）注意媒体元素的保存路径

当在幻灯片中插入声音和视频等媒体元素时，一定要注意这些素材的保存路径，否则演示文稿的媒体元素将无法在其他地方播放，用户可以在插入之前将声音或视频素材放入到演示相同的文件夹下，或是在制作完成后将演示文稿打包。

（2）可供使用的多媒体元素的类型与格式

在幻灯片中可使用的多媒体元素一般有声音、视频和Flash动画这三种。不过幻灯片对声音和视频的格式有一定的要求，具体如下。

1）声音格式

常见的声音格式有MP3、WMA、MIDI、CDA、AIFF和AU等，对于大多数声音格式都能够在PowerPoint 2016中正常使用。常见的声音格式，见表14-1。

表14-1　常见的声音格式

格式	扩展名	特征
MP3音频文件	.mp3	MPEG Audio Layer 3，这是一种音频压缩格式，由于它体积小、音质好，已成为主流音频格式出现在多媒体元素中
Windows音频文件	.wav	波形格式，这是最普遍的声音文件格式，PowerPoint可以播放，它使用相当广泛
Windows Media Audio文件	.wma	Windows Media Audio，来自Microsoft公司，只要安装了Windows系统就可以正常播放声音
MIDI文件	.mid或.midi	主要用于原始乐器作品，流行歌曲的业余表演，游戏音轨以及电子贺卡等
CD音频文件	.cda	CD音轨是近似无损的，因此它基本近似原声
AIFF和AU音频文件	.aiff和.au	由苹果公司开发的AIFF格式和为UNIX系统开发的AU格式，它们和wav音频文件格式 非常相似

2）视频格式

PowerPoint 2016中常见的视频格式有AVI、MPG、ASF、WMV和MP4等。常见的视频格式，见表14-2。

表14-2　常见的视频格式

格式	扩展名	特征
Windows视频文件	.avi	这是由Microsoft公司推出的"音频视频交错"格式，能让语音和影像同步组合
影片文件	.mpg或.mpeg	这是一种影音文件压缩格式，令视听传播进入了数码化时代
Windows Media Audio视频文件	.asf	这是由Microsoft公司开发的串流多媒体文件格式，是Windows Media的核心
Windows Media Video文件	.wmv	这是一种压缩率很高的格式，它需要的计算机存储空间最小
MP4文件	.mp4	这是格式目前流行的一种视频文件，广泛应用于很多领域

2. 声音效果的应用

声音是幻灯片中使用最频繁的多媒体元素，下面介绍在幻灯片中插入声音、剪辑声音并控制声音播放的方式等。

（1）在幻灯片中插入声音的方式

在幻灯片中单击"插入"选项卡"媒体"组"音频"下拉按钮，在展开的列表中可以看到两种插入声音的方式，分别介绍如下。

1）插入"PC上的音频"

选择"音频"列表中的"PC上的音频"选项，弹出"插入音频"对话框，在其中找到声音文件的保存路径，单击"插入"按钮即可将文件中的音频插入到幻灯片中，如图14-21所示。

图14-21　"插入音频"对话框

2）录制音频

另一种的来源就是录制音频，用户可以使用该功能将计算机外的声音录制，插入到PPT

幻灯片中，前提是需要准备并调试好录制的相关设备。

（2）声音剪辑

用户可以对PowerPoint 2016中插入的声音文件根据实际的放映需要进行剪裁，只保留需要播放的某个声音片段。

选中幻灯片的声音图标，切换至"音频工具—播放"选项卡，在"编辑"组中单击"剪裁音频"按钮，弹出"剪裁音频"对话框，如图14-22所示。

图14-22　"剪裁音频"对话框

1）剪裁音频的开头：单击最左侧的绿色标记，出现双向箭头，将箭头拖动到所需要音频剪辑起始位置即可，如图14-23所示。

2）剪裁音频的结尾：单击右侧的红色标记，出现双向箭头，将箭头拖动到所需的音频剪辑结束位置即可，如图14-23所示。

图14-23　剪裁音频操作

（3）设置音频的播放方式

设置声音的播放方式是通过"音频工具—播放"选项卡实现的。音频播放方式有自动、单击时、跨幻灯片三种。

1）自动：选择"自动"选项，声音将在幻灯片开始放映时自动播放，直到声音结束。

2）单击时：选择"单击时"选项，在幻灯片放映时，声音不会自动播放，只有单击声音图标或启动的按钮时，才会播放声音。

3）跨幻灯片：选择"跨幻灯片"选择，当演示文稿包含多张幻灯片时，声音的播放可以从一张幻灯片延续到另一张幻灯片，不会因为幻灯片切换而中断。

14.4 动画设计

动画是幻灯片中使用最频繁的功能之一，它能使幻灯片的各个对象产生动态效果，还能让幻灯片的转场更加流畅自然，掌握动画的应用技巧，能使幻灯片的质量更上一层楼。

14.4.1　幻灯片转场切换动画

在PowerPoint 2016中新增一个"切换"选项卡，通过对演示文稿添加切换效果，就可以实现从一张幻灯片到另一张幻灯片的动态转换。

1. 为幻灯片添加切换动画

在"幻灯片/大纲"窗格中选中需要添加切换动画的幻灯片，然后单击"切换"选项卡"切换至此幻灯片"组中的"其他"下拉按钮，在展开的列表中选择合适的切换动画。

其中有细微型、华丽型、动态内容型三种类型可以选择。

（1）细微型幻灯片的切换效果包括淡出、推进、擦除、显示、随机线条、覆盖等11种基本效果，这些效果简单自然，动作幅度较小。

（2）华丽型的幻灯片切换动画包括溶解、涟漪、碎片、翻转、门、立方体等16种效果，该切换动作比细微型的效果复杂，且视觉冲击力更强。

（3）动态内容型的幻灯片切换动画包括摩天轮、传送带、窗口、轨道、飞过等7种效果，选择动态内容型切换效果主要应用于幻灯片内容的文字或图片等元素。

2. 设置切换效果选项

为幻灯片选择不同的切换方式会出现不同的效果选项，单击"切换到此幻灯片"组的"效果选项"下拉按钮，在展开的列表中选择不同的效果选项，如图14-24所示，选择了"揭开"与"日式折纸"的切换效果，其切换效果选项下拉列表也有差异。

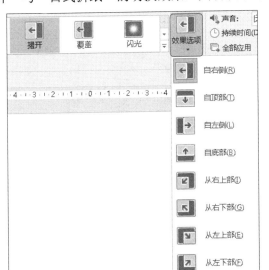

图14-24　"效果选项"下拉按钮

3. 设置切换动画的播放方式

在"切换"选项卡的"计时"组中可以设置切换动画的播放方式,其中"单击鼠标时"复选框,则切换动画只会在单击鼠标时启动,若选中"设置自动换片时间"复选框,并在其后输入框中输入换片时间,则幻灯片的切换动画会在指定的时间自动出现。

另外,单击"声音"下拉按钮,在展开的列表中可选择不同声音效果,若选择"其他声音"选项,将打开"插入音频"对话框,在其中可以将外部的声音应用到幻灯片的切换效果中。

为幻灯片切换效果添加声音后,可在"计时"组中的"持续时间"文本框中设置声音的持续时间,该时间不宜过长,一般1-3秒为宜。

默认情况下,用户设置的幻灯片效果只对当前幻灯片起作用,若希望将设置的幻灯片效果应用于整个演示文稿,则可以单击"全部应用"按钮即可完成。

 在"声音"列表中所提供的是wav格式的声音文件,它能在PowerPoint中得到很好的兼容,因此,用户在选择外部声音时最好选择wav格式的音频文件。

14.4.2 为对象添加动画效果

为了使演示文稿更加精彩,一般会为幻灯片中的元素添加不同的动画效果。

在PowerPoint 2016中,通过"动画"选项卡能为幻灯片添加动画、编辑动画、设置动画效果、设置动画播放方式等。

1. 动画类型

幻灯片自定义动画类型包括进入动画、强调动画、退出动画和动作路径动画等。用户可以根据幻灯片动画设计的需要,选择合适的动画类型,如图14-25所示。

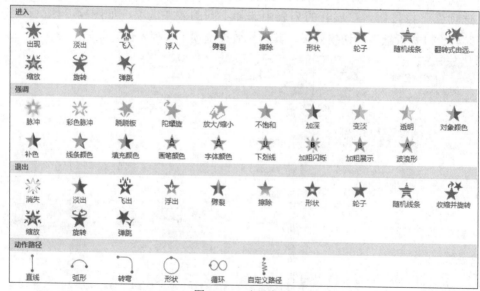

图14-25 动画类型

2. 设置动画放映方式

在用户完成添加动画操作后，如需要制作出更具特色的动画效果，还应对幻灯片的动画对象进行更巧妙地控制与设置，这样才能使制作的演示文稿别具一格，精彩纷呈。

（1）为同一个对象设置多个动画

在幻灯片中，一个对象的变化不可能只对应一个动画，为了制作出逼真的效果，往往需要为同一个对象添加多个动画，并安排好播放的前后顺序，速度、变化的方向和样式等相关变量。

万事万物都是在发展变化的，当然在为幻灯片中的对象添加动画时，也应该遵循一定的定律，一个对象常常伴随着从无到有、由强到弱、由远至近、从快到慢的变化。

需要注意的是，在完成一个动画后，再为该对象添加动画需要在"高级动画"组中单击"添加动画"下拉按钮，如图14-26所示。

图14-26　"添加动画"下拉按钮

（2）在同一个位置多个动画

同一位置放映多个对象，即在一个固定的位置上第一个对象消失或发生改变时，第二个对象出现或发生相应的改变，类似于自动浏览的效果。

在进行第二或第三动画添加之前，为对象添加必要的退出动画，并且设置退出动画与后续的进入动画同时进行即可。

（3）自定义路径动画

绘制动作路径动画是真正意义的自定义动画，它可以根据需要灵活地设置动画对象运动轨迹。

如太阳东升西落、星球的公转与自转、汽车的曲线行驶等这些都可以通过绘制动作路径的方式来实现。

3. 使用动画刷快速应用动画效果

动画刷是PowerPoint一个非常实用的功能之一，用户可以利用它轻松快速地将一个对象的动画效果复制到另一个动画上。

使用动画刷复制动画效果的操作比较简单，首先选中带有动画效果的对象，然后切换至"动画"选项卡，在"高级动画"组中单击"动画刷"按钮，当鼠标指针标为刷子形状时，单击目标对象即可实现动画效果的复制。

14.5　演示文稿的交互效果的实现

交互是指根据现场情况、观众情况或演示内容，对幻灯片实行有选择性的灵活放映，以便与演示对象形成良好的互动关系，做到在演示过程中既方便又美观。

14.5.1 通过超链接或动作实现交互

超链接是一个对象跳转到另一个对象的快捷途径。幻灯片中的超链接与网页中的超链接类似，都是对象之间相互跳转的手段，通过单击幻灯片中设置有跳转的文字、图片等对象，即可快速开启相应的内容或跳转到相应的页面。

1. 为幻灯片对象添加超链接

在幻灯片中添加超链接的对象很多，可以是文本或图形、图片或图表。

先选中需要进行跳转或链接的文本或图形对象，切换至"插入"选项卡，单击"链接"组中的"链接"或"动作"按钮，弹出"插入超链接"或"操作设置"对话框，在对话框中选择链接到目标位置即可，如图14-27所示。

图14-27　"插入超链接"对话框和"操作设置"对话框

2. 修改超链接的颜色

为幻灯片中的文本添加超链接，文本具体变成哪种颜色是由该幻灯片所应用的主题决定的，主题不同，配色方案就会有差别，文本超链接的颜色也就不同了。

因此，用户若需要对超链接的颜色进行修改，则修改其主题配色即可。切换至"设计"选项卡，在"变体"组中单击"颜色"下拉按钮，在展开的列表中，选择"自定义颜色"选项，此时打开"新建主题颜色"对话框，在该对话框中下端修改"已访问的超链接"的颜色即可。

14.5.2 使用触发器交互

使用触发器来控制幻灯片中的动画，可以在不同的环境下根据需要播放不同的动画，从而实现交互式的动画效果。

1. 为动画添加触发器

为幻灯片中的对象添加动画效果之后，可以使用触发器来开启动画。在PowerPoint 2016

中添加触发器有以下方式。

（1）利用"触发"按钮添加触发器

选中已经设置过动画效果的对象，单击"高级动画"组中的"触发"下拉按钮，在展开的列表中选择相应的选项，如图14-28所示。

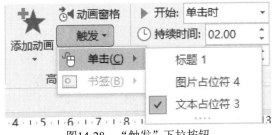

图14-28　"触发"下拉按钮

（2）在动画效果对话框中添加触发器

打开对象动画效果设置的对话框，切换至"计时"选项卡，单击其中的"触发器"按钮，在展开的列表中选中"单击下列对象时启动效果"单选按钮，并展开该按钮右侧的列表，选择触发的对象，如图14-29所示。

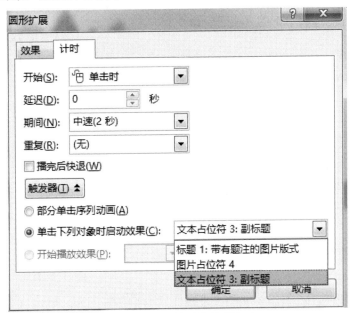

图14-29　"计时"选项卡

本章总结

通过本章学习，我们掌握了演示文稿文本信息的各种方式，演示文稿的布局与设计，演示文稿图形对象及多媒体对象的编辑与修饰，演示文稿的动画制作与设计以及演示文稿的交互效果的实现方法等知识。

通过本章学习，使用户能够制作并设计出符合日常办公需要的演示稿件。

练习与实践

【单选题】

1. 关于PowerPoint中视频，下列说法正确的是（　　）。

A. 在PowerPoint中播放的影片文件，只能在播放完毕后才能停止

B. 插入的视频文件在PowerPoint幻灯片视图中不会显示图像

C. 只能在播放幻灯片时，才能看到影片效果

D. 在设置影片为"单击播放影片"属性后，放映时用鼠标单击播放影片，再次单击则停止影片播放

2. 在PowerPoint 2016中，可以为图片创建相册，下列操作正确的是（　　）。

A. 执行"开始"选项卡下的"创建相册"命令

B. 执行"插入"选项卡下的"相册"命令

C. 执行"插入"选项卡下的"插入相册"命令

D. 执行"设计"选项下下的"相册"命令

【多选题】

1. 下列属于PowerPoint 2016幻灯片的切换效果有（　　）。

A. 温和型

B. 细微型

C. 华丽型

D. 动态内容

2. PowerPoint 2016的背景格式填充包括（　　）。

A. 纯色填充

B. 渐变填充

C. 图片或纹理填充

D. 图案填充

3. 在PowerPoint中插入表格对象后，下列操作正确的是（　　）。

A. 调整表格的单元格数目

B. 不可以拆分表格

C. 可以向表格中添加文字

D. 不可以改变表格的大小

4. 在PowerPoint中版式可以包括（　　）。

A. 背景色

B. 标题

C. 图片

D. 剪贴画

5. 要为演示文稿录制旁白，可以放映时自动解说内容。下列说法不正确的是（　　）。

A. 执行"幻灯片放映"选项卡下的"录制幻灯片演示"命令，开始录制旁白，并排练计时

B. 在录制旁白时，需要边录制边控制幻灯片的放映，以便旁白和内容对应

C. 旁白被记录在第一张幻灯片旁白录制后，生成多个声音文件，需要再把这些声音文件依次插入到幻灯片中

D. 只能为整个演示文稿录制旁白

【判断题】

1. PowerPoint的动作设置可以在众多的幻灯片中实现快速跳转，也可以实现与Internet的超级链接，但不可以应用动作设置启动某一个应用程序。（　　）

A. 正确　　　　　　　　　　　　　　B. 错误

2. 在PowerPoint也可以像Word中一样，使用标尺来控制文本的缩进量。（　　）

A. 正确　　　　　　　　　　　　　　B. 错误

3. PowerPoint 中提供了在幻灯片放映时播放声音、音乐和影片的功能，通过在演示文稿中插入声音和影片对象，可使演示文稿更具感染力。（　　）

A. 正确　　　　　　　　　　　　　　B. 错误

实训任务

演示文稿的设计与美化	
项目 背景 介绍	某公司最近有一个新产品即将上市，需要设计一份产品宣传册。
设计 任务 概述	使用PowerPoint演示文稿设计产品宣传册，需满足以下要求： 1. 演示文稿张数不少于10页。 2. 结构要求包括封面、封底、目录、过渡页、内容页等。 3. 切换效果不少于三种，动画效果要求丰富。 4. 幻灯片各章节风格与主题设计要求统一。
设计 参考图	无
实训 记录	
教师 考评	评语： 辅导教师签字：

第15章 演示文稿的放映与输出

花费心思制作完成演示文稿后，最终目的是演示文稿呈现在观众面前，因此，只有成功驾驭了看似简单的展示和放映演示文稿环节，才能完美展示成果。

 学习目标

- 熟悉演示文稿的放映途径
- 放映演示文稿的过程控制
- 巧妙使用幻灯片的备注功能
- 成功演示文稿的展示技巧

技能要点

- 放映控制
- 演示文稿的输出方法

实训任务

- 演示文稿的输出

本章导读

15.1 选择演示文稿的放映途径

根据不同的放映场合或观众可为演示文稿选择不同放映途径，在此将介绍三种途径，分别是在PowerPoint播放、借助PowerPoint Viewer播放演示文稿以及将演示文稿保存为放映模式。

15.1.1 在PowerPoint中直接放映演示文稿

在PowerPoint 2016中直接播放是展示演示文稿最常用的方法，它包括从当前幻灯片开始放映、从头开始放映和自定义幻灯片放映三种情况。

1. 从当前幻灯片开始放映

"从当前幻灯片开始"一般用于演讲者在进行幻灯片的演讲过程中，退出放映后需要再次继续播放的情况下。

切换至"幻灯片放映"选项卡，在"开始放映幻灯片"组中单击"从当前幻灯片开始"按钮，或者按快捷键Shift+F5，将以当前幻灯片为首张放映的幻灯片。

2. 从头开始放映

在"开始放映幻灯片"组中单击"从头开始"按钮，或者按F5键，都将以整个演示文稿的第一张幻灯片为首张放映的幻灯片。

3. 自定义幻灯片放映

在"开始放映幻灯片"组中单击"自定义幻灯片放映"下拉按钮，打开"自定义放映"对话框，根据不同的需要，用户可以在该对话框中选择放映该演示文稿的不同部分，以便针对目标观众群体定制最合适的演示文稿放映方案。

当为幻灯片设置了自定义放映操作时，幻灯片将按照用户指定的部分进行播放，幻灯片的自定义放映方案可以有多种，在"定义自定义放映"对话框的"幻灯片放映名称"文本框中可以为不同的方案设置不同的名称，然后在"自定义幻灯片放映"下拉列表中，根据名称选择不同的放映方案，如图15-1所示。

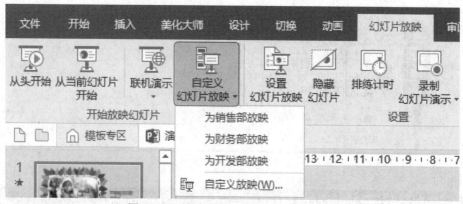

图15-1　"自定义幻灯片放映"下拉按钮

15.1.2　利用PowerPoint Viewer播放演示文稿

利用PowerPoint直接播放演示文稿的前提条件是电脑中必须安装了PowerPoint软件，如果没有安装该软件，则可以借助PowerPoint Viewer程序来播放演示文稿。

首先需要在Microsoft官方网站下载PowerPoint Viewer程序，然后将PowerPoint Viewer安装到要播放演示文稿的电脑中。

需要注意的是，目前PowerPoint Viewer仅支持Office 2010的版本，对于Office 2010以上版本，可尝试使用Office Online。

15.1.3　将演示文稿保存为放映类型

如果用户需要将制作好的演示文稿带到其他地方进行放映，且不希望演示文稿受到任何修改和编辑，则可以将其保存为PPSX放映文件。

在制作好的演示文稿中，调出"另存为"对话框，单击"保存类型"下拉按钮，在展开的列表中选择"PowerPoint放映（*.ppsx）"选项，如图15-2所示。单击"保存"按钮，保存之后只要双击文件图标，即可放映文件。

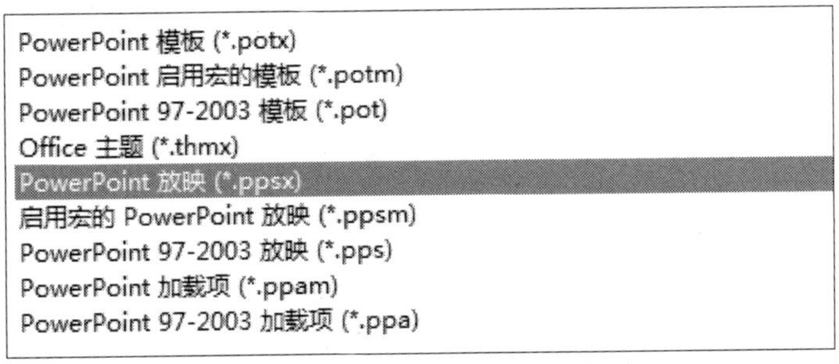

```
PowerPoint 模板 (*.potx)
PowerPoint 启用宏的模板 (*.potm)
PowerPoint 97-2003 模板 (*.pot)
Office 主题 (*.thmx)
PowerPoint 放映 (*.ppsx)
启用宏的 PowerPoint 放映 (*.ppsm)
PowerPoint 97-2003 放映 (*.pps)
PowerPoint 加载项 (*.ppam)
PowerPoint 97-2003 加载项 (*.ppa)
```

图15-2　选择需要存储的文件类型

15.1.4　放映演示文稿

选择演示文稿的放映途径的过程是放映演示文稿的前期准备阶段，接下来将进入到演示文稿的放映阶段。

1. 确定演示文稿的放映模式

PowerPoint为用户提供了三种不同场合的放映类型：演讲者放（全屏幕）、观众自行浏览（窗口）和在展台浏览（全屏幕）。在"幻灯片放映"选项卡中单击"设置幻灯片放映"按钮，弹出"设置放映方式"对话框，即可选择放映的类型。

● 演讲者放映（全屏幕）：由演讲者控制整个演示文稿的过程，演示文稿将在观众面前全屏播放。

● 观众自行浏览（窗口）：使演示文稿在标准窗口中显示，观众可以拖动窗口上的滚动条或是通过方向键自行浏览，还可以打开其他窗口。

● 在展台浏览（全屏幕）：整个演示文稿会以全屏的方式循环播放，在此过程中除了通过鼠标选择屏幕对象进行放映外，不能对其进行任何修改。

用户在确定了放映类型后，还可以通过"设置放映方式"对话框的其他选项对演示文稿的放映进行更具体的设置，如图15-3所示，具体功能如下。

● "放映幻灯片"：在此可具体设置需要放映的幻灯片，若选中"全部"单选按钮，则表示放映演示文稿中的所有幻灯片；若选中"从"单选按钮，在其后的数值框中可选择放映幻灯片的范围；"自定义放映"下拉按钮只有在添加了自定义放映时才能被激活。

● "放映选项"：若选中"循环放映，按ESC键终止"复选框，则演示文稿会不断重复播放；若选中另两个复选框，则在放映是不播放旁白和动画；此外，在"绘图笔颜色"下拉列表中下还可以对绘图笔进行设置。

● "换片方式"：在此有"手动"和"如果存在排练时间，则使用它"两种换片方式可供选择，如果选择后者，必须保证幻灯片存在排练时间。

● "多监视器"：如果要使用多台显示器进行放映，在连接了外部显示器之后，还需要在此选项中选中"显示演示者视图"复选框，然后通过上面的复选框设置显示幻灯片内容的显示器，以及显示演示者备注和放映进行时间的显示器。

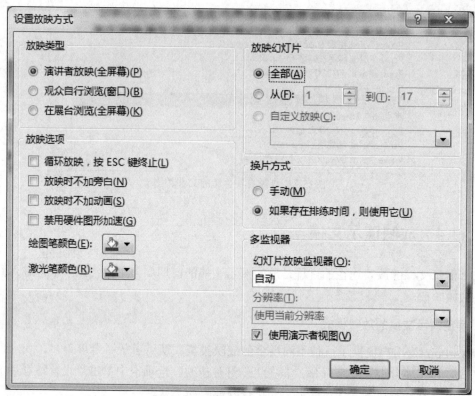

图15-3　"设置放映方式"对话框

2. 排练放映时间

PowerPoint向用户提供了"排练时间"的功能，即在真实的放映演示文稿的状态中，同步设置幻灯片的切换时间，等到整个演示文稿放映结束之后，系统会将所设置的时间记录下来，以便在自动播放时，按照所记录的时间自动切换幻灯片。具体步骤如下。

步骤1：在需要排练计时的演示文稿时，切换至"幻灯片放映"选项卡，单击"设置"组的"排练计时"按钮。

步骤2：此时幻灯片将切换至全屏幕模式放映，并在幻灯片的左上角弹出"录制"工具栏，如图15-4所示。

图15-4　"录制"工具栏

步骤3：当第一张幻灯片排练时完成之后，单击"录制"窗口中的"下一项"按钮，将切换至第二张幻灯片继续计时。

步骤4：当幻灯片放映完成后，会弹出信息提示框询问是否保存排练计时，单击"是"按钮。

排练计时完成后，切换至"幻灯片浏览"视图，在每张幻灯片的左下角可以查看到该张幻灯片播放所需要的时间，如图15-5所示。

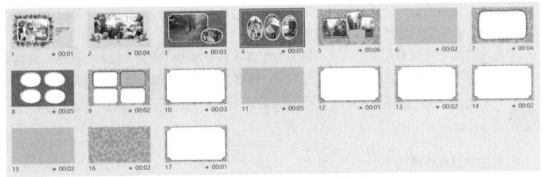

图15-5　浏览视图下幻灯片计时查看

 提示　　用户若需要关闭排练计时，可以在"幻灯片放映"选项卡"设置"组中选择取消"使用计时"复选框。

3. 录制幻灯片演示

PowerPoint2016的录制幻灯片演示是一项新功能，它不仅可以记录幻灯片的放映时间，同时，允许用户使用鼠标、激光笔或麦克风为幻灯片加上注释，这些都可以使用录制幻灯片演示功能记录下来，从而使演示文稿在脱离演讲者时能智能放映。

录制幻灯片演示的方法比较简单，单击"幻灯片放映"选项卡"设置"组中"录制幻灯片演示"下拉按钮，在展开的列表中，根据实际情况可选择"从头开始录制"或"从当前幻灯片开始录制"选项，如图15-6（a）所示。

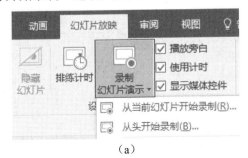
　　　（a）

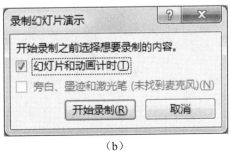
　　　（b）

图15-6　"录制幻灯片演示"下拉按钮及对话框

选择合适的选项之后，将打开如图15-6（b）所示的对话框，选中需要录制内容的复选框即可。

单击"开始录制"按钮之后，将切换至幻灯片播放状态，并在幻灯片的左上角弹出"录制"工具栏，其录制的方法与排练计时的方法相同。

最后切换至"幻灯片浏览"视图，可以看到在每张幻灯片的右下角，不仅显示了该张幻灯片播放的时间，还出现了一个声音图标。

4. 隐藏或显示幻灯片

一份演示文稿有时并不需要全部放映，在面对不同观众时会选择不同的放映部分，除了使用"自定义放映"对话框设置需要放映的部分之外，还可以通过隐藏或显示幻灯片的功能来选择应该放映的部分。

选中需要隐藏的幻灯片，单击"幻灯片放映"选项卡中的"隐藏幻灯片"按钮，在放映演示文稿时，被隐藏的幻灯片则不参加放映。

切换至"幻灯片浏览"视图，在被隐藏的幻灯片右下角可以看到"隐藏"图标，若要重新放映被隐藏的幻灯片，则选中目标幻灯片后，再次单击"隐藏幻灯片"按钮即可。

 提示 　用户也可以通过"幻灯片/大纲"窗格，右击幻灯片，在快捷菜单中选择"隐藏幻灯片"命令将其隐藏。

5. 在放映过程中标注

在幻灯片在放映过程中，用户可以通过鼠标指标在幻灯片中勾画重点或添加手写笔记，此功能常常应用于教学类的演示文稿的展示过程中。

用户只需要在放映过程中，右击鼠标，在右键快捷菜单中选择如图15-7所示选项，即可进行放映过程中的标注或书写操作。

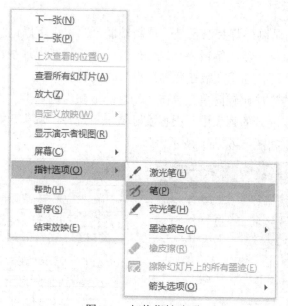

图15-7　切换指针选项

15.2 巧妙使用幻灯片的备注功能

备注为演讲者提供了很大的方便，但在演示文稿中很少提及，本节将向用户介绍在幻灯片中添加和删除备注的具体方法，以及在放映过程中查看备注的方法。

15.2.1　添加或删除备注

在制作和放映演示文稿的时候，演讲者容易忽略备注的功能，然而备注对于在大型场合进行演讲的演讲者而言是很有帮助的，它可以在演示文稿放映时为演讲者提供丰富的资料，从而提高演讲的质量。

1. 添加备注

在幻灯片中添加备注一般有两种途径：一种是在普通视图下，在幻灯片编辑界面下端备注栏中输入相应幻灯片的备注文本；另一种是使用"备注页"视图，在该视图模式的备注区输入备注文本。

2. 删除备注

若要删除某张幻灯片的备注，选中该张幻灯片所对应的备注内容，按Delete键直接删除即可。

若要一次性删除所有备注内容，则需要对演示文稿进行一系列设置，首先选择"文件"|"信息"命令，在"信息"选项中单击"检查问题"下拉按钮，在展开的列表中选择"检查文档"选项，如图15-8（a）所示。

（a）　　　　　　　　　　　　　　　　　　（b）

图15-8　检查文档和全部删除演示文稿备注

此时将打开"文档检查器"对话框，单击"检查"按钮，检查结束之后，单击"演示文稿备注"右侧的"全部删除"按钮即可一次性删除文档中所有备注，如图15-8（b）所示。

15.2.2　利用演示者视图查看备注

在工作中，当演示者需要将演示文稿放映时，但并不需要将备注资料放映，这就需要演示者的电脑上可以显示幻灯片的备注资料，而在投影仪或其他外部显示设备上只显示幻灯片。

要实现这一效果的前提是电脑必须连接了外部的显示设备，具体步骤如下。

步骤1：首先应保证有外部显示设备的硬件环境，并将便携式电脑连接到外部显示器上，开启显示设备。

步骤2：弹出"显示属性"对话框，切换至"设置"选项卡，在其中选择"2"显示器，并选中"将Windows桌面扩展到该监视器上"复选框。

步骤3：打开需要放映的演示文稿，打开"设置放映方式"对话框，在其中的"幻灯片放映显示于"下拉列表中选择"监视器2默认监视器"选项，同时选中"显示演示者视图"复选框。执行操作后，即可完成在演示者的电脑上显示演示者视图。

15.3 演示文稿的输出与管理

除了放映演示文稿之外，还可以通过打印、打包以及发布演示文稿的方式，向观众展示，另外，对演示文稿的保存与保护也相当重要，本章将具体介绍关于演示文稿后期管理的方法。

15.3.1 根据需要打印演示文稿

打印演示文稿指将制作完成的演示文稿按照要求通过打印设备输出并呈现在纸张上，本节将具体介绍根据不同需要打印演示文稿的方法。

1. 打印内容的设置

打开需要打印的演示文稿，选择"文件"|"打印"命令，在"打印"选项中单击"打印全部幻灯片"下拉按钮，展开如图15-9（a）所示列表。

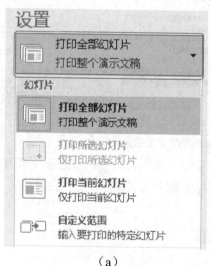

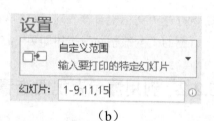

（a）　　　　　　　　　　　　　　　　（b）

图15-9　设置打印内容

若选择"打印所选幻灯片"选项将只打印用户选中的幻灯片；若选择"打印当前幻灯片"选项将只打印右侧预览窗口中所示的幻灯片；若选择"自定义范围"选项，在如图15-9（b）所示的输入框中输入打印幻灯片的编号，如"1-9,11,15"，将打印1到9张幻灯片以及第11张和第15张幻灯片。

另外，如果在演示文稿中设置了节，还可以选择需要打印的节的内容。

默认情况下为每页打印一张幻灯片，不过用户可以根据实际情况进行调整，单击"整页幻灯片"下拉按钮，展开如图15-10所示的列表。

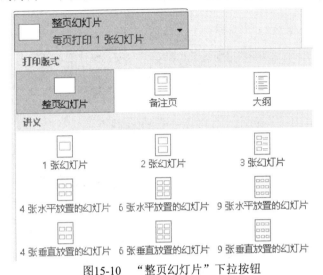

图15-10　"整页幻灯片"下拉按钮

图15-11　"打印版式"选项

如图15-11所示，将幻灯片水平放置的每张纸打印6张幻灯片的效果预览，另外还可以在列表中选择"幻灯片加框""根据纸张调整大小"或"高质量"选项来调整打印效果。

2．打印颜色模式的设置

幻灯片的打印颜色也可以自定义设置，在"打印"选项卡中单击"颜色"下拉按钮，展开如图15-12所示的列表，其中有"颜色""灰度"和"纯黑白"三种颜色模式可以选择，在右侧的打印预览窗口中可以查看对应颜色模式的效果。

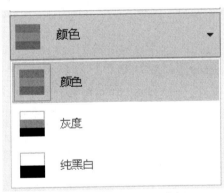

图15-12　"颜色"下拉按钮

3.编辑页眉与页脚

在打印演示文稿之前，还可以重新对演示文稿的页眉和页脚进行编辑，在"打印"选项卡中单击"编辑页眉和页脚"超链接，弹出如图15-13所示对话框。

图15-13 "页眉的页脚"对话框

在"页眉和页脚"对话框中有"幻灯片"和"备注和讲义"两个选项卡，选中对应的复选框可以对演示文稿的日期和时间、编号、页眉、页脚和页码进行自定义设置，设置完成之后单击"全部应用"按钮关闭对话框，最后单击"打印"按钮确定打印。

15.3.2 打包演示文稿

为了在其他没有安装PowerPoint的电脑上播放演示文稿，应对其进行打包操作，在压缩包中将包含PowerPoint播放器，以便能进行正常放映，用户只需要目标电脑或网络上将该文件解包即可放映所需演示文稿。

在需要打包的演示文稿中，选择"文件"｜"导出"｜"将演示文稿打包成CD"｜"打包成CD"命令，如图15-14所示。

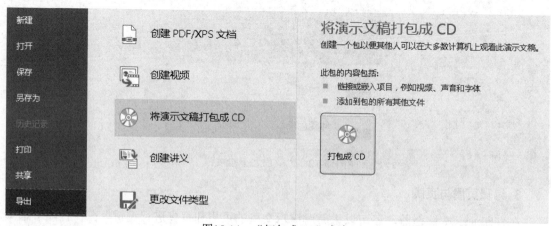

图15-14 "打包成CD"命令

弹出如图15-15所示对话框，在"将CD命名为"输入框中可以输入打包文件的名称。

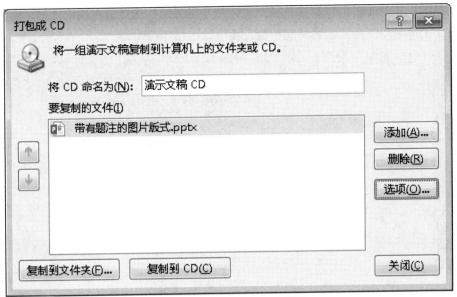

图15-15 "打成CD"对话框

单击"选项"按钮，弹出"选项"对话框，在其中可以对打包文件所包含的内容进行选择，还可以设置打包文件的密码。

打包选项设置完成后，返回"打包成CD"对话框，单击"复制到文件夹"按钮，弹出"复制到文件夹"对话框，在其中设置文件夹的名称和保存路径，最后单击"确定"按钮进行打包操作，完成之后打开文件夹查看打包的情况。

15.3.3 保存与发布演示文稿

除了将演示文稿打包之外，还可以将演示文稿保存为其他类型的文件，或将演示文稿发布到其他媒介。

1. 更改演示文稿的保存类型

演示文稿可以保存的类型非常丰富，主要包括：PPTX，PPTM，PPT，PDF，POTM，PPSM，MP4，WMV，XML，.JPG，TIF，BMP，WMF，GIF等格式，用户可以根据实际需要选择相应的类型保存。

2. 创建PDF/XPS文档

PDF/XPS是电子文件格式，是PowerPoint 文档一种重要输出方式，它能够高品质地展现演示文稿的内容，这种格式的演示文稿是精致的，不可修改的。

演示文稿保存为PDF后，文件体积大大缩小了，文稿不能再编辑而且没有之前设置的动画效果，因此一般来说转成PDF都是为了储存或存档。

3. 演示文稿创建为视频

PowerPoint 2016可以很方便地将演示文稿创建为视频文件，并且视频文件能包含演示文稿中录制的计时、旁白、墨迹笔划和激光笔势，能保留动画、切换和媒体对象。

为了提供视频的输出的分辨率，用户可以创建视频时，选择输出演示文稿的质量，而且还可以自定义每张幻灯片放映的时间秒数。操作如图15-16所示。

图15-16　"创建视频"命令

15.3.4　演示文稿的权限管理

在PowerPoint 2016中，用户可以对演示文稿加以保护，以防止他人擅自浏览或修改演示文稿。保护演示文稿的途径主要有将演示文稿标记为最终状态、加密演示文稿和设置演示文稿的权限等操作。

1. 将演示文稿标记为最终状态

将演示文稿标记为最终状态即将演示文稿设置为只读，其他用户可以浏览，但不能对其进行修改。

打开需要标记为最终状态的演示文稿，选择"文件"｜"信息"命令，在"信息"选项中单击"保护演示文稿"下拉按钮，在展开的列表中选择"标记为最终状态"选项，如图15-17所示。

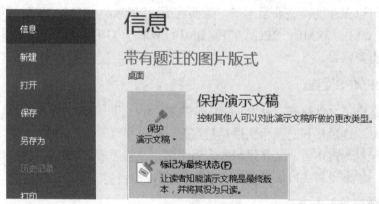

图15-17　"标记为最终状态"选项

当重新打开该演示文稿时，可以看到在演示文稿的标题后标注着"只读"，选项卡的内容也全部隐藏，并在选项卡下端出现"标记为最终状态"的提示信息，如图15-18所示。

图15-18 完成标记后的演示文稿标题显示

2. 加密演示文稿

为演示文稿添加密码是指他人在打开演示文稿之前必须输入正确的密码才能浏览，或需要输入密码之后才能对其进行编辑与修改。

选择"文件"｜"信息"命令，在"信息"选项中单击"保护演示文稿"下拉按钮，在展开的列表中选择"用密码进行加密"选项，如图15-19所示。

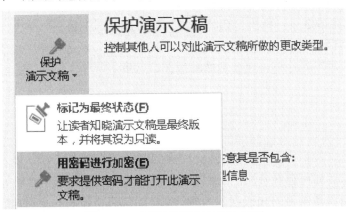

图15-19 "用密码进行加密"选项

3. 设置演示文稿的权限

对于一些特殊的演示文稿，如公司内部资料、保密文件等，可以对其设置访问权限，以防止浏览、编辑、打印或复制演示文稿。

选择"文件"｜"信息"命令，在"信息"选项中，单击"保护演示文稿"下拉按钮，在展开的列表中选择"限制访问"选项，如图15-20所示。

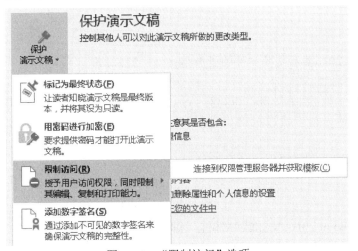

图15-20 "限制访问"选项

此时，打开一个信息提示对话框询问是否安装客户端软件，单击"是"按钮进行软件的下载与安装，具体步骤如下。

步骤1：选择"限制访问"选项，弹出"服务注册"对话框，在其中选中"是，我希望注册使用Microsoft的这一免费服务"单选按钮，并单击"下一步"按钮。

步骤2：如果用户已经拥有Windows Live ID，则在对话框中选中"是，我有Windows Live ID"该单选按钮，然后单击"下一步"按钮。

步骤3：在对话框中的输入框中输入电子邮箱地址和密码，单击"登录"按钮，然后进入到"指定电子邮箱地址"，再次输入邮箱地址，单击"下一步"按钮。

步骤4：在对话框中的"希望下载哪种类型的证书"选项中选中"标准"单选按钮，单击"下一步"按钮将下载符合要求的证书。

步骤5：设置完毕之后，弹出"选择用户"对话框，选中用户，单击"确定"按钮，此时弹出"权限"对话框，选中"限制对此演示文稿的权限"复选框，并单击"其他选项"按钮，在弹出的"权限"对话框中设置具体参数，最后单击"确定"按钮即可。

本章总结

通过本章学习，我们掌握了演示文稿的各种放映途径与操作方法，以及如何灵活运用备注并在放映时演示者如何查看备注；演示文稿的打印输出设置与安全管理等。

用户可以使用本章学习的知识点，为演示文稿的信息交流与共享奠定理论基础，并能为演示文稿的安全策略提供可靠保障。

练习与实践

【单选题】

1. PowerPoint2016中"从头开始"放映的快捷键是（　　）。

A. Ctrl+F5　　　　　　　　　　　　B. Shift+F5

C. Alt+F5　　　　　　　　　　　　 D. F5

2. PowerPoint 2016演示文稿文件的类型是（　　）。

A. PPT　　　　　　　　　　　　　 B. PPS

C. PPTX　　　　　　　　　　　　　D. PPTS

【多选题】

1. PowerPoint演示文稿输出视频格式有（　　）。

A. MP4　　　　　　　　　　　　　 B. WMV

C. WAV　　　　　　　　　　　　　 D. MP3

2. 关于PowerPoint 2016"将演示文稿打包成CD"，下列说法正确的是（　　）。

A. 包中可以链接或嵌入项目，例如视频、声音和字体

B. 包中可以包括添加到包的所有其他文件

C. 利用Microsoft PowerPoint Viewer可以播放此打包后的文档

D. 可以创建一个包，以便其他人在计算机上观看此演示文稿

3. 某单位现有一份"公司员工须知"的演示文稿，并希望所有员工能在线观看（无论员工的电脑上是否安装了PowerPoint），解决的方法是（　　）。

A. 将演示文稿另存为网页，再上传到公司网站

B. 将演示文稿结合Microsoft Producer，制作多媒体在线培训材料，并上传网上以便员工观看

C. 将演示文稿文件打包成CD，分发给员工

D. 将演示文稿文件放到公司网站上供员工下载

4. 关于PowerPoint 2016打印输出范围，下列说法正确的是（　　）。

A. 可以打印全部幻灯片

B. 可以打印当前幻灯片

C. 可以打印所选幻灯片

D. 可以自定义打印输出幻灯片范围

【判断题】

1. 在PowerPoint 2016中，设置每张纸打印三张讲义，打印的结果是幻灯片按上一张，下两张的方式排列。（　　）

A. 正确　　　　　　　　　　　　　B. 错误

2．在幻灯片放映过程中，任何时候右键单击"结束放映"，都可结束放映返回PowerPoint主窗口。（　　）

A. 正确　　　　　　　　　　　　　B. 错误

3. PowerPoint 2016中的网络线，不仅可以显示输出，也可以打印输出。（　　）

A. 正确　　　　　　　　　　　　　B. 错误

演示文稿的输出	
项目背景介绍	办公室小张为公司的新产品上线设计了一份"产品宣传"演示文稿，为了方便各部门员工下载浏览，小张打算将该文件制作成视频。
设计任务概述	按下列要求，将演示文稿生成视频： 1. 演示文稿质量设置为1920×1080。 2. 包含录制的计时与旁白。 3. 每张幻灯片的秒数时间设置为5.5秒。
设计参考图	无
实训记录	
教师考评	评语： 辅导教师签字：